"十四五"职业教育国家规划教材

大数据技术精品系列教材

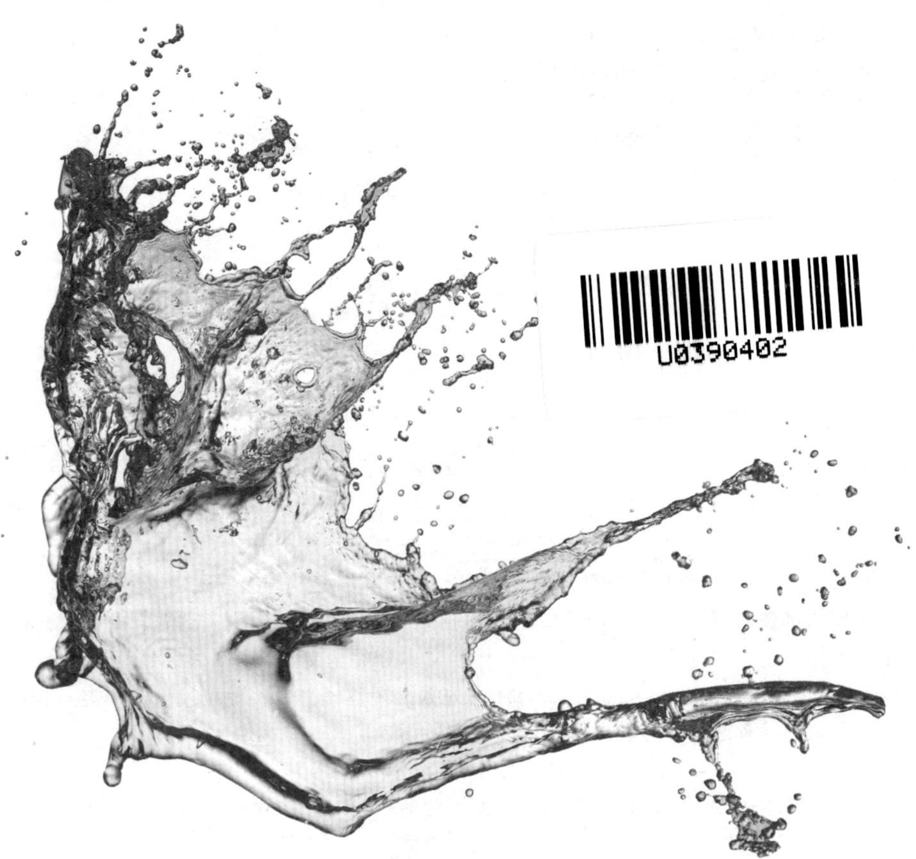

Python 中文自然语言处理基础与实战

Fundamentals and Practice of Chinese Natural Language Processing with Python

肖刚 张良均 ◉ 主编

郑鑫标 罗惠琳 陈晓娜 ◉ 副主编

人民邮电出版社

北京

图书在版编目（CIP）数据

Python中文自然语言处理基础与实战 / 肖刚，张良均主编. -- 北京 : 人民邮电出版社，2022.1
大数据技术精品系列教材
ISBN 978-7-115-56688-1

Ⅰ. ①P… Ⅱ. ①肖… ②张… Ⅲ. ①软件工具－程序设计－高等学校－教材 Ⅳ. ①TP311.561

中国版本图书馆CIP数据核字(2021)第113523号

内 容 提 要

本书以 Python 自然语言处理的常用技术与真实案例相结合的方式，深入浅出地介绍 Python 自然语言处理的重要内容。全书共 12 章，内容包括绪论、语料库、正则表达式、中文分词技术、词性标注与命名实体识别、关键词提取、文本向量化、文本分类与文本聚类、文本情感分析、NLP 中的深度学习技术、智能问答系统，以及基于 TipDM 大数据挖掘建模平台实现垃圾短信分类。本书包含课后习题和实训，帮助读者通过练习和操作实践，巩固所学内容。

本书可作为“1+X”证书制度试点工作中“大数据应用开发（Python）”职业技能等级证书的教学和培训用书，也可以作为高校数据科学或人工智能相关专业的教材，还可作为机器学习爱好者的自学用书。

◆ 主　　编　肖　刚　张良均
副 主 编　郑鑫标　罗惠琳　陈晓娜
责任编辑　初美呈
责任印制　王　郁　彭志环

◆ 人民邮电出版社出版发行　　北京市丰台区成寿寺路 11 号
邮编　100164　　电子邮件　315@ptpress.com.cn
网址　https://www.ptpress.com.cn
北京市鑫霸印务有限公司印刷

◆ 开本：787×1092　1/16
印张：15.5　　2022 年 1 月第 1 版
字数：371 千字　　2024 年 12 月北京第 9 次印刷

定价：59.80 元

读者服务热线：(010)81055256　印装质量热线：(010)81055316
反盗版热线：(010)81055315
广告经营许可证：京东市监广登字 20170147 号

大数据技术精品系列教材
专家委员会

肖　刚（韩山师范学院）
吴阔华（江西理工大学）
邱炳城（广东理工学院）
何小苑（广东水利电力职业技术学院）
余爱民（广东科学技术职业学院）
沈　洋（大连职业技术学院）
沈凤池（浙江商业职业技术学院）
宋眉眉（天津理工大学）
张　敏（广东泰迪智能科技股份有限公司）
张兴发（广州大学）
张尚佳（广东泰迪智能科技股份有限公司）
张治斌（北京信息职业技术学院）
张积林（福建理工大学）
张雅珍（陕西工商职业学院）
陈　永（江苏海事职业技术学院）
武春岭（重庆电子科技职业大学）
周胜安（广东行政职业学院）
赵　强（山东师范大学）
赵　静（广东机电职业技术学院）
胡支军（贵州大学）
胡国胜（上海电子信息职业技术学院）
施　兴（广东泰迪智能科技股份有限公司）
韩宝国（广东轻工职业技术大学）
曾文权（广东科学技术职业学院）
蒙　飚（柳州职业技术大学）
谭　旭（深圳信息职业技术学院）
谭　忠（厦门大学）
薛　云（华南师范大学）
薛　毅（北京工业大学）

序 FOREWORD

随着大数据时代的到来，移动互联网和智能手机迅速普及，多种形态的移动互联网应用蓬勃发展，电子商务、云计算、互联网金融、物联网、虚拟现实、智能机器人等不断渗透并重塑传统产业，而与此同时，大数据当之无愧地成为新的产业革命核心。

2019 年 8 月，联合国教科文组织以联合国 6 种官方语言正式发布《北京共识——人工智能与教育》。其中提出，各国要制定相应政策，推动人工智能与教育系统性融合，利用人工智能加快建立开放、灵活的教育体系，促进全民享有公平、高质量、适合每个人的终身学习机会。这表明基于大数据的人工智能和教育均进入了新的阶段。

高等教育是教育系统中的重要组成部分，高等院校作为人才培养的重要载体，肩负着为社会培育人才的重要使命。2018 年 6 月 21 日的新时代全国高等学校本科教育工作会议首次提出了“金课”的概念。“金专”“金课”“金师”迅速成为新时代高等教育的热词。如何建设具有中国特色的大数据相关专业，以及如何打造世界水平的“金专”“金课”“金师”“金教材”是当代教育教学改革的难点和热点。

实践教学是在一定的理论指导下，通过实践引导，使学习者获得实践知识、掌握实践技能、锻炼实践能力、提高综合素质的教学活动。实践教学在高校人才培养中有着重要的地位，是巩固和加深理论知识的有效途径。目前，高校大数据相关专业的教学体系设置过多地偏向理论教学，课程设置冗余或缺漏，知识体系不健全，且与企业实际应用契合度不高，学生无法把理论转化为实践应用技能。为了有效解决该问题，“泰迪杯”数据挖掘挑战赛组委会与人民邮电出版社共同策划了“大数据技术精品系列教材”，这恰与 2019 年 10 月 24 日教育部发布的《教育部关于一流本科课程建设的实施意见》（教高〔2019〕8 号）中提出的“坚持分类建设”“坚持扶强扶特”“提升高阶性”“突出创新性”“增加挑战度”原则完全契合。

“泰迪杯”数据挖掘挑战赛自 2013 年创办以来，一直致力于推广高校数据挖掘实践教学，培养学生数据挖掘的应用和创新能力。挑战赛的赛题均为经过适当简化和加工的实际问题，来源于各企业、管理机构和科研院所等，非常贴近现实热点需求。赛题中的数据只做必要的脱敏处理，力求保持原始状态。竞赛围绕数据挖掘的整个流程，从数据采集、数据迁移、数据存储、数据分析与挖掘，到数据可视化，涵盖了企业应用中的各个环节，与目前大数据专业人才培养目标高度一致。“泰迪杯”数据挖掘挑战赛不依赖于数学建模，甚至不依赖传统模型的竞赛形式，使得“泰迪杯”数据挖掘挑战赛在全国各大高校反响热烈，且得到了全国各界专家学者的认可与支持。2018 年，

"泰迪杯"数据挖掘挑战赛增加了子赛项——数据分析职业技能大赛，为高职和中职技能型人才培养提供理论、技术和资源方面的支持。截至 2019 年，全国共有近 800 所高校，约 1 万名研究生、5 万名本科生、2 万名高职生参加了"泰迪杯"数据挖掘挑战赛和数据分析职业技能大赛。

本系列教材的第一大特点是注重学生的实践能力培养，针对高校实践教学中的痛点，首次提出"鱼骨教学法"的概念。以企业真实需求为导向，学生学习技能时紧紧围绕企业实际应用需求，将学生需掌握的理论知识，通过企业案例的形式进行衔接，达到知行合一、以用促学的目的。第二大特点是以大数据技术应用为核心，紧紧围绕大数据应用闭环的流程进行教学。本系列教材涵盖了企业大数据应用中的各个环节，符合企业大数据应用真实场景，使学生从宏观上理解大数据技术在企业中的具体应用场景及应用方法。

在教育部全面实施"六卓越一拔尖"计划 2.0 的背景下，对如何促进我国高等教育人才培养体制机制的综合改革，以及如何重新定位和全面提升我国高等教育质量，本系列教材将起到抛砖引玉的作用，从而加快推进以新工科、新医科、新农科、新文科为代表的一流本科课程的"双万计划"建设；落实"让学生忙起来，管理严起来和教学活起来"措施，让大数据相关专业的人才培养质量有一个质的提升；借助数据科学的引导，在文、理、农、工、医等方面全方位发力，培养各个行业的卓越人才及未来的领军人才。同时本系列教材将根据读者的反馈意见和建议及时改进、完善，努力成为大数据时代的新型"编写、使用、反馈"螺旋式上升的系列教材建设样板。

汕头大学校长
教育部高校大学数学课程教学指导委员会副主任委员
"泰迪杯"数据挖掘挑战赛组织委员会主任
"泰迪杯"数据分析职业技能大赛组织委员会主任

2021 年 7 月于粤港澳大湾区

前言 PREFACE

自然语言处理（Natural Language Processing，NLP）作为人工智能的一个重要分支，它的应用需求越来越大，并且在数据处理领域占有越来越重要的地位，如今被大多数人熟知和应用。中文和英文虽然整体上在 NLP 的算法中差异不大，但是在细节处理上还是存在很多差异。大部分 NLP 的相关资料都是以英文为基础的，一般初学者先学习英文的处理，然后再学习中文的处理。这样中文 NLP 学习者不仅走了弯路，也浪费了大量时间和精力。此外，国内纯中文，并结合理论和实践的 NLP 书籍较少，这让中文 NLP 学习者学习起来有一定难度。本书为中文 NLP 初学者边学边实战的入门级教程，针对中文语料的小数据量实例，通过理论结合实践的形式，带领初学者快速掌握 NLP 在中文方面的基本开发方法。

本书特色

本书全面贯彻党的二十大精神，以社会主义核心价值观为引领，加强基础研究、发扬斗争精神，为建成教育强国、科技强国、人才强国、文化强国添砖加瓦，内容契合“1+X”证书制度试点工作中“大数据应用开发（Python）”职业技能等级证书（高级）考核标准，将理论与实践结合，注重任务案例的学习。本书设计思路以应用为导向，从知识点背景到原理分析，再到任务案例，让读者明确如何利用所学知识来解决现实问题；通过实训和课后习题巩固所学知识，让读者真正理解并能够应用所学知识。本书大部分章节围绕任务需求展开，着重于思路的启发与解决方案的实施。

本书适用对象

- 开设 NLP 相关课程的院校的学生。
- NLP 应用的开发人员。
- 进行 NLP 应用研究的科研人员。
- “1+X”证书制度试点工作中“大数据应用开发（Python）”职业技能等级证书（高级）考生。

代码下载及问题反馈

为了帮助读者更好地使用本书，泰迪云课堂提供了配套的教学视频。如需获取书中的原始数据文件和程序代码，读者可以从“泰迪杯”数据挖掘挑战赛网站免费下载，也可登录人民邮电出版社教育社区（www.ryjiaoyu.com）下载。为方便教师授课，本书还提供了 PPT 课件、教学大纲、教学进度表和教案等教学资源，教师可扫描下方二维码下载申请表，填写后发送至指定邮箱申请所需资料。同时欢迎教师加入 QQ 交流群“人邮大数据教师服务群”（669819871）进行交流探讨。

由于编者水平有限，书中难免出现一些疏漏和不足之处。如果读者有宝贵意见，欢迎在泰迪学社微信公众号（TipDataMining）回复“图书反馈”进行反馈。更多本系列教材的信息可以在“泰迪杯”数据挖掘挑战赛网站查阅。

编　者

2023 年 5 月

泰迪云课堂

“泰迪杯”数据挖掘挑战赛网站

申请表下载

目录 CONTENTS

第1章　绪论……1

1.1　自然语言处理概述……1

1.1.1　NLP 的发展历程……2

1.1.2　NLP 研究内容……3

1.1.3　NLP 的几个应用场景……4

1.1.4　NLP 与人工智能技术……5

1.1.5　学习 NLP 的难点……6

1.2　NLP 基本流程……6

1.2.1　语料获取……6

1.2.2　语料预处理……7

1.2.3　文本向量化……7

1.2.4　模型构建……7

1.2.5　模型训练……7

1.2.6　模型评价……8

1.3　NLP 的开发环境……8

1.3.1　Anaconda 安装……8

1.3.2　Anaconda 应用介绍……9

小结……14

课后习题……14

第2章　语料库……16

2.1　语料库概述……16

2.1.1　语料库简介……16

2.1.2　语料库的用途……17

2.2　语料库的种类与构建原则……17

2.2.1　语料库的种类……17

2.2.2　语料库的构建原则……18

2.3　NLTK……19

2.3.1　NLTK 简介……19

2.3.2　安装步骤……19

2.3.3　NLTK 中函数的使用……21

2.4　语料库的获取……23

2.4.1　获取 NLTK 语料库……23

2.4.2　获取网络在线语料库……30

2.5　任务：语料库的构建与应用……32

2.5.1　构建作品集语料库……32

2.5.2　武侠小说语料库分析……33

小结……35

实训……35

实训 1　构建语料库……35

实训 2　《七剑下天山》语料库分析……36

课后习题……36

第3章　正则表达式……38

3.1　正则表达式的概念……38

3.1.1　正则表达式函数……38

3.1.2　正则表达式的元字符……40

3.2　任务：正则表达式的应用……43

3.2.1　《西游记》字符过滤……43

3.2.2　自动提取人名与电话号码……44

3.2.3　提取网页标签信息……45

小结……46

实训……46

实训 1　过滤《三国志》中的字符……46

实训 2　提取地名与邮编……46

实训 3　提取网页标签中的文本……46

课后习题……47

第4章　中文分词技术……48

4.1　中文分词简介……48

4.2　基于规则分词……48

4.2.1　正向最大匹配法……49

4.2.2 逆向最大匹配法 …… 49
4.2.3 双向最大匹配法 …… 50
4.3 基于统计分词 …… 51
4.3.1 n 元语法模型 …… 51
4.3.2 隐马尔可夫模型相关概念 …… 55
4.4 中文分词工具 jieba …… 62
4.4.1 基本步骤 …… 63
4.4.2 分词模式 …… 63
4.5 任务：中文分词的应用 …… 64
4.5.1 HMM 中文分词 …… 64
4.5.2 提取新闻文本中的高频词 …… 68
小结 …… 69
实训 …… 70
实训 1 使用 HMM 进行中文分词 …… 70
实训 2 提取文本中的高频词 …… 70
课后习题 …… 70
第 5 章 词性标注与命名实体识别 …… 72
5.1 词性标注 …… 72
5.1.1 词性标注简介 …… 72
5.1.2 词性标注规范 …… 73
5.1.3 jieba 词性标注 …… 74
5.2 命名实体识别 …… 77
5.2.1 命名实体识别简介 …… 77
5.2.2 CRF 模型 …… 78
5.3 任务：中文命名实体识别 …… 82
5.3.1 sklearn-crfsuite 库简介 …… 83
5.3.2 命名实体识别流程 …… 83
小结 …… 90
实训 中文命名实体识别 …… 90
课后习题 …… 91
第 6 章 关键词提取 …… 92
6.1 关键词提取技术简介 …… 92
6.2 关键词提取算法 …… 93
6.2.1 TF-IDF 算法 …… 93
6.2.2 TextRank 算法 …… 94
6.2.3 LSA 与 LDA 算法 …… 96
6.3 任务：自动提取文本关键词 …… 103
小结 …… 109
实训 …… 109
实训 1 文本预处理 …… 109
实训 2 使用 TF-IDF 算法提取关键词 …… 109
实训 3 使用 TextRank 算法提取关键词 …… 110
实训 4 使用 LSA 算法提取关键词 …… 110
课后习题 …… 110
第 7 章 文本向量化 …… 112
7.1 文本向量化简介 …… 112
7.2 文本离散表示 …… 113
7.2.1 独热表示 …… 113
7.2.2 BOW 模型 …… 113
7.2.3 TF-IDF 表示 …… 114
7.3 文本分布式表示 …… 114
7.3.1 Word2Vec 模型 …… 114
7.3.2 Doc2Vec 模型 …… 118
7.4 任务：文本相似度计算 …… 120
7.4.1 Word2Vec 词向量的训练 …… 121
7.4.2 Doc2Vec 段落向量的训练 …… 122
7.4.3 计算文本的相似度 …… 124
小结 …… 128
实训 …… 128
实训 1 实现基于 Word2Vec 模型的新闻语料词向量训练 …… 128
实训 2 实现基于 Doc2Vec 模型的新闻语料段落向量训练 …… 128
实训 3 使用 Word2Vec 模型和 Doc2Vec 模型计算新闻文本的相似度 …… 129
课后习题 …… 129
第 8 章 文本分类与文本聚类 …… 131
8.1 文本挖掘简介 …… 131
8.2 文本分类常用算法 …… 132
8.3 文本聚类常用算法 …… 133
8.4 文本分类与文本聚类的步骤 …… 135
8.5 任务：垃圾短信分类 …… 136

8.6 任务：新闻文本聚类 141
小结 144
实训 144
实训 1 基于朴素贝叶斯的新闻分类 144
实训 2 食品种类安全问题聚类分析 145
课后习题 145
第 9 章 文本情感分析 147
9.1 文本情感分析简介 147
9.1.1 文本情感分析的主要内容 147
9.1.2 文本情感分析的常见应用 148
9.2 情感分析的常用方法 149
9.2.1 基于情感词典的方法 149
9.2.2 基于文本分类的方法 150
9.2.3 基于 LDA 主题模型的方法 151
9.3 任务：基于情感词典的情感分析 151
9.4 任务：基于文本分类的情感分析 154
9.4.1 基于朴素贝叶斯分类的情感分析 154
9.4.2 基于 SnowNLP 库的情感分析 156
9.5 任务：基于 LDA 主题模型的情感分析 157
9.5.1 数据处理 157
9.5.2 模型训练 158
9.5.3 结果分析 159
小结 160
实训 160
实训 1 基于词典的豆瓣评论文本情感分析 160
实训 2 基于朴素贝叶斯算法的豆瓣评论文本情感分析 160
实训 3 基于 SnowNLP 的豆瓣评论文本情感分析 161
实训 4 基于 LDA 主题模型的豆瓣评论文本情感分析 161
课后习题 161
第 10 章 NLP 中的深度学习技术 163
10.1 循环神经网络概述 163
10.2 RNN 结构 164
10.2.1 多对一结构 164
10.2.2 等长的多对多结构 164
10.2.3 非等长结构（Seq2Seq 模型） 169
10.3 深度学习工具 171
10.3.1 TensorFlow 简介 171
10.3.2 基于 TensorFlow 的深度学习库 Keras 172
10.4 任务：基于 LSTM 的文本分类与情感分析 172
10.4.1 文本分类 172
10.4.2 情感分析 181
10.5 任务：基于 Seq2Seq 的机器翻译 185
10.5.1 语料预处理 185
10.5.2 构建模型 188
10.5.3 定义优化器和损失函数 191
10.5.4 训练模型 191
10.5.5 翻译 194
小结 195
实训 195
实训 1 实现基于 LSTM 模型的新闻分类 195
实训 2 实现基于 LSTM 模型的携程网评论情感分析 196
实训 3 实现基于 Seq2Seq 和 GPU 的机器翻译 196
课后习题 197
第 11 章 智能问答系统 198
11.1 智能问答系统简介 198
11.2 智能问答系统的主要组成部分 198
11.2.1 问题理解 199
11.2.2 知识检索 199
11.2.3 答案生成 200

11.3 任务：基于 Seq2Seq 模型的聊天机器人……201
11.3.1 读取语料库……201
11.3.2 文本预处理……202
11.3.3 模型构建……206
11.3.4 模型训练……211
11.3.5 模型评价……218
小结……218
实训 基于 Seq2Seq 模型的聊天机器人……218
课后习题……219
第 12 章 基于 TipDM 大数据挖掘建模平台实现垃圾短信分类……220
12.1 平台简介……220
12.1.1 实训库……221
12.1.2 数据连接……222
12.1.3 实训数据……222
12.1.4 我的实训……223
12.1.5 系统算法……223
12.1.6 个人算法……225
12.2 实现垃圾短信分类……226
12.2.1 数据源配置……227
12.2.2 文本预处理……229
12.2.3 朴素贝叶斯分类模型……234
小结……235
实训 实现基于朴素贝叶斯的新闻分类……235
课后习题……236

第 1 章 绪论

所谓自然语言，即人们日常使用的语言。人类的多种智能活动都与语言有着密切的关系，并且绝大部分的知识是通过语言文字的形式记载和流传下来的。自从有了计算机，人们就希望用自然语言与计算机进行交流，其中核心的任务就是将人的语言转换成计算机可以执行的命令，也就是让计算机读懂人的语言。自然语言处理是指将人类交流沟通所用的语言经过处理转化为计算机能理解的机器语言，是一种研究语言能力的模型和算法框架，是一门语言学和计算机科学的交叉学科。作为人工智能的一个重要分支，自然语言处理在数据处理领域占有越来越重要的地位，如今被大多数人熟知和应用，作为数字化转型的重要工具，在数字中国建设中展现出巨大发展潜力。本章主要介绍自然语言处理的发展历程、研究内容、应用场景、技术应用，以及基本流程等内容。

学习目标

（1）了解自然语言处理的发展历程、研究内容和应用场景。
（2）熟悉自然语言处理的基本流程。
（3）熟悉 Anaconda 的安装流程和虚拟环境的创建。
（4）掌握 Jupyter Notebook 和 Spyder 应用功能的操作方法。

1.1 自然语言处理概述

自然语言是指汉语、英语、法语等人们日常使用的语言，是自然而然地随着人类社会发展演变而来的语言。它是人类学习和生活中的重要工具。概括来说，自然语言是指人类社会约定俗成的，并且区别于人工语言（如计算机程序语言）的语言。

自然语言处理（Natural Language Processing，NLP）是指利用计算机对自然语言的形、音、义等信息进行处理，即对字、词、句、篇章的输入、输出、识别、分析、理解、生成等进行操作和加工的过程。NLP 是计算机科学领域和人工智能领域的一个重要研究方向，是一门融语言学、计算机科学、数学和统计学于一体的科学。NLP 的具体表现形式包括机器翻译、文本摘要、文本分类、文本校对、信息抽取、语音合成、语音识别等。

NLP 机制涉及两个流程：自然语言理解和自然语言生成。自然语言理解研究的是计算机如何理解自然语言文本中包含的意义，自然语言生成研究的是计算机如何生成自然语言文本表达给定的意图、思想等。因为 NLP 的目的是让计算机“理解”自然语言，所以 NLP

有时又被称为自然语言理解（Natural Language Understanding，NLU）。

1.1.1 NLP 的发展历程

1946 年世界上第一台通用电子计算机诞生时，英国人布思和美国人韦弗就提出了利用计算机进行机器翻译。从这个时间点开始算起，NLP 技术已经历 70 多年的发展历程。NLP 的整个发展历程可以归纳为“萌芽期”“发展期”“繁荣期”3 个阶段。

1. 萌芽期（1960 年以前）

20 世纪 40 年代到 50 年代之间，除了当时给世界带来极大震撼的计算机技术外，在美国还有两个人在进行着重要的研究工作。其中一位是乔姆斯基，他的主要工作为对形式语言进行研究；另一位是香农，他的主要工作是基于概率和信息论模型进行研究。香农的信息论是在概率统计的基础上对自然语言和计算机语言进行的研究。1956 年，乔姆斯基提出了上下文无关语法，并将它运用到 NLP 中。他们的工作直接导致了基于规则和基于概率这两种不同的 NLP 技术的产生，而这两种不同的 NLP 技术又引发了数十年有关基于规则方法和基于概率方法孰优孰劣的争执。

2. 发展期（1960 年—1999 年）

20 世纪 60 年代，法国格勒诺布尔大学的著名数学家沃古瓦开始了自动翻译系统的开发。在这一时期，很多国家和组织对机器翻译都投入了大量的人力、物力和财力。然而在机器翻译系统的开发过程中，出现了各种各样的问题，并且这些问题的复杂度远远超过了原来的预期。为了解决这些问题，当时人们提出了各种各样的模型和解决方案。虽然最后的结果并不如人意，但是却为后来的各个相关分支领域的发展奠定了基础，如统计学、逻辑学、语言学等。

20 世纪 90 年代后，在计算机技术的快速发展下，基于统计的 NLP 取得了相当大的成果，开始在不同的领域里大放异彩。例如，由于机器翻译领域引入了许多基于语料库的方法，因此率先取得了突破。1990 年，第 13 届国际计算机语言学大会的主题是“处理大规模真实文本的理论、方法与工具”，从而将研究的重心开始转向大规模真实文本，传统的基于语言规则的 NLP 开始显得力不从心。

20 世纪 90 年代中期，有两件事促进了 NLP 研究的复苏与发展。一件事是计算机的运行速度和存储量的大幅提高，这为 NLP 改善了物质基础，使得语言处理的商品化开发成为可能；另一件事是 1994 年万维网协会成立，在互联网的带动下，产生了很多原来没有的计算模型，大数据和各种统计模型应运而生。这段时间，在大数据和概率统计模型的影响下，NLP 得到了飞速的发展。

3. 繁荣期（2000 年至今）

21 世纪之后，一大批互联网公司的涌现对 NLP 的发展起到了很大的推动作用，如早期的雅虎搜索、后来的谷歌和百度。大量的基于万维网的应用和各种社交工具在不同的方面促进了 NLP 的发展进步。在这个过程中，各种数学算法和计算模型越来越显现出重要性。机器学习、神经网络和深度学习等技术都在不断地消除人与计算机之间的交流限制。特别是深度学习技术，它将会在 NLP 领域发挥越来越重要的作用。也许在不久的将来，在互联网的基础上，现今NLP中遇到的问题将不再是问题。使用不同语言的人们可以畅通无阻地沟通交流，人与计算机之间的沟通也没有阻碍。

1.1.2 NLP研究内容

NLP研究内容包括很多的分支领域，如文本分类、信息抽取、信息检索、信息过滤、自动文摘、智能问答、话题推荐、机器翻译、主题词识别、知识库构建、深度文本表示、命名实体识别、文本生成、文本分析（词法、句法和语法）、舆情分析、自动校对、语音识别与合成等。部分常见的NLP分支领域的简介如下。

1. 机器翻译

机器翻译又称自动翻译，是利用计算机将一种自然语言转换为另一种自然语言的过程。机器翻译是计算机语言学的一个分支，是人工智能的终极目标之一，具有重要的科学研究价值。

2. 信息检索

信息检索又称情报检索，是指利用计算机系统从海量文档中找到符合用户需求的相关信息。狭义的信息检索仅指信息查询，广义的信息检索是指将信息按一定的方式进行加工、整理、组织并存储起来，再根据信息用户特定的需求将相关信息准确地查找出来的过程。

3. 文本分类

文本分类又称文档分类或信息分类，其目的是利用计算机系统对大量的文档按照一定的标准进行分类。文本分类技术具有广泛的用途，公司可以利用该技术了解用户对产品的评价，政府部门也可以利用该技术分析人们对某一事件、政策法规或社会现象的评论，实时了解百姓的态度。

4. 智能问答

智能问答是指问答系统能以一问一答的形式，正确回答用户提出的问题。智能问答可以精确地定位用户所提问的知识，通过与用户进行交互，为用户提供个性化的信息服务。

5. 信息过滤

信息过滤是指信息过滤系统对网站信息发布、公众信息公开申请和网站留言等内容实现提交时的自动过滤处理。例如，发现谩骂、诽谤等非法言论或有害信息时实现自动过滤，并给用户友好的提示，同时向管理员提交报告。信息过滤技术目前主要用于信息安全防护、网络内容管理等。

6. 自动文摘

文摘是指能够全面准确地反映某一文献中心内容的简单连贯的短文，自动文摘则是指利用计算机自动地从原始文献中提取文摘。互联网每天都会产生大量的文本数据，文摘是文本的主要内容，用户想查询和了解关注的话题需要花费大量时间和精力进行选择和阅读，单靠人工进行文摘是很难实现的。为了应对这种状况，学术界尝试使用计算机技术实现对文献的自动处理。自动文摘主要应用于 Web 搜索引擎、问答系统的知识融合和舆情监督系统的热点与专题追踪。

7. 信息抽取

信息抽取是指从文本中抽取出特定的事件或事实信息。例如，从时事新闻报道中抽取出某一恐怖袭击事件的基本信息，如时间、地点、事件制造者、受害人、袭击目标、伤亡人数等。信息抽取与信息检索有着密切的关系，信息抽取系统通常以信息检索系统的输出作为输入，此外，信息抽取技术可以用于提高信息检索系统的性能。

8. 舆情分析

舆情分析是指根据特定问题的需要，对舆情进行深层次的思维加工和分析研究，得到相关结论的过程。网络环境下舆情信息的主要来源有新闻评论、网络论坛、聊天室、博客、新浪微博、聚合新闻和 QQ 等。由于网上的信息量十分巨大，仅仅依靠人工的方法难以应对海量信息的搜集和处理，因此需要加强相关信息技术的研究，形成一套自动化的网络舆情分析系统，以及时应对网络舆情，由被动防堵变为主动梳理、引导。舆情分析是一项十分复杂、涉及问题众多（包括网络文本挖掘、观点挖掘等各方面的问题）的综合性技术。

9. 语音识别

语音识别又称自动语音识别，是指对输入计算机的语音信号进行识别并将其转换成文字表示出来。语音识别技术涉及的领域众多，其中包括信号处理、模式识别、概率论和信息论、发声机理和听觉机理、人工智能等。

10. 自动校对

自动校对是指对文字拼写、用词、语法或文档格式等进行自动检查、校对和编排的过程。电子信息的形成可通过多种途径实现，最常用的方法是用键盘输入，但键盘输入不免会造成一些输入错误，利用计算机进行文本自动校对的研究就由此产生了。自动校对系统可应用于出版、打字业等需要进行文本校对的行业。

1.1.3 NLP 的几个应用场景

NLP 不仅是一种新兴的商业技术，更是一种广泛使用的流行技术。几乎所有涉及语言的功能都包含 NLP 算法。NLP 在人们的日常生活中有广泛的应用，常见应用场景如下。

1. 百度翻译

百度翻译是百度公司发布的在线翻译服务，其依托互联网数据资源和NLP技术的优势，致力于帮助用户跨越语言鸿沟、方便快捷地获取信息和服务。百度翻译是一款比较成熟的机器翻译产品。此外，还有支持语音输入的多国语言互译的产品，如科大讯飞的机器翻译产品。

2. 图灵机器人

智能问答在一些电商网站中具有非常实用的价值，如代替人工充当客服角色。人工客服有时会遇到很多基本而且重复的问题，此时就可以通过智能问答系统筛选掉大量重复的问题，使人工客服能更好地服务客户。图灵机器人是以语义技术为核心驱动力的人工智能产品，其三大核心功能之一就是智能问答。图灵机器人提供超过 500 种实用生活服务技能，涵盖生活、出行、学习、金融、购物等多个领域，能提供一站式服务以满足用户的需求。

3. 微信语音转文字

微信中有一个将语音转化成文字的功能，其原理就是利用 NLP、语音识别等技术，在基于语言模型和声学模型的转写引擎下，将持续语流转写成文字。此功能的好处之一是方便快速阅读和理解，另一个好处是方便对内容进行二次推广和多次利用。成年人正常的语速为 160 字/分钟，比绝大多数人打字的速度快，微信语音转文字这个功能，可以极大地节省输入文字的时间，提高工作效率。

4. 新闻自动分类

新闻自动分类是文本自动分类最常见的一个应用。随着网络信息技术的迅速发展和传统纸媒向信息化媒体的逐渐转型，网络中存在着越来越多的新闻信息积累，传统的手动新闻分类存在耗费大量人力和物力等诸多的弊端。为了提高新闻分类的准确率和速度，新闻自动分类顺理成章地成为发展方向。新闻自动分类有助于实现新闻的有序化管理，以及新闻的挖掘分析。百度就实现了新闻的自动分类，它涵盖军事、财经、娱乐、游戏等多个分类，可以实现每隔一段时间自动获取更新、自动分类等操作。

1.1.4 NLP 与人工智能技术

人工智能技术是让计算机能够通过模仿人类自动化完成智能任务的技术，其关键在于智能和自动化。NLP 是人工智能（Artificial Intelligence，AI）研究的一个子领域，也是人工智能中最困难的问题之一。

AI 技术的发展大致经历了 3 次浪潮。20 世纪 70 年代第一次 AI 浪潮泡沫破灭之后，相关研究者转而研究机器学习、数据挖掘、NLP 等方向。20 世纪 90 年代 AI 迎来第二个黄金时代，但是 AI 并未真正进入人们日常生活，AI 再次进入沉寂期。2008 年左右，由于数据量的大幅度增长和计算机性能的大幅度提升，深度学习开始引领 AI 进入第三次浪潮。人们也逐渐开始将深度学习技术引入 NLP 领域中，并在机器翻译、问答系统、自动摘要等方向取得成功。深度学习能在 NLP 中取得这样的成绩的原因可以归结为海量数据的获取和深度学习算法的革新。

互联网的快速发展，使得很多应用积累了足够多的数据用于学习。当数据量增大之后，以支持向量机（Support Vector Machine，SVM）、条件随机场（Conditional Random Field，CRF）为代表的传统浅层模型由于模型过浅，无法对海量数据中的高维非线性映射建模，因此不能带来性能的提升。然而，以循环神经网络（Recurrent Neural Network，RNN）为代表的深度学习模型，可以随着模型复杂度的增大而增强，能更好地贴近数据的本质映射关系，达到更优的效果。

深度学习的词向量模型 Word2Vec，可以将词表示为更低维度的向量空间。这既缓解了语义鸿沟问题，又降低了输入特征的维度，从而降低了输入层的维度。深度学习模型非常灵活，这使得之前的很多任务可以通过端到端的方式进行训练，从而提升了模型的性能。

NLP 在过去几十年的发展中，从基于简单的规则方法到基于统计学方法，再到现在的基于深度学习神经网络的方法，技术越来越成熟，在很多领域都取得了巨大的成就。展望未来 10 年，随着数据的积累，云计算、芯片技术和人工智能技术的发展等，自然语言必将越来越贴近人工智能。除此之外，随着人工智能各领域的研究细化，跨领域的研究整合将是未来的发展方向。可预见的是，NLP 将会和计算机视觉、听觉、触觉等领域高度融合，反映在人工智能技术上就是语音识别和图像识别，实现包含语言、知识和推理的真正意义上的智能。

NLP 研究与应用已经取得较为丰硕的成果，但同时也面临着许多新的挑战。实际上对于 NLP 的很多问题，人们本身也不能非常准确、满意地解决。当然，并不是说人们不应该对某项技术提出更高的要求和希望，但更重要的是应该如何建立有效的理论模型和实现方法，这也是 NLP 这门学科所面临的问题和挑战。

1.1.5 学习 NLP 的难点

NLP 的发展已经进入了一个相当繁荣的时期，各行各业中越来越多的内容涉及 NLP，这使得 NLP 的学习成为一种迫切的需要。在实际的学习应用中，自然语言的复杂性和多变性使得学习 NLP 变得困难。一是多学科交叉的困难。NLP 是一门融语言学、计算机科学、数学、统计学于一体的交叉学科。由于教学时间与学习精力是有限的，人们无法做到对每一学科的学习和研究都面面俱到，只能对每个学科浅尝辄止，无法进一步深入学习，因此多学科融合就成为一个学习难点。二是理论学习的困难。NLP 运用了多种复杂难懂的数学模型，如概率图模型、隐马尔可夫模型（Hidden Markov Model，HMM）、最大熵模型、条件随机场模型等，这些理论的理解对初学者来说有一定的难度。三是语料获取的困难。在 NLP 的实际项目中，通常要使用大量的语言数据或者语料，而初学者要获取这些语料是比较困难的。

1.2 NLP 基本流程

中文 NLP 的基本流程和英文相比有一些特殊性，主要表现在文本预处理环节。首先，中文文本没有像英文单词那样用空格隔开，因此不能像英文一样直接用最简单的空格和标点符号完成分词，一般需要用分词算法完成分词。其次，中文的编码不是 utf-8，而是 Unicode，因此在预处理的时候，有编码处理的问题。中文 NLP 的基本流程由语料获取、语料预处理、文本向量化、模型构建、模型训练和模型评价 6 部分组成。

1.2.1 语料获取

在进行 NLP 之前，人们需要得到文本语料。文本语料的获取一般有以下几种方法。

（1）利用已经建好的数据集或第三方语料库，这样可以省去很多处理成本。

（2）获取网络数据。很多时候要解决的是某种特定领域的应用，仅靠开放语料库无法满足需求，这时就需要通过爬虫技术获取需要的信息。

（3）制订数据搜集策略搜集数据。可以通过制订数据搜集策略，从业务的角度搜集所需要的数据。

（4）与第三方合作获取数据。通过购买的方式获取部分需求文本数据。

1.2.2 语料预处理

获取语料后还需要对语料进行预处理，常见的语料预处理如下。

（1）去除数据中非文本内容。大多数情况下，获取的文本数据中存在很多无用的内容，如爬取的一些 HTML 代码、CSS 标签和不需要的标点符号等，这些都需要分步骤去除。少量非文本内容可以直接用 Python 的正则表达式删除，复杂的非文本内容可以通过 Python 的 Beautiful Soup 库去除。

（2）中文分词。常用的中文分词软件有很多，如 jieba、FoolNLTK、HanLP、THULAC、NLPIR、LTP 等，本书使用 jieba 作为分词工具。jieba 是使用 Python 语言编写的，其安装方法很简单，使用“pip install jieba”命令即可完成安装。

（3）词性标注。词性标注指给词语打上词类标签，如名词、动词、形容词等，常用的词性标注方法有基于规则的算法、基于统计的算法等。

（4）去停用词。停用词就是句子中没必要存在的词，去掉停用词后对理解整个句子的语义没有影响。中文文本中存在大量的虚词、代词或者没有特定含义的动词、名词，在文本分析的时候需要去掉。

1.2.3 文本向量化

文本数据经过预处理去除数据中非文本内容、中文分词、词性标注和去停用词后，基本上是干净的文本了。但此时还是无法直接将文本用于任务计算，需要通过某些处理手段，预先将文本转化为特征向量。一般可以调用一些模型来对文本进行处理，常用的模型有词袋模型（Bag of Words Model）、独热表示、TF-IDF 表示、n 元语法（n-gram）模型和 Word2Vec 模型等。

1.2.4 模型构建

文本向量化后，根据文本分析的需求选择合适的模型进行模型构建，同类模型也需要多准备几个备选用于效果对比。过于复杂的模型往往不是最优的选择，模型的复杂度与模型训练时间呈正相关，模型复杂度越高，模型训练时间往往也越长，但结果的精度可能与简单的模型相差无几。NLP 中使用的模型包括机器学习模型和深度学习模型两种。常用的机器学习模型有 KNN、SVM、Naive Bayes、决策树、K-means 等。常用的深度学习模型有 RNN、CNN、LSTM、Seq2Seq、FastText、TextCNN 等。

1.2.5 模型训练

模型构建完成后，需要进行模型训练，其中包括模型微调等。训练时可先使用小批量数据进行试验，这样可以避免直接使用大批量数据训练导致训练时间过长等问题。在模型训练的过程中要注意两个问题：一个为在训练集上表现很好，但在测试集上表现很差的过拟合问题；另一个为模型不能很好地拟合数据的欠拟合问题。同时，还要避免出现梯度消失和梯度爆炸问题。

仅训练一次的模型往往无法达到理想的精度与效果，还需要进行模型调优迭代，提升模型的性能。模型调优往往是一个复杂、冗长且枯燥的过程，需要多次对模型的参数做出修正；调优的同时需要权衡模型的精度与泛用性，在提高模型精度的同时还需要避免过拟合。在现实生产与生活中，数据的分布会随着时间的推移而改变，有时甚至会变化得很急剧，这种现象称为分布漂移（Distribution Drift）。当一个模型随着时间的推移，在新的数据集中的评价不断下降时，就意味着这个模型无法适应新的数据的变化，此时模型需要进行重新训练。

1.2.6 模型评价

模型训练完成后，还需要对模型的效果进行评价。模型的评价指标主要有准确率（Accuracy）、精确率（Precision）、召回率、*F*1 值、ROC 曲线、AUC 曲线等。针对不同类型的模型，所用的评价指标往往也不同，例如分类模型常用的评价方法有准确率、精确率、AUC 曲线等。同一种评价方法也往往适用于多种类型的模型。在实际的生产环境中，模型性能评价的侧重点可能会不一样，不同的业务场景对模型的性能有不同的要求，如可能造成经济损失的预测结果会要求模型的精度更高。

1.3 NLP 的开发环境

Python 以其清晰简洁的语法、易用、可扩展性和丰富庞大的库深受广大开发者喜爱。Python 内置的非常强大的机器学习代码库和数学库，使其理所当然地成为 NLP 的开发工具。同时 Python 是开源且免费的，这意味着开发人员不需要花费资金即可进行开发。因此，采用 Python 进行 NLP 是再好不过的选择。但这个强大的编程软件对初学者来说往往会有设置环境变量的困扰，为此本书推荐已经集成了 Python 开发环境且自带多种常用数据科学库的软件 Anaconda。

1.3.1 Anaconda 安装

Anaconda 是一个开源的 Python 发行版本，其包含了 conda、Python 等 180 多个科学包及其依赖项。其中 conda 是一个开源的环境管理器，它可以在同一个机器上安装不同版本的软件包及其依赖项，并能够在不同的环境之间切换。Anaconda 包含大量的科学包，安装文件比较大。如果只需要某些包，或者需要节省带宽或存储空间，可以使用较小的发行版 Miniconda（仅包含 conda 和 Python）。

Anaconda 可以应用于多种系统，不管是 Windows、Linux 还是 Mac OS X，都可以找到对应系统类型的版本。Anaconda 可以同时管理不同版本的 Python 环境，包括 Python 2 和 Python 3。本书推荐使用 Python 3，因为 Python 2 已停止更新维护，并且本书中所有的程序代码都是基于 Python 3 进行编写的。

在 Windows 环境下，Anaconda 的安装比较简单。按照默认选项进行安装，在选择完路径后，可勾选图 1-1 所示的“Add Anaconda3 to the system PATH environment variable”（添加 Anaconda 至系统环境变量路径中）复选框。勾选此复选框的好处是方便后续创建多种版本的 Python，坏处是可能会影响其他程序的使用。

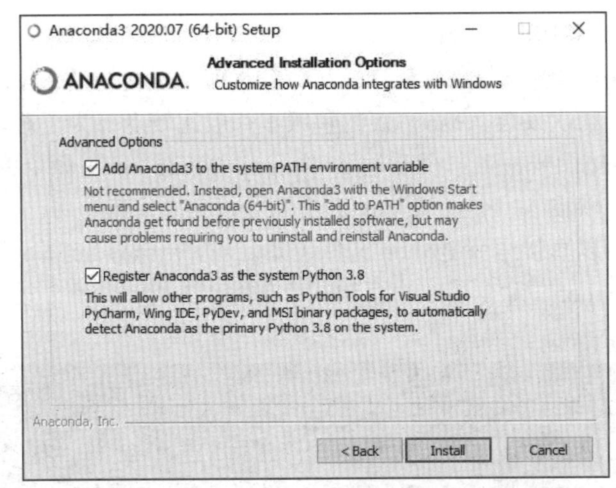

图 1-1　添加 Anaconda 至系统环境变量路径中

1.3.2　Anaconda 应用介绍

Anaconda 安装完成后，开始菜单栏中会出现几个应用，分别为 Anaconda Navigator、Anaconda Prompt、Jupyter Notebook 和 Spyder。

1. Anaconda Navigator

Anaconda Navigator 是 Anaconda 发行包中包含的桌面图形界面，可以在不使用命令的情况下，方便地启动应用程序，管理 conda 包、环境和频道。单击“Anaconda Navigator”后会打开页面，页面中会出现 CMD.exe Prompt、JupyterLab、Jupyter Notebook、Powershell Prompt、Qt Console、Spyder、Glueviz、Orange 3、RStudio 等应用，如图 1-2 所示。如果要运行 Spyder，直接在“Home”页面中单击“Spyder”即可。

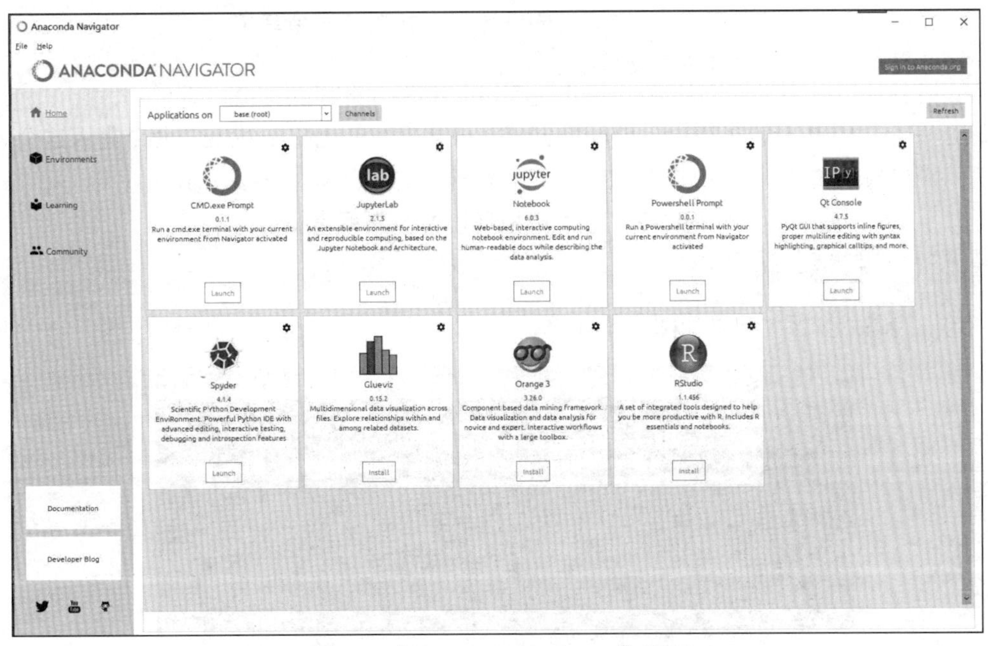

图 1-2　“Anaconda Navigator”页面

2. Anaconda Prompt

Anaconda Prompt 相当于命令行窗口，与命令行窗口不同的是，Anaconda Prompt 已经配置好了环境变量。初次安装 Anaconda 的包版本一般比较老，为了避免之后使用时报错，可以先单击“Anaconda Prompt”，然后输入“conda update –all”命令更新所有包的版本，在提示是否更新的时候输入“y”（即 Yes），然后等待更新完成即可。

在当前环境下可以直接运行 Python 文件（如输入“python hello.py”命令），或者在命令行窗口中输入“python”命令进入交互模式，如图 1-3 所示。

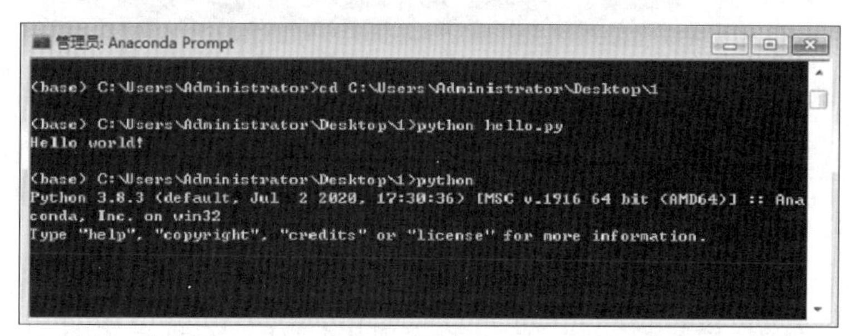

图 1-3　通过 Anaconda Prompt 运行 Python 文件和进入交互模式

（1）创建 NLP 虚拟环境。在开发过程中，很多时候不同的项目会需要用到不同版本的包，甚至是不同版本的 Python，使用虚拟环境可轻松解决这些问题。虚拟环境通过创建一个全新的 Python 开发环境，实现不同项目间的隔离。打开 Anaconda Prompt 后，可以利用 Anaconda 自带的 conda 包管理不同的 Python 环境。刚开始学习 NLP 的读者可以利用 conda 包创建一个 NLP 虚拟环境。

先查看 Python 版本，然后创建一个名为“NLP”的虚拟环境，并指定 Python 版本，如代码 1-1 所示。

代码 1-1　查看 Python 版本并创建虚拟环境

```
python --version  # 查看 Python 版本
conda create -n NLP python=3.8  # 创建虚拟环境并指定 Python 版本为 3.8
```

（2）进入 NLP 虚拟环境。虚拟环境创建完成之后，使用“activate”命令进入这个虚拟环境，并在 NLP 虚拟环境中查看配置的编译环境信息，如代码 1-2 所示。

代码 1-2　进入虚拟环境并查看配置信息

```
activate NLP
conda info -e
```

运行代码 1-2 后，结果如图 1-4 所示。

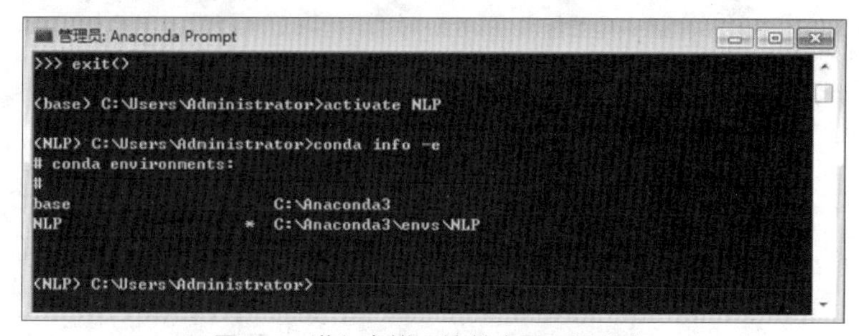

图 1-4　进入虚拟环境并查看配置信息

图 1-4 中展示了刚创建的 NLP 虚拟环境的所在路径，路径显示该环境位于 Anaconda 安装路径下的 envs 文件夹中。在刚创建好的虚拟环境中，除了 Python 自带的包之外，没有其他的包。查看当前环境下的所有包，如代码 1-3 所示。

代码 1-3　查看当前环境下的所有包

```
conda env list  # 查看当前环境下的所有包
```

（3）在 NLP 虚拟环境中安装或卸载程序包。在学习过程中，可以根据需要安装不同的程序包。可通过 pip 命令或者 conda 命令两种方式安装程序包，即“pip install package_name”和“conda install package_name”命令，其中“package_name”是指程序包的名称。在虚拟环境中，“pip install”命令只会安装需要安装的那个包本身，而“conda install”命令除了会安装需要安装的包，还会自动安装这个包的依赖项。在虚拟环境中，安装程序包如代码 1-4 所示，升级和卸载程序包如代码 1-5 所示。

代码 1-4　安装程序包

```
conda install numpy  # 安装 numpy 包
conda install numpy=1.15.2  # 安装版本为 1.15.2 的 numpy 包
```

代码 1-5　升级和卸载程序包

```
conda update numpy  # 对现有的 numpy 包进行升级
conda remove numpy  # 卸载现有的 numpy 包
```

（4）退出虚拟环境。退出当前的虚拟环境如代码 1-6 所示。

代码 1-6　退出当前的虚拟环境

```
conda deactivate  # 退出当前环境，回到最开始的环境
```

（5）删除环境。删除创建的 NLP 虚拟环境如代码 1-7 所示。

代码 1-7　删除创建的 NLP 虚拟环境

```
conda remove --name NLP --all  # 删除创建的 NLP 环境
```

Anaconda 能够管理不同环境下的包，使这些包在不同环境下互不影响。在 NLP 的学习过程中，会使用到很多的程序包，Anaconda 的这种功能无疑为我们的学习提供了很大的便利。

3. Jupyter Notebook

Jupyter Notebook 是一个在浏览器中使用的交互式的代码编辑器，可以将代码、文字结合起来。它的受众大多是从事数据科学相关领域（机器学习、数据分析等）的人员。在撰写含有程序的内容时，有时会展示一大段代码，这样不便于读者阅读，而使用 Jupyter Notebook 则可以一边编写代码一边解释代码，非常适合用于交互场景。

打开 Jupyter Notebook 有 3 种方式：第一种是直接在开始菜单栏中单击“Anaconda”下的“Jupyter Notebook”；第二种是在 Anaconda Prompt 中输入“jupyter notebook”，浏览器会自动打开并且显示当前的目录；第三种方式为首先打开某个文件夹，然后按住“Shift”键并单击鼠标右键，在菜单中单击“在此处打开 Powershell 窗口”命令，如图 1-5 所示，这时会弹出命令行窗口，接着输入“jupyter notebook”命令即可。打开 Jupyter Notebook 后单击右上角的“New”→“Python 3”命令，便可创建新笔记，如图 1-6 所示。使用 Jupyter Notebook 运行 Python 程序时的界面如图 1-7 所示。

图 1-5　单击“在此处打开 Powershell 窗口”命令

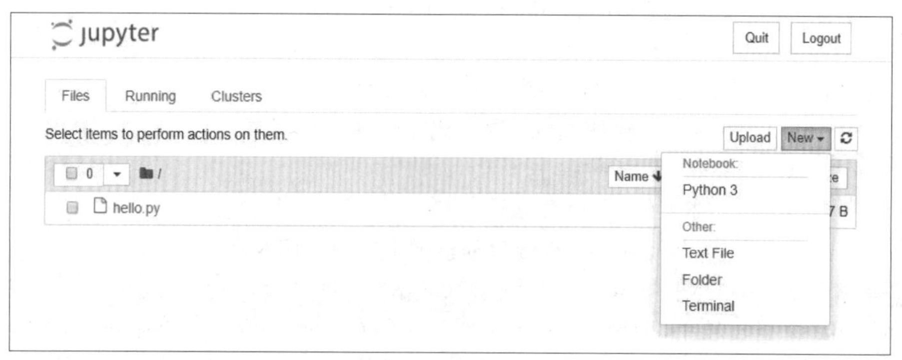

图 1-6　创建新笔记

图 1-7　运行 Python 程序时的界面

Jupyter Notebook 有编辑模式和命令模式两种输入模式。当单元框的边框线是绿色时，Jupyter Notebook 处于编辑模式，此时允许在单元框中输入代码或者文本，按“Esc”键可切换为命令模式。命令模式下单元框的边框线是灰色的，可以输入运行程序的命令，按“Enter”键可切换为编辑模式。在编辑文档时，是以 cell 为一个单元框的。cell 有 3 种类型，不同的类型有不同的意义，cell 的类型及说明如表 1-1 所示。

表 1-1 cell 的类型及说明

类型	说明
--code	表示内容可以运行
--heading	表示此单元框的内容是标题（一级、二级、三级标题）
--markdown	表示可以用 markdown 的语法编辑文本

代码编写完成之后可以按快捷键“Shift+Enter”或者单击页面上方的“运行”按钮执行 cell 中的代码。文档编辑完成后，默认保存文件为“.ipynb”格式，也可以保存为“.py”“.md”“.html”等格式。

4. Spyder

Spyder 是一款囊括了代码编辑器、编译器、调试器和图形用户界面工具的集成开发环境（Integrated Development Environment，IDE），与 Jupyter Notebook 一样是用于编写代码的 IDE 工具。为了方便读者编写或修改代码，本书的代码使用 Spyder 进行编写和调试。Spyder 的界面如图 1-8 所示。

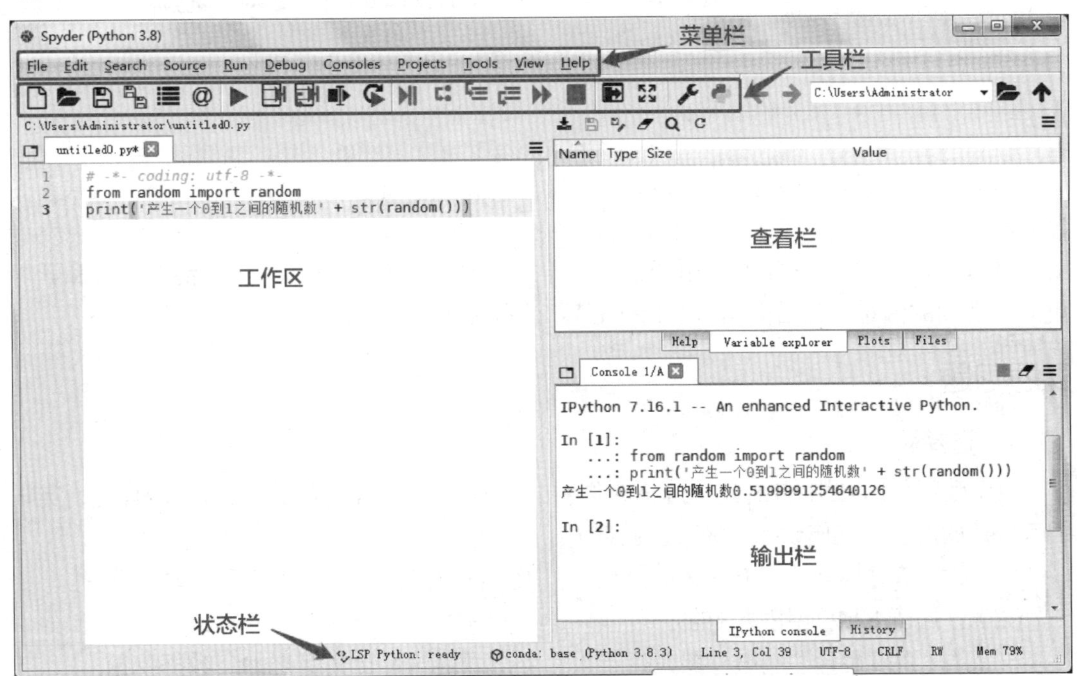

图 1-8 Spyder 的界面

根据图 1-8 所示的标注，Spyder 的界面可分为菜单栏、工具栏、工作区、查看栏、输出栏和状态栏。各个区域的介绍如下。

（1）菜单栏：放置所有功能和命令。

（2）工具栏：放置快捷菜单，可通过菜单栏中“View”的“Toolbars”复选框设置其内容。

（3）工作区：编写代码的地方。

（4）查看栏：查看文件、调试时的对象和变量。

（5）输出栏：查看程序的输出信息并可作为 shell 终端输入 Python 语句。

（6）状态栏：用于显示当前文件权限、编码、鼠标指针指向位置和系统内存。

菜单栏中的常用命令及说明如表 1-2 所示。

表 1-2　菜单栏中的常用命令及说明

命令	说明
--File	文件的新建、打开、保存、关闭操作
--Edit	文件内容的编辑，如撤销、重复、复制、剪切等操作
--Run	运行命令，可选择分块运行或运行整个文件
--Consoles	可打开新的输出栏
--Tools→preferences→IPython console	“Display”可以调整字号和背景颜色；在“Graphic”下勾选“Automatical load Pylab and NumPy modules”可在 IPython 界面直接编写 plot 函数作图；“Startup”可设置启动执行的脚本，写入要导入的程序包
--Tools→preferences→Editor	“Display”主要设置背景、行号和高亮等；“Code Analysis”可以设置代码提示

小结

本章主要介绍了一些与 NLP 相关的基础知识和基本概念。首先介绍了 NLP 的基本概念和发展历程；其次讲解了 NLP 的研究内容和几个常见应用场景，帮助读者了解正在发展 NLP 的几个领域和 NLP 技术应用场景；接着宏观地探讨了 NLP 与人工智能的关系和学习 NLP 会遇到的困难；最后介绍了 NLP 的基本流程和虚拟环境的创建。

课后习题

1. 选择题

（1）政府部门利用 NLP 技术分析人们对某一事件、政策法规或社会现象的评论，实时了解百姓的态度，这属于 NLP 研究内容的（　　）。

A. 信息检索　　B. 文本分类　　C. 信息过滤　　D. 自动文摘

（2）不属于 NLP 应用场景的是（　　）。

A. 百度翻译　　B. 图灵机器人　　C. 微信语音转文字　　D. 数据挖掘

（3）中文 NLP 的基本流程由语料获取、（　　）、文本向量化、模型构建、模型训练和模型评价 6 部分组成。

A. 语料预处理　　B. 中文分词　　C. 去停用词　　D. 词性标注

（4）在 NLP 虚拟环境中安装需要的程序包，并自动安装这个包的依赖项需要用到（　　）。

A. pip install package_name　　B. conda install package_name

C. conda package_name　　D. pip package_name

（5）不属于打开 Jupyter Notebook 方式的是（　　）。

A. 直接在开始菜单栏中单击“Anaconda”下的“Jupyter Notebook”

B. 在 Anaconda Prompt 中输入“jupyter notebook”

C. 单击桌面上自动生成的 Jupyter Notebook 图标

D. 首先打开某个文件夹，然后按住“Shift”键并单击鼠标右键，在菜单中单击“在此处打开 Powershell 窗口”命令，这时会弹出命令行窗口，接着输入“jupyter notebook”命令即可

2. 操作题

（1）创建一个 NLP 的虚拟环境。

（2）用 Jupyter Notebook 创建一个输出“Hello world!”的文件。

（3）用 Spyder 创建一个输出“Hello world!”的文件。

第2章 语料库

20 世纪 80 年代以来，随着计算机应用技术的不断发展，世界上的主要语言都建立了许多对应的不同规模、不同类型的语料库。语料库的加工程度越来越深，应用范围也越来越广，并且在 NLP 中发挥着越来越重要的作用。语料库已经成为 NLP 的重要基础，使用 NLP 需先学习语料库，打好学习的地基，加强基础研究。本章将介绍语料库的基本概念和语料库的种类与构建原则,并通过实例介绍涵盖大量数据集的 NLP 工具 NLTK 的使用方法。

学习目标

（1）了解语料库的基本概念和用途。
（2）了解语料库的种类和构建原则。
（3）熟悉 NLTK 的安装步骤。
（4）掌握 NLTK 中函数的使用和语料库的获取。
（5）掌握语料库的构建和分析流程。

2.1 语料库概述

语料库是为某一个或多个应用而专门收集的、有一定结构的、有代表性的、可以被计算机程序检索的、具有一定规模的语料集合。

2.1.1 语料库简介

语料库的实质是经过科学取样和加工的大规模电子文本库。语料库具备以下 3 个显著的特征。

（1）语料库中存放的是真实出现过的语言材料。
（2）语料库是以计算机为载体、承载语言知识的基础资源。
（3）语料库是对真实语料进行加工、分析和处理的资源。

语料库不仅是原始语料的集合，还是有结构并且标注了语法、语义、语音、语用等语言信息的语料集合。

任何一个信息处理系统都离不开数据和知识库的支持,使用NLP技术的系统也不例外。在 NLP 的实际项目中，通常要使用大量的语言数据或者语料。语料作为最基本的资源，尽管在不同的 NLP 系统中所起到的作用不同，但是在不同层面上共同构成了各种 NLP 方法赖以实现的基础。

2.1.2 语料库的用途

语料库的产生起始于语言研究，后来随着语料库功能的增强，它的用途变得越来越广。语料库的用途包括以下 4 个方面。

（1）用于语言研究。语料库为语言学的研究提供了丰富真实的语言材料，在句法分析、词法分析、语言理论和语言史研究中都起到了巨大的作用。如今，人们对语料库内的语料进行了更深层次的加工处理，使得语料库为语义学、语用学、会话分析、语言变体、语音科学和心理学等研究领域提供了大量支持。

（2）用于编写工具参考书籍。一些对语言教学有重要影响的词典和语法书均是在语料库的基础上编写的。例如，《朗曼当代英语词典》第 3 版的编写利用了 3 个大型的语料库，分别是包含上亿词的英国国家语料库（British National Corpus，BNC）、包含 3000 万词的朗曼兰开斯特语料库和朗曼学习者语料库。该词典中常用词及其频率、成语、搭配和例句等都是根据这 3 个语料库统计出来的。

（3）用于语言教学。在语言教学中，语料库可以帮助缩小课堂上学习的语言与实际使用的语言之间的差距，发现过去被忽略的语言规律；使学习者能够更准确地理解一些词语在实际交际中的意义和用法，发现使用语言时的一些问题。此外，语料库还可以用于语言测试、分析语言错误等。

（4）用于 NLP。语料库按照一定的要求加工处理后，可以应用到 NLP 的各个层面的研究中。语料库在词层面上进行分词、词性标注后，可以用于词法分析、拼写检查、全文检索、词频统计、名词短语的辨识和逐词机器翻译等。语料库在句层面上进行句法标注、语义标注后，可以用于语法检查、词义排歧、名词短语辨识的改进、机器翻译等。语料库在语篇层面上进行语用层的处理后，可以用于解决指代问题、时态分析、目的识别、文本摘要和文本生成等。

语料库包含的语言词汇、语法结构、语义和语用信息为语言学研究和 NLP 研究提供了大量的资料来源。语料库既是时代的产物，也是科技进步的成果，让处于大数据时代的人们得以拥有和享受语料库带来的便利。语料库的产生，既丰富了语言研究中词汇的数量、语法的形态和语句的结构，又让学习和研究语言的方式产生了巨大的变化。各种随时代而兴起的技术也有了更为准确的语言研究基础。

2.2 语料库的种类与构建原则

语料库的种类主要依据它的研究目的和用途进行划分。根据不同的划分标准，语料库可以分为多个种类。随着语料库不断发展，构建语料库时还需要考虑一些构建原则。

2.2.1 语料库的种类

以语料库结构进行划分，可将语料库分为平衡结构语料库与自然随机结构语料库；以语料库用途进行划分，可将语料库分为通用语料库与专用语料库；以语料选取时间进行划分，可将语料库分为共时语料库与历时语料库。

1. 平衡结构语料库与自然随机结构语料库

平衡结构语料库的着重点是语料的代表性和平衡性，需要预先设计语料库中语料的类型，定义好每种类型所占的比例并按这种比例去采集语料，组成语料库。例如，历史上第一个机读语料库——布朗语料库就是平衡结构语料库的典型代表，它的语料按 3 层分类，严格设计了每一类语料所占的比例。自然随机结构语料库则是按照某个原则随机采集语料组成语料库，如狄更斯著作语料库、英国著名作家作品语料库、北京大学开发的《人民日报》语料库等。

2. 通用语料库与专用语料库

通用语料库与专用语料库是基于语料库的用途划分而来。通用语料库的语料不做特殊限定，而专用语料库的语料通常只限于某一领域或为了某种专门的目的而采集。只采集某一特定领域、特定地区、特定时间、特定类型的语料所构成的语料库即为专用语料库，如新闻语料库、科技语料库、中小学语料库、北京口语语料库等。通用领域与专用领域是一对相对的概念。

3. 共时语料库与历时语料库

共时语料库是为了对语言进行共时研究而建立的语料库，即无论所采集语料的时间段有多长，只要研究的是一个时间平面上的元素或元素的关系，就是共时研究。共时研究所建立的语料库就是共时语料库，如中文地区汉语共时语料库（Linguistic Variation in Chinese Speech Communities，LIVAC）采用共时性视窗模式，剖析来自中文地区具有代表性的定量中文媒体语料，是一个典型的共时语料库。历时语料库是为了对语言进行历时研究而建立的语料库，即研究一个历时切面中元素与元素关系的演化。例如，国家语言文字工作委员会建设的国家语委现代汉语语料库，其收录的是 1919 年至今的现代汉语的代表性语料，是一个典型的历时语料库。根据历时语料库得到的统计结果，是依据时间轴的等距离抽样得到的若干频次变化形成的走势图。

2.2.2 语料库的构建原则

从事语言研究和机器翻译研究的学者逐渐认识到语料库的重要性，国内外很多研究机构致力于各种语料库的构建，并且正朝着不断扩大库容量、深化加工和不断拓展新的领域等方向发展。构建语料库的时候，一般需要考虑以下 4 个原则。

（1）代表性。在一定的抽样框架范围内采集的样本语料应尽可能多地反映真实语言现象和特征。

（2）结构性。收集的语料必须是计算机可读的电子文本形式的语料集合。语料集合结构包括语料库中语料记录的代码、元数据项、数据类型、数据宽度、取值范围、完整性约束。

（3）平衡性。平衡性是指语料库中的语料要考虑不同内容或指标的平衡性，如学科，年代，文体，地域，使用者的年龄、性别、文化背景、阅历，以及语料的用途（公函、私信、广告）等指标。一般在构建语料库时，需要根据实际情况选取其中的一个或者几个重要的指标作为平衡因子。

（4）规模性。大规模的语料库对语言研究（特别是NLP研究）具有不可替代的作用，但随着语料库的增大，垃圾语料带来的统计垃圾问题也越来越严重。此外，当语料库达到一定的规模后，语料库的功能不一定会变得更加丰富。因此在构建语料库时，应根据实际需要决定语料库的规模。

2.3 NLTK

NLTK（Natural Language Toolkit，自然语言处理工具包）是一个用于处理自然语言数据的Python应用开源平台，也是基于Python编程语言实现的NLP库。

2.3.1 NLTK简介

NLTK是当前最为流行的自然语言编程与开发工具之一。在进行NLP研究和应用时，利用NLTK中的函数可以大幅度地提高效率。NLTK提供了超过50个素材库和词库资源的接口，涵盖分词、词性标注、命名实体识别、句法分析等各项NLP领域的功能。NLTK支持NLP和教学研究，它收集的大量公开数据集和文本处理库可用于文本分类、符号化、提取词根、贴标签、解析和语义推理等。NLTK的部分模块和功能描述如表2-1所示。

表2-1 NLTK的部分模块和功能描述

模块	功能	描述
nltk.corpus	获取语料库	语料库和词典的标准化切口
nltk.tokenize、nltk.stem	字符串处理	分词、分句和提取主干
nltk.tag	词性标注	HMM、n-gram、backoff
nltk.classify、nltk.cluster	分类、聚类	朴素贝叶斯、决策树、K-means
nltk.chunk	分块	正则表达式、命名实体、n-gram
nltk.metrics	指标评测	准确率、召回率和协议系数
nltk.probability	概率与评估	频率分布

2.3.2 安装步骤

本书1.3节已经介绍了Python开发环境的安装和环境变量的配置，以及如何在Anaconda Prompt里创建一个名为“NLP”的虚拟环境，本小节不再重复介绍。在成功安装Python开发环境和创建NLP虚拟环境的条件下，NLTK的安装步骤如下。

（1）进入NLP虚拟环境。在Anaconda Prompt命令行激活NLP虚拟环境，如代码2-1所示。

代码2-1 激活NLP虚拟环境

```
activate NLP
```

当路径显示根目录由“<base>”转变为“<NLP>”时，说明成功进入NLP虚拟环境。

（2）安装NLTK。在Anaconda Prompt的NLP虚拟环境里安装NLTK，如代码2-2所示。

代码2-2 安装NLTK

```
conda install nltk
```

当显示“Successfully built nltk”时，则说明 NLTK 安装完成。

（3）检查 NLTK 是否安装成功，如代码 2-3 所示。

代码 2-3　检查 NLTK 是否安装成功

```
conda list
```

在显示列表中检查是否存在“nltk”，若存在，则说明 NLTK 已成功安装。

（4）下载 NLTK 数据包。在成功安装 NLTK 后，打开 Spyder，新建一个文件，编写代码，下载 NLTK 数据包，如代码 2-4 所示。

代码 2-4　下载 NLTK 数据包

```
import nltk
nltk.download()
```

执行代码 2-4 中的命令后，会显示可供下载的 NLTK 数据包的对话框，如图 2-1 所示。

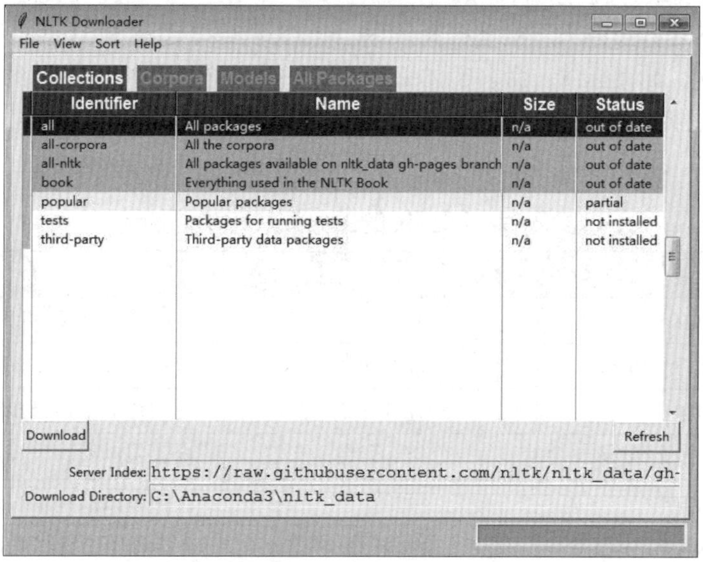

图 2-1　可供下载的 NLTK 数据包

首先选择需要下载的数据包，如选择“all”“all-corpora”“all-nltk”“book”“popular”“tests”“third-party”中的“book”，然后在“Download Directory”中修改下载路径。下载路径可选择为 Anaconda3 的安装位置，将 NLTK 数据包放置于 Anaconda 3 的下级目录，如“C:\Anaconda3\nltk_data”（注意：需要先在“C:\Anaconda3”目录下新建一个名为“nltk_data”的文件夹）。最后单击“Download”按钮（下载需要一些时间，需耐心等待）。

下载完数据包以后，还需要进行环境变量的配置，具体步骤为：右击计算机图标，依次单击“属性”→“高级系统设置”→“高级”→“环境变量”，在“系统变量”里双击“Path”，在输入框中输入下载路径“C:\Anaconda3\nltk_data”。

检查 NLTK 数据包是否安装成功，如代码 2-5 所示。

代码 2-5　检查 NLTK 数据包是否安装成功

```
from nltk.book import *
```

若运行代码 2-5 后，输出结果出现如下内容，则表示 NLTK 数据包安装成功。

```
*** Introductory Examples for the NLTK Book ***
Loading text1, ..., text9 and sent1, ..., sent9
```

```
Type the name of the text or sentence to view it.
Type: 'texts()' or 'sents()' to list the materials.
text1: Moby Dick by Herman Melville 1851
...
```

在成功安装 NLTK 数据包之后，界面会显示 NLTK 中“book”数据包的示例文本，其中“text1”的中文名为《白鲸》。

2.3.3 NLTK 中函数的使用

本小节以《白鲸》为例介绍 NLTK 中基本函数的使用方法。在使用 NLTK 中的各种函数前，需要先导入 NLTK 模块并加载 book 模块下的全部文件，如代码 2-6 所示。

代码 2-6 导入 NLTK 模块并加载 book 模块下的全部文件

```
from nltk.book import *
```

（1）使用 similar 函数搜索相似词语。similar 函数可以识别和搜索与指定对象相似的词语，即查找近义词。该函数可以用在搜索引擎的相关度识别功能中。例如，在《白鲸》中搜索与“pretty”一词相似的词语，如代码 2-7 所示。

代码 2-7 搜索与“pretty”相似的词语

```
text1.similar('pretty')
```

（2）使用 concordance 函数搜索指定内容。concordance 函数一方面可以展示全文中所有出现指定内容的文本的位置及其上下文，另一方面可以以对齐的方式输出指定内容的上下文，便于对比分析。例如，在《白鲸》中搜索指定词语“danger”，如代码 2-8 所示。

代码 2-8 搜索指定词语“danger”

```
text1.concordance(word='danger')
```

（3）使用 collocations 函数搜索搭配词语。collocations 函数可展示文本中多次出现的搭配词语，如代码 2-9 所示。

代码 2-9 展示文本中多次出现的搭配词语

```
text1. collocations()
```

（4）使用 common_contexts 函数搜索词的共同上下文。common_contexts 函数可搜索两个或两个以上词的共同上下文，如代码 2-10 所示。

代码 2-10 搜索词的共同上下文

```
text1.common_contexts(['monstrous', 'very'])
```

注意，此处的多个单词需要使用中括号“[ ]”括起来。

（5）使用 len 函数统计文本的长度，如代码 2-11 所示。

代码 2-11 统计文本的长度

```
len(text1)
```

（6）使用 set 函数获取文本的词汇表，如代码 2-12 所示。

代码 2-12 获取文本的词汇表

```
set(text1)
```

（7）使用 sorted 函数对词汇表按照英文字母排序，如代码 2-13 所示。

代码 2-13 对词汇表按照英文字母排序

```
sorted(set(text1))  # 词汇表排序
len(set(text1))  # 词汇表大小
len(text1)/len(set(text1))  # 每个词平均使用次数
```

（8）使用 FreqDist 函数查询文本中的词汇频数分布，如代码 2-14 所示。

代码 2-14　查询文本中的词汇频数分布

```
fdist = FreqDist(text1)  # 查询文本中的词汇频数分布
fdist['ship']  # ship 的出现次数
voc = fdist.most_common(10)  # 出现频率最高的 10 个字符
```

（9）使用 sorted 函数对词汇表中的词按照英文字母进行排序，如代码 2-15 所示。

代码 2-15　对词汇表中的词按照英文字母进行排序

```
len(text1)  # 从头到尾的长度，包括文本 text1 中出现的词和标点符号
sorted(set(text1))  # 获取文本 text1 的词汇表，并按照英文字母排序
len(set(text1))  # 获取文本 text1 词汇表的数量
len(text1)/len(set(text1))  # 每个词平均使用次数
```

（10）使用 dispersion_plot 函数可绘制出指定词的分布及其在文本中出现的位置，如代码 2-16 所示。

代码 2-16　绘制词汇分布离散图

```
import nltk
import matplotlib.pyplot as plt
plt.rcParams['font.sans-serif'] = 'SimHei' # 设置中文显示
nltk.draw.dispersion.dispersion_plot(text1, ['Dick', 'Moby', 'America', 'Herman',
                                    'Melville'], title='词汇分布情况的
离散图')  # 绘制离散图 plt.show()
```

（11）使用 fdist.plot 函数可绘制指定的常用词累计频率图。例如，绘制文本 text1 中常用词累计频率图，如代码 2-17 所示。得到的文本中常用词累计频率图如图 2-2 所示。

代码 2-17　绘制文本中常用词累计频率图

```
import matplotlib.pyplot as plt
plt.grid()
fdist1 = dict(fdist)
fdist1 = sorted(fdist.items(), key = lambda x: x[1], reverse=True)
x = []
y = []
for i in range(10):
      x.append(fdist1[i][0])
      y.append(fdist1[i][1])
t = 0
for i in range(len(y)):
      y[i] = y[i] + t
      t = y[i]
plt.plot(x, y)
plt.title('常用词累计频率图')
plt.ylabel('累计频率')
plt.xlabel('常用词')
plt.show()
```

在图 2-2 中，横坐标表示的是文本中出现的词（按出现次数从大到小排序），纵坐标表示词在文本中出现的累计频率。如“,”出现 18000 多次，“the”出现 13000 多次。“,”“the”累计出现 31000 多次。

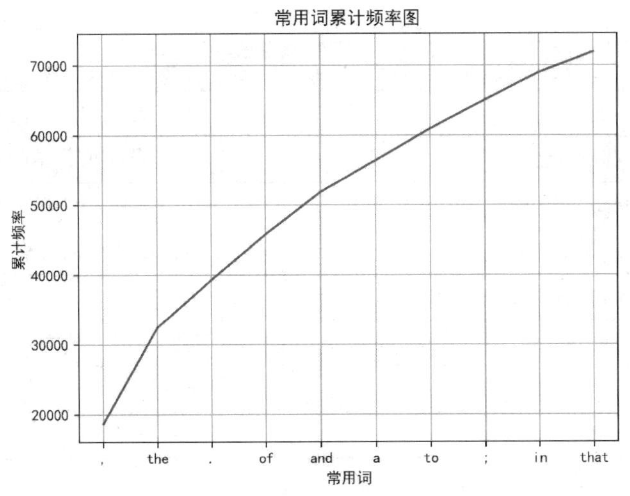

图 2-2　文本中常用词累计频率图

本小节给出了 NLTK 中几个基本函数的示例，但 NLTK 中的函数远不止此，若读者还想尝试更多的函数，可以查阅相关资料进行学习。

2.4 语料库的获取

除了自行构建语料库之外，还有许多已经构建好的语料库可以直接获取使用。NLTK 中就集成了多个文本语料库。除此之外，还有许多在线语料库被共享出来供人们使用。

2.4.1 获取 NLTK 语料库

NLTK 中有多个文本语料库，其中包含古腾堡项目（数字图书馆）电子文档的一小部分文本、网络聊天文本、即时消息聊天会话语料库、布朗语料库、路透社语料库、就职演说语料库、标注文本语料库和其他语言语料库等。NLTK 中定义了许多基本语料库函数，如表 2-2 所示。

表 2-2　基本语料库函数

函数	说明
fileids()	获取语料库中的文件
fileids([categories])	分类对应的语料库中的文件
categories()	语料库中的分类
categories([fileids])	文件对应的语料库中的分类
raw()	语料库的原始内容
raw([fileids=[f1,f2,f3])	指定文件的原始内容
raw(categories=[c1,c2])	指定分类的原始内容
words()	查找整个语料库中的词汇
words(fileids=[f1,f2,f3])	指定文件中的词汇
words(categories=[c1,c2])	指定分类中的词汇

续表

函数	说明
sents()	指定分类中的句子
sents(fileids=[f1,f2,f3])	指定文件中的句子
sents(categories=[c1,c2])	指定分类中的句子
abspath(fileid)	指定文件在磁盘上的位置
encoding(fileid)	文件编码
open(fileid)	打开指定语料库文件的文件流
root()	到本地安装的语料库根目录的路径
readme()	语料库中的 README 文件的内容

1. 获取古腾堡语料库

NLTK 包含古腾堡项目电子文档的一小部分文本，该项目电子文档大约包含 36000 本免费电子书。获取古腾堡语料库文本需要先加载 NLTK，然后调用 fileids 函数获取文本，如代码 2-18 所示。

代码 2-18 获取古腾堡语料库文本

```
import nltk
nltk.corpus.gutenberg.fileids()  # 获取古腾堡语料库文本
```

运行代码 2-18 后，输出结果如下。

```
['austen-emma.txt',
 'austen-persuasion.txt',
 'austen-sense.txt',
 'bible-kjv.txt',
 'blake-poems.txt',
 'bryant-stories.txt',
 'burgess-busterbrown.txt',
 'carroll-alice.txt',
 'chesterton-ball.txt',
 'chesterton-brown.txt',
 'chesterton-thursday.txt',
 'edgeworth-parents.txt',
 'melville-moby_dick.txt',
 'milton-paradise.txt',
 'shakespeare-caesar.txt',
 'shakespeare-hamlet.txt',
 'shakespeare-macbeth.txt',
 'whitman-leaves.txt']
```

输出结果是 NLTK 包含的古腾堡语料库文本，可以对其中的任意文本进行如下操作。

（1）打开文件并统计词数，如代码 2-19 所示。

代码 2-19 打开文件并统计词数

```
emma = nltk.corpus.gutenberg.words('austen-emma.txt')  # 打开古腾堡语料库的一个文本文件
print(emma)
```

```
len(emma)  # 统计词数
```

运行代码 2-19 后，输出结果如下。

```
['[', 'Emma', 'by', 'Jane', 'Austen', '1816', ']', ...]
192427
```

（2）索引文本，如代码 2-20 所示。

代码 2-20　索引文本

```
emma = nltk.Text(nltk.corpus.gutenberg.words('austen-emma.txt'))
emma.concordance('surprise')  # 展示全文所有出现 surprise 的地方及其上下文
```

运行代码 2-20 后，输出结果如下。

```
Displaying 1 of 1 matches:
that Emma could not but feel some surprise, and a little displeasure, on he
```

（3）获取文本的标识符、词、句。使用 nltk.corpus.gutenberg.fileids 方法获取古腾堡语料库的所有文本，然后获取这些文本的统计信息，如代码 2-21 所示。

代码 2-21　获取古腾堡语料库中的所有文本及其统计信息

```
from nltk.corpus import gutenberg  # 加载古腾堡语料库
for fileid in gutenberg.fileids():
      raw = gutenberg.raw(fileid)  # 给出原始内容
      num_chars = len(raw)  # 计算文本长度
      words = gutenberg.words(fileid)  # 获取文本的词
      num_words = len(words)  # 计算词数量
      sents = gutenberg.sents(fileid)  # 获取文本的句子
      num_sents = len(sents)  # 计算句子数量
      # word.lower(): 将词转换为小写
      vocab = set([w.lower() for w in gutenberg.words(fileid)])
      num_vocab = len(vocab)
     print('%d %d %d %s' % (num_chars, num_words, num_sents, fileid))
```

运行代码 2-21 后，输出结果如下。

```
887071 192427 7752 austen-emma.txt
466292 98171 3747 austen-persuasion.txt
673022 141576 4999 austen-sense.txt
4332554 1010654 30103 bible-kjv.txt
38153 8354 438 blake-poems.txt
249439 55563 2863 bryant-stories.txt
84663 18963 1054 burgess-busterbrown.txt
144395 34110 1703 carroll-alice.txt
457450 96996 4779 chesterton-ball.txt
406629 86063 3806 chesterton-brown.txt
320525 69213 3742 chesterton-thursday.txt
935158 210663 10230 edgeworth-parents.txt
1242990 260819 10059 melville-moby_dick.txt
468220 96825 1851 milton-paradise.txt
112310 25833 2163 shakespeare-caesar.txt
162881 37360 3106 shakespeare-hamlet.txt
100351 23140 1907 shakespeare-macbeth.txt
711215 154883 4250 whitman-leaves.txt
```

2. 获取网络聊天文本

NLTK 包含很多的网络文本小集合，如 Firefox 交流论坛、在纽约无意中听到的对话、《加勒比海盗》电影剧本、个人广告和葡萄酒的评论等。访问网络聊天文本内容的步骤如下。

（1）获取网络聊天文本，如代码 2-22 所示。

代码 2-22　获取网络聊天文本

```
from nltk.corpus import webtext  # 加载网络聊天语料库
for fileid in webtext.fileids():
    print((fileid,webtext.raw(fileid)))
```

运行代码 2-22 后，部分输出结果如下。

```
('firefox.txt', 'Cookie Manager: "Don\'t allow sites that set removed cookies
to set future cookies" should stay checked\r\nWhen in full screen mode\r\
nPressing Ctrl-N should open a new browser when only download dialog is left
open\r\nadd icons to context menu\r\nSo called "tab bar" should be made a proper
toolbar or given the ability collapse / expand.\r\n[XUL] Implement Cocoa-style
toolbar customization.\r\n#ifdefs for MOZ_PHOENIX\r\ncustomize dialog\'s
toolbar has small icons when small icons is not checked\r\nnightly builds and...
```

（2）查看网络聊天文本信息，如代码 2-23 所示。

代码 2-23　查看网络聊天文本信息

```
# 计算标识符长度，计算词长度，计算句子长度
for fileid in webtext.fileids():
    print(fileid, len(webtext.raw(fileid)), len(webtext.words(fileid)),
len(webtext.sents(fileid)))
```

运行代码 2-23 后，输出结果如下。

```
firefox.txt 564601 102457 1142
grail.txt 65003 16967 1881
overheard.txt 830118 218413 17936
pirates.txt 95368 22679 1469
singles.txt 21302 4867 316
wine.txt 149772 31350 2984
```

3. 获取即时消息聊天会话语料库

即时消息聊天会话语料库是为研究自动检测互联网入侵者而构建的，其包含的帖子超过 1000 个，被分成了 15 个文件，每个文件包含几百个从特定日期和特定年龄的聊天室收集而来的帖子。文件名包含了日期、聊天室和帖子的数量。获取即时消息聊天会话语料库，如代码 2-24 所示。

代码 2-24　获取即时消息聊天会话语料库

```
from nltk.corpus import nps_chat  # 加载即时消息聊天会话语料库
chatroom1 = nps_chat.posts('11-08-adults_705posts.xml')
chatroom2 = nps_chat.posts('10-19-20s_706posts.xml')
print(chatroom1[135])
print(chatroom2[123])
```

运行代码 2-24 后，输出结果如下。

```
['life', 'is', 'a', 'trip']
['i', 'do', "n't", 'want', 'hot', 'pics', 'of', 'a', 'female', ',', 'I', 'can',
'look', 'in', 'a', 'mirror', '.']
```

4. 获取布朗语料库

布朗语料库是第一个百万词级的英语电子语料库，其中包含 500 个不同来源的文本，如新闻、社论和科学小说等。该语料库主要用于研究文体之间的系统性差异（因此又叫作文体学的语言学研究），可以将该语料库作为词链表或者句子链表进行访问。

（1）查看语料，按特定类别或文件阅读，如代码 2-25 所示。

代码 2-25 查看语料

```
from nltk.corpus import brown  # 加载布朗语料库
print(brown.categories())  # 查看类别
print(brown.words(categories='news'))  # 查看 news 类别里的词
print(brown.words(fileids=['cb15']))  # 查看 cb15 文件里的词
print(brown.sents(categories=['news', 'editorial', 'reviews']))  # 查看句子
```

运行代码 2-25 后，输出结果如下。

```
['adventure', 'belles_lettres', 'editorial', 'fiction', 'government', 'hobbies',
'humor', 'learned', 'lore', 'mystery', 'news', 'religion', 'reviews', 'romance',
'science_fiction']
['The', 'Fulton', 'County', 'Grand', 'Jury', 'said', ...]
['The', 'Providence', 'Journal', 'editorial', '(', ...]
[['The', 'Fulton', 'County', 'Grand', 'Jury', 'said', 'Friday', 'an',
'investigation', 'of', "Atlanta's", 'recent', 'primary', 'election', 'produced',
'``', 'no', 'evidence', "''", 'that', 'any', 'irregularities', 'took', 'place',
'.'], ['The', 'jury', 'further', 'said', 'in', 'term-end', 'presentments',
'that', 'the', 'City', 'Executive', 'Committee', ',', 'which', 'had', 'over-all',
'charge', 'of', 'the', 'election', ',', '``', 'deserves', 'the', 'praise', 'and',
'thanks', 'of', 'the', 'City', 'of', 'Atlanta', "''", 'for', 'the', 'manner',
'in', 'which', 'the', 'election', 'was', 'conducted', '.'], ...]
```

（2）比较不同文体之间情态动词的用法，如代码 2-26 所示。

代码 2-26 比较不同文体之间情态动词的用法

```
from nltk.corpus import brown
news_text = brown.words(categories='news')
fdist = nltk.FreqDist([w.lower() for w in news_text])
modals = ['can', 'could', 'may', 'might', 'must', 'will']
for m in modals:
    print('%s: %d' %(m, fdist[m]))
```

运行代码 2-26 后，输出结果如下。

```
can: 94
could: 87
may: 93
might: 38
must: 53
will: 389
```

5. 获取路透社语料库

路透社语料库包含 10788 个新闻文档，共计 130 万字。该类型文档可以分成 90 个主题，按照训练和测试分为两组，这样分组是为了方便运用训练和测试算法自动检测文档。与布朗语料库不同，路透社语料库的类别是相互重叠的，原因是它的新闻报道往往涉及多个主题。此外，还可以查找某个或多个文档涵盖的主题，以及查找包含在一个或者多个类别中的文档。

（1）查看语料文档编号，如代码 2-27 所示。

代码 2-27　查看语料文档编号

```
from nltk.corpus import reuters  # 加载路透社语料库
reuters.categories()  # 查看分类
len(reuters.categories())
reuters.fileids()
len(reuters.fileids())
print(reuters.fileids()[:5])  # 查看前 5 个文档
```

运行代码 2-27 后，输出结果如下。

```
['test/14826', 'test/14828', 'test/14829', 'test/14832', 'test/14833']
```

（2）查看某编号下的语料信息，如代码 2-28 所示。

代码 2-28　查看某编号下的语料信息

```
reuters.categories('test/14832')
```

运行代码 2-28 后，输出结果如下。

```
['corn', 'grain', 'rice', 'rubber', 'sugar', 'tin', 'trade']
```

（3）查看指定类别下的编号文件，如代码 2-29 所示。

代码 2-29　查看指定类别下的编号文件

```
print(reuters.fileids(['barley', 'corn']))
```

运行代码 2-29 后，部分输出结果如下。

```
['test/14832', 'test/14858', 'test/15033', 'test/15043', 'test/15106',
'test/15287', 'test/15341', 'test/15618', 'test/15648', 'test/15649',
'test/15676', 'test/15686', 'test/15720', 'test/15728', 'test/15845',
'test/15856', 'test/15860', 'test/15863', 'test/15871', 'test/15875',
'test/15877', 'test/15890', 'test/15904', 'test/15906', 'test/15910',
'test/15911', 'test/15917', 'test/15952', 'test/15999', 'test/16012',
'test/16071', 'test/16099', 'test/16147', 'test/16525', 'test/16624',
'test/16751', 'test/16765', 'test/17503', 'test/17509', 'test/17722',
'test/17767', 'test/17769', 'test/18024', 'test/18035', 'test/18263',
'test/18482', 'test/18614', 'test/18908', 'test/18954', 'test/18973',
'test/19165', 'test/19275',...
```

6. 获取就职演说语料库

就职演说语料库是由 55 个文本组成的集合，每个文本都是一个领导人的演说内容。该集合的一个显著特征是时间维度。

（1）查看语料信息，如代码 2-30 所示。

代码 2-30　查看语料信息

```
from nltk.corpus import inaugural  # 加载就职演说语料库
len(inaugural.fileids())  # 查看文本个数
inaugural.fileids()
```

运行代码 2-30 后，部分输出结果如下。

```
['1789-Washington.txt',
 '1793-Washington.txt',
 '1797-Adams.txt',
 '1801-Jefferson.txt',
 '1805-Jefferson.txt',
 '1809-Madison.txt',
 '1813-Madison.txt',
```

```
 '1817-Monroe.txt',
 '1821-Monroe.txt',
 '1825-Adams.txt',
 '1829-Jackson.txt',
 '1833-Jackson.txt',
...
```

（2）查看演说语料的年份。每个文本的年份都会出现在它的文件名中，若要从文件名中提取年份，则需要使用 fileid[:4]提取文件名的前 4 个字符，如代码 2-31 所示。

代码 2-31 提取年份

```
print([fileid[:4] for fileid in inaugural.fileids()])
```

运行代码 2-31 后，输出结果如下。

```
['1789', '1793', '1797', '1801', '1805', '1809', '1813', '1817', '1821', '1825',
'1829', '1833', '1837', '1841', '1845', '1849', '1853', '1857', '1861', '1865',
'1869', '1873', '1877', '1881', '1885', '1889', '1893', '1897', '1901', '1905',
'1909', '1913', '1917', '1921', '1925', '1929', '1933', '1937', '1941', '1945',
'1949', '1953', '1957', '1961', '1965', '1969', '1973', '1977', '1981', '1985',
'1989', '1993', '1997', '2001', '2005', '2009', '2013', '2017']
```

（3）绘制指定单词的时间分布图，如代码 2-32 所示。得到的“free”和“citizen”的时间分布图如图 2-3 所示。

代码 2-32 绘制指定单词的时间分布图

```
import numpy as np
import matplotlib.pyplot as plt
plt.rcParams['font.sans-serif'] = 'SimHei'  # 设置中文显示
plt.grid()
tt = ['citizen', 'free']
style = ['--', '-']
cfd = nltk.ConditionalFreqDist((target,fileid[:4])
                               for fileid in inaugural.fileids()
                               for w in inaugural.words(fileid)
                               for target in tt
                               if w.lower().startswith(target))
for j, k in zip(tt, style):
    fdist = dict(cfd[j])
    fdist = sorted(fdist.items(), key = lambda x: x[0])
    x = []
    y = []
    for i in range(len(fdist)):
        x.append(fdist[i][0])
        y.append(fdist[i][1])
    x = list(map(lambda i:eval(i), x))
    plt.plot(x, y, linestyle=k, label=j)
    plt.xlabel('年份')
    plt.ylabel('计数')
    plt.legend()
plt.show()
```

图 2-3 所示为单词“free”和“citizen”随时间变化的使用情况，在就职演说语料库中，所有以“free”或“citizen”开头的单词都将被计数。将每个演讲单独计数并绘制出图形，能够观察出这些单词随时间变化的使用情况变化。

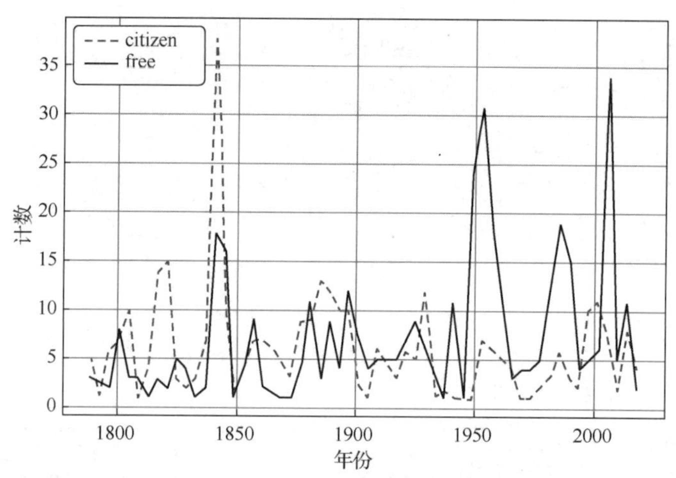

图 2-3 “free”和“citizen”的时间分布图

2.4.2 获取网络在线语料库

NLP 研究技术少不了语料库的支持。国内外已有一些著名的在线语料库网站，如搜狗实验室数据资源、中文 NLP 语料库项目、古腾堡语料库等。

1. 查阅网络在线语料库的内容

以在线古腾堡语料库为例，打开古腾堡语料库网页，单击左侧“Browse Catalog”选项，进入“Online Book Catalog–Overview”网页，在“Languages with more than 50 books”中选择“Chinese”，进入“Browse By Language: Chinese”网页，可以发现该网页中包含大量的中文在线语料库。这些语料以作者姓名（英文）排序，如《红楼梦》作者 Cao Xueqin、《西游记》作者 Wu Cheng'en。可以通过姓名查找需要的语料。

查看《西游记》网页内容，如代码 2-33 所示。

代码 2-33 查看《西游记》网页内容

```
import re, nltk
from urllib.request import urlopen
from langconv import Converter  # 加载 Converter 库以转换繁体字
# 在“Browse By Language: Chinese”网页中找到《西游记》，单击后获得文本网址
html1 = urlopen(url1).read()
html1 = html1.decode('utf-8')
Converter('zh-hans').convert(html1[2383:2834])  # 取部分内容进行查看，并将繁体字转换成简体字
```

运行代码 2-33 后，输出的结果如下。

```
'id="id00009" style="margin-top: 2em">\xa0\xa0 诗曰：<br/>\r\n\r\n\xa0\xa0\xa0\xa0 混沌未分天地乱，茫茫渺渺无人见。<br/>\r\n\r\n\xa0\xa0\xa0\xa0 自从盘古破鸿蒙，开辟从兹清浊辨。<br/>\r\n\r\n\xa0\xa0\xa0\xa0 覆载群生仰至仁，发明万物皆成善。<br/>\r\n\r\n\xa0\xa0\xa0\xa0 欲知造化会元功，须看西游释厄传。<br/>\r\n</p>\r\n\r\n<p id="id00010" style="margin-top: 2em">盖闻天地之数，有十二万九千六百岁为一元。将一元分为十二会，乃子、丑、寅\r\n、卯、辰、巳、午、未、申、酉、戌、亥之十二支也。每会该一万八百岁。且就\r\n 一日而论：子时得阳气，而丑则鸡鸣；寅不通光，而卯则日出；辰时食后，而巳\r\n 则挨排；日午天中，而未则西蹉；申时晡，而日落西，戌黄昏，而人定亥。譬于\r\n 大数，若到戌会之终，
```

```
则天地昏曚而万物否矣。再去五千四百岁，交亥会之初，\r\n 则当黑暗，而两间人物俱无矣，故曰混沌。又五千四百岁，亥会将终，贞下起元\r\n，近子之会，而复逐渐开明。邵康'
```

查看《红楼梦》网页内容，如代码 2-34 所示。

代码 2-34 查看《红楼梦》网页内容

```
# 在“Browse By Language: Chinese”网页中找到《红楼梦》，单击后获得文本网址
html2 = urlopen(url2).read()
html2 = html2.decode('utf-8')
Converter('zh-hans').convert(html2[2220:2670])  # 取部分内容进行查看，并将繁体字转换成简体字
```

运行代码 2-34 后，输出结果如下。

```
'—————————————————————-\r\n 此开卷第一回也. 作者自云: 因曾历过一番梦幻之后，故将真事隐去，\r\n 而借"通灵"之说，撰此《石头记》一书也. 故曰"甄士隐"云云. 但书中所记\r\n 何事何人? 自又云: "今风尘碌碌，一事无成，忽念及当日所有之女子，一\r\n 一细考较去，觉其行止见识，皆出于我之上. 何我堂堂须眉，诚不若彼裙钗\r\n 哉? 实愧则有余，悔又无益之大无可如何之日也! 当此，则自欲将已往所赖\r\n 天恩祖德，锦衣纨裤之时，饫甘餍肥之日，背父兄教育之恩，负师友规谈之\r\n 德，以至今日一技无成，半生潦倒之罪，编述一集，以告天下人: 我之罪固\r\n 不免，然闺阁中本自历历有人，万不可因我之不肖，自护己短，一并使其泯\r\n 灭也. 虽今日之茅椽蓬牖，瓦灶绳床，其晨夕风露，阶柳庭花，亦未有妨我\r\n 之襟怀笔墨者. 虽我未学，下笔无文，又何妨用假语村言，敷演出一段故事\r\n 来，亦可使闺阁昭传，复可悦世之目，破人愁闷，不亦宜乎? "故曰"贾雨村\r\n"云云. \r\n\u3000\u3000 此回中凡用“梦”用“幻”等字，是提醒阅者眼目，亦是此书立意本旨'
```

2. 获取网络在线语料库文本

打开古腾堡语料库网页，进入“Browse By Language: Chinese”网页，分别找到《三国志》和《窦娥冤》，单击后进入，在“Download This eBook”中选择“Plain Text UTF-8”，分别获得《三国志》和《窦娥冤》的文本网址。

查看《三国志》文本，如代码 2-35 所示。

代码 2-35 查看《三国志》文本

```
import re, nltk, pprint
from urllib.request import urlopen
text1 = urlopen(url3).read()
text1 = text1.decode('utf-8')
len(text1)  # 查看文本长度
Converter('zh-hans').convert(text1[592:656])  # 取部分内容进行查看，并将繁体字转换成简体字
```

运行代码 2-35 后，输出结果如下。

```
'魏书一\u3000\u3000 武帝纪第一\r\n\r\n\u3000\u3000 太祖武皇帝，沛国谯人也，姓曹，讳操，字孟德，汉相国参之后。〔曹瞒传曰〕: 太祖一名吉利，小字阿瞒。'
```

查看《窦娥冤》文本，如代码 2-36 所示。

代码 2-36 查看《窦娥冤》文本

```
text2 = urlopen(url4).read()
text2 = text2.decode('utf-8')
len(text2)  # 查看文本长度
Converter('zh-hans').convert(text2[796:1220])  # 取部分内容进行查看，并将繁体字转换成简体字
```

运行代码 2-36 后，输出结果如下。

```
'Title: 窦娥冤 (The Injustice to Dou E)\r\nAuthor: 关汉卿 (Guan Hanqing)\r\n\r\n\r\n 楔子\r\n〔卜儿蔡婆上，诗云〕\r\n 花有重开日，人无再少年。不须长富贵，安乐是神仙。老身蔡婆婆是也，楚州人\r\n 氏，嫡亲三口儿家属。不幸夫主亡逝已过，止有一个孩儿，年长八岁，俺娘儿两\r\n 个，过其日月，家中颇有些钱财。这里一个窦秀才，从去年问我借了二十两银子，\r\n 如今本利该银四十两。我数次索取，那秀才只说贫难，没得还我。他有一个女儿，\r\n 今年七岁，生得可喜，长得可爱，我有心看上他，与我家做个媳妇，就准了这四\r\n 十两银子，岂不两得其便。他说今日好日辰，亲送女儿到我家来，老身且不索钱\r\n 去，专在家中等候，这早晚窦秀才敢待来也。\r\n〔冲末扮窦天章引正旦扮端云上，诗云〕\r\n 读尽缥缃万卷书，可怜贫杀马相如，汉庭一日承恩召，不说当垆说子虚。小生姓\r\n 窦名天章，祖贯长安京兆人也。幼习儒业，饱有文章；争奈时运不通，功名未遂。'
```

2.5 任务：语料库的构建与应用

本节构建作品集语料库，并在构建完之后对该语料库进行简单的分析。

2.5.1 构建作品集语料库

在构建作品集料库之前，需要下载作品集的文本（如金庸先生部分作品），完成数据采集和预处理工作，获取保存的文件列表，如代码 2-37 所示。

代码 2-37 获取保存的文件列表

```
import nltk
from nltk.book import *
from nltk.corpus import PlaintextCorpusReader
corpus_root = '../data'  # 本地存放金庸先生部分作品集文本的目录
wordlists = PlaintextCorpusReader(corpus_root, '.*')  # 获取语料库中的文本标识列表
wordlists.fileids()  # 获取文件列表
```

运行代码 2-37 后，输出的结果如下。

```
['金庸-书剑恩仇录.txt',
 '金庸-侠客行.txt',
 '金庸-倚天屠龙记.txt',
 '金庸-天龙八部.txt',
 '金庸-射雕英雄传.txt',
 '金庸-白马啸西风.txt',
 '金庸-碧血剑.txt',
 '金庸-神雕侠侣.txt',
 '金庸-笑傲江湖.txt',
 '金庸-越女剑.txt',
 '金庸-连城诀.txt',
 '金庸-雪山飞狐.txt',
 '金庸-飞狐外传.txt',
 '金庸-鸳鸯刀.txt',
 '金庸-鹿鼎记.txt']
```

构建完语料库之后，可以利用 NLTK 中的基本函数进行搜索相似词语、指定内容、搭配词语，查询文本词汇频数分布等相应操作。

2.5.2　武侠小说语料库分析

利用下载的《神雕侠侣》语料构建武侠小说语料库并进行分析，具体实现步骤如下。

1. 读取本地语料

导入《神雕侠侣》语料，在没有重复词的条件下，统计《神雕侠侣》语料中总用词量和平均每个词的使用次数，如代码 2-38 所示。

代码 2-38　统计《神雕侠侣》语料中总用词量和平均每个词的使用次数

```
with open('../data/金庸-神雕侠侣.txt', 'r') as f:  # 打开文本
     str = f.read()  # 读取文本
     len(set(str))  # 统计总用词量
     len(str)/len(set(str))  # 统计平均每个词的使用次数
print(len(set(str)))  # 输出总用词量
print(len(str)/len(set(str)))  # 输出平均每个词的使用次数
```

运行代码 2-38 后，输出的结果如下。

```
4109
248.75468483816013
```

可看到《神雕侠侣》语料总共使用了 4109 个词，平均每个词使用 248 次。

2. 查询词频

分别查看《神雕侠侣》语料中的“小龙女”“杨过”“雕”“侠”的使用次数，如代码 2-39 所示。

代码 2-39　查看《神雕侠侣》语料中的“小龙女”“杨过”“雕”“侠”的使用次数

```
print(str.count('小龙女'))
print(str.count('杨过'))
print(str.count('雕'))
print(str.count('侠'))
```

运行代码 2-39 后，输出的结果如下。

```
2379
6254
580
394
```

3. 查看《神雕侠侣》语料中的部分文本

查看《神雕侠侣》语料中的部分文本，如代码 2-40 所示。

代码 2-40　查看《神雕侠侣》语料中的部分文本

```
str[5394:6008]  # 查看《神雕侠侣》语料中的部分文本
```

运行代码 2-40 后，输出的结果如下。

```
'第一回 风月无情\n\u3000\u3000\n\u3000\u3000“越女采莲秋水畔，窄袖轻罗，暗露双金钏。\n\u3000\u3000照影摘花花似面，芳心只共丝争乱。\n\u3000\u3000鸡尺溪头风浪晚，雾重烟轻，不见来时伴。\n\u3000\u3000隐隐歌声归棹远，离愁引着江南岸。”\n\u3000\u3000一阵轻柔婉转的歌声，飘在烟水蒙蒙的湖面上。歌声发自一艘小船之中，船里五个少女和歌嘻笑，荡舟采莲。她们唱的曲子是北宋大词人欧阳修所作的“蝶恋花”词，写的正是越女采莲的情景，虽只寥寥六十字，但季节、时辰、所在、景物以及越女的容貌、衣着、首饰、心情...
```

4. 统计并输出前 30 个高频词和高频标识符次数

统计并输出前 30 个高频词和高频标识符次数，如代码 2-41 所示。

代码 2-41　统计并输出前 30 个高频词和高频标识符次数

```
fdist = FreqDist(str)
print(fdist.most_common(30))  # 统计前 30 个高频词和高频标识符次数
```

运行代码 2-41 后，输出的结果如下。

```
[('，', 74631), ('。', 22743), ('一', 15886), ('不', 15632), ('\u3000', 14593),
('“', 12494), ('”', 12481), ('道', 12066), ('的', 11957), ('了', 11276), ('。',
11249), ('过', 9598), ('是', 9136), ('人', 8469), ('他', 8465), ('\n', 7384),
('我', 7350), ('这', 7281), ('你', 7005), ('杨', 6743), ('来', 6517), ('大', 6505),
('在', 6108), ('之', 5890), ('中', 5845), ('得', 5540), ('上', 5469), ('？', 5353),
('说', 5187), ('手', 5033)]
```

5. 查询词频在指定区间内的词数量

查询词频在指定区间内的词数量，如代码 2-42 所示。

代码 2-42　查询词频在指定区间内的词数量

```
from collections import Counter
W = Counter(str)
# 查询词频在 0 ~ 99 的词数量
print('词频在 0 ~ 99 的词数量:',len([w for w in W.values() if w < 100]))
# 查询词频在 100 ~ 999 的词数量
print('词频在 100 ~ 999 的词数量:',len([w for w in W.values() if w >= 100 and w <
1000]))
# 查询词频在 1000 ~ 4999 的词数量
print('词频在 1000 ~ 4999 的词数量:',len([w for w in W.values() if w >= 1000 and w
< 5000]))
# 查询词频在 5000 及其以上的词数量
print('词频在 5000 及其以上的词数量:',len([w for w in W.values() if w >= 5000]))
```

运行代码 2-42 后，输出的结果如下。

```
词频在 0 ~ 99 的词数量:3016
词频在 100 ~ 999 的词数量:898
词频在 1000 ~ 4999 的词数量:158
词频在 5000 及其以上的词数量:30
```

6. 使用 jieba 进行分词

NLTK 虽自带了很多统计的功能，但是部分函数只能处理英文语料，对中文语料并不适用。为了使用这些函数，需要对中文进行预处理。首先对中文进行分词，然后将分词的文本封装成 NLTK 的“text”对象，最后再使用 NLTK 中的函数进行处理。分词的目的是为 NLTK 的“text”对象提供封装的语料，这里使用 jieba 的 lcut 函数进行分词（jieba 的使用将在第 4 章介绍），如代码 2-43 所示。

代码 2-43　使用 lcut 函数进行分词

```
import re
import jieba
print(str)
```

```
# \u4e00-\u9fa5 用于判断文本是不是中文
cleaned_data = ''.join(re.findall('[\u4e00-\u9fa5]', str))
wordlist = jieba.lcut(cleaned_data)  # jieba 分词处理
text = nltk.Text(wordlist)  # 封装成"text"对象
print(text)
```

运行代码 2-43 后，输出的结果如下。

```
<Text: 全本 全集 精校 小说 尽 在 更 多...>
```

7. 查看指定单词上下文

查看指定单词上下文，如代码 2-44 所示。

代码 2-44　查看指定单词上下文

```
text.concordance(word='侠', width=30, lines=3)
```

运行代码 2-44 后，输出的结果如下。

```
Displaying 3 of 45 matches:
川人 问道 他 叫作 神雕 侠 那 汉子 道 是 啊 这位
小 功劳 那天 晚上 神雕 侠 突然 来到 临安 叫 我
伙儿 又惊又喜 不知 神雕 侠 何以 如此 吩咐 但 想来
```

8. 搜索相似词语

搜索相似词语，如代码 2-45 所示。

代码 2-45　搜索相似词语

```
text.similar(word='李莫愁', num=10)
```

运行代码 2-45 后，输出的结果如下。

```
他 杨过 她 小龙女 我 你 国师 郭靖 周伯通 陆无双
```

9. 绘制词汇离散图

绘制词汇离散图，如代码 2-46 所示。

代码 2-46　绘制词汇离散图

```
import matplotlib as mpl
mpl.rcParams['font.sans-serif'] = ['SimHei']
words=['小龙女', '杨过', '郭靖', '黄蓉']
nltk.draw.dispersion.dispersion_plot(text, words, title='词汇离散图')
```

小结

本章主要介绍语料库的相关知识和 NLTK 中的部分函数。首先是语料库的基本概述，包括其用途和意义；然后对语料库的种类和构建原则进行逐点阐述；接着详细介绍 NLTK 的安装、使用和获取语料库的方法；最后实现语料库的构建与应用，构建金庸先生作品集语料库并对语料进行分析。

实训

实训 1　构建语料库

1. 训练要点

掌握语料库中的文本的获取方法。

2. 需求说明

语料库是标注了语法、语义、语音、语用等语言信息的语料集合，在对语料库进行分析之前需要先构建语料库，获取保存的文件列表。

3. 实现思路与步骤

（1）设置本地存放作品集文本的目录。

（2）调用 fileids 函数获取文本。

实训 2 《七剑下天山》语料库分析

1. 训练要点

（1）掌握读取本地语料的方法。

（2）掌握查询词频方法。

（3）掌握查看语料中部分文本的方法。

（4）掌握统计并输出高频词和高频标识符次数的方法。

（5）掌握查询词频在指定区间内的词数量的方法。

（6）掌握使用 jieba 进行分词的方法。

（7）掌握查看指定单词上下文的方法。

（8）掌握搜索相似词语的方法。

（9）掌握绘制词汇离散图的方法。

2. 需求说明

根据构建的作品集语料库，对语料库进行分析，查看文本、查询词频、统计并输出高频词和高频标识符次数、查看指定单词上下文、搜索相似词语和绘制词汇离散图。

3. 实现思路与步骤

（1）使用 read 函数读取作品集文本。

（2）使用 count 函数查询词频。

（3）使用字符串切片方法查看部分文本。

（4）使用 FreqDist 函数查询文本中的词汇频数分布。

（5）使用 len 函数统计文本的长度。

（6）使用 jieba 进行分词。

（7）使用 concordance 函数查看指定单词的上下文

（8）使用 similar 函数搜索相似词语。

（9）使用 dispersion_plot 函数绘制指定词分布情况离散图。

课后习题

1. 选择题

（1）语料库以语料库结构进行划分可分为（　　）。

A. 通用语料库与专用语料库

B. 平衡结构语料库与自然随机结构语料库

C. 共时语料库与历时语料库

D. 单媒体语料库与多媒体语料库

（2）构建或研究语料库的时候，一般应考虑代表性、结构性、平衡性、（ ）4个特性。

A. 规模性 B. 便捷性 C. 安全性 D. 高效性

（3）NLTK 的安装步骤为（ ）。

A. 安装 NLP 虚拟环境→安装 NLTK→检查是否存在 NLTK→下载 NLTK 数据包

B. 安装 NLTK→安装 NLP 虚拟环境→检查是否存在 NLTK→下载 NLTK 数据包

C. 安装 NLP 虚拟环境→安装 NLTK→下载 NLTK 数据包→检查是否存在 NLTK

D. 下载 NLTK 数据包→安装 NLP 虚拟环境→安装 NLTK→检查是否存在 NLTK

（4）（ ）函数用于搜索搭配词语。

A. concordance B. common_contexts

C. collocations D. sorted

（5）（ ）函数用于获取语料库中的文件。

A. categories B. raw C. open(fileid) D. fileids

2. 操作题

（1）安装 NLTK，并完成本章中所有代码操作。

（2）访问在线古腾堡语料库，获取《伤寒杂病论》《孔雀东南飞》等网络数据资源。

（3）构建一个本地语料库，并对语料进行分析。

第3章 正则表达式

在进行 NLP 的过程中，经常需要从文本或字符串中抽取出想要的信息，用于进一步做语义理解或其他处理。正则表达式是一种从文本中抽取信息的有效手段，它一般通过搜索匹配特定模式的语句实现信息的抽取。正则表达式的应用范围非常广，如解析/替代字符串、预处理数据和网页爬取。本章介绍正则表达式中的函数和元字符，并通过实例演示 NLP 中正则表达式的应用。

学习目标

（1）了解正则表达式的概念和正则表达式函数。
（2）熟悉正则表达式的元字符。
（3）掌握正则表达式的应用。

3.1 正则表达式的概念

正则表达式是一个可以用于模式匹配和替换的工具，它是一种小巧的、高度专用的编程语言。使用正则表达式，可以对指定的文本实现匹配测试、内容查找、内容替换、字符串分割等功能。

NLP 的文本信息通常有两种，一种是文本格式的文档，另一种是来自网页端的信息。文本格式的文档大多由人为或系统编写生成，包括结构化文本、半结构化文本、非结构化文本。非结构化文本和半结构化文本难以挖掘出信息，而正则表达式可以将非结构化文本转化为结构化文本。来自网页端的文本中有很多 HTML 的标签，需要去掉。正则表达式能够在复杂的文本信息中提取出需要的关键信息，它是 NLP 中处理文本常用的基础手段之一。

3.1.1 正则表达式函数

正则表达式由一些普通字符和一些元字符组成。普通字符包括大小写字母、数字和打印符号，而元字符是具有特殊含义的字符。正则表达式的设计思想是用一种描述性的语言给字符串定义一个规则，凡是符合规则的字符串就认为它“匹配”了，否则就是匹配不成功。

Python 中的 re 库提供了一个正则表达式引擎接口，它将正则表达式编译成模式对象，然后通过这些模式对象执行模式匹配搜索、字符串分割和字符串替换等操作。常用的正则表达式函数如下。

1. match 函数

match 函数用于检测字符串开头部分是否匹配，若匹配成功则返回结果，否则返回 None。match 函数的格式为 re.match(pattern,string,flags)，第一个参数是正则表达式，如果匹配成功，则返回一个 Match，否则返回一个 None；第二个参数表示需要匹配的字符串；第三个参数是标志位，用于控制正则表达式的匹配方式，如 flags=0 表示不进行特殊指定，不区分字母大小写。需要特别注意的是，match 函数并不是完全匹配，它要求必须从字符串的开头进行匹配，如果字符串的开头不匹配，则整个匹配失败。使用 match 函数匹配文本，如代码 3-1 所示。

代码 3-1　使用 match 函数匹配文本

```
import re
text1 = '自然语言处理是研究能实现人与计算机之间用自然语言进行有效通信的各种理论和方法。\
         自然语言处理是一门融语言学、计算机科学、数学于一体的科学。'
print('匹配的结果是：', re.match('自然语言处理', text1))
print('匹配的结果是：', re.match('语言处理', text1))
```

运行代码 3-1 后，输出的结果如下。

```
匹配的结果是： <re.Match object; span=(0, 6), match='自然语言处理'>
匹配的结果是： None
```

如果要查找以“自然语言处理”开头的句子，那么可以先对文本 text1 进行切分，然后再进行匹配，如代码 3-2 所示。

代码 3-2　对文本 text1 进行切分后进行匹配

```
p_string = text1.split('。')  # 以句号为分隔符通过 split 函数切分 text1
for line in p_string:  # 按行读取 p_string
    if re.match ('自然语言处理', line) is not None:  # 查找当前行是否匹配“自然语言处理”
        print(line)  # 如果匹配到，那么输出这行信息
```

运行代码 3-2 后，输出的结果如下。

```
自然语言处理是研究能实现人与计算机之间用自然语言进行有效通信的各种理论和方法
```

2. search 函数

search 函数用于在整个字符串内查找符合对应模式的字符串并进行匹配，找到第一个匹配对象后返回一个包含匹配信息的对象，如果字符串中没有能够匹配的对象，则返回 None。search 函数的格式为 re.search(pattern,string,flags)。search 函数与 match 函数不同，search 函数并不要求必须从字符串的开头进行匹配，也就是说，正则表达式可以是字符串的一部分。使用 search 函数进行匹配，如代码 3-3 所示。

代码 3-3　使用 search 函数进行匹配

```
print(re.search('通信', text1)) # 返回一个包含匹配信息的对象
```

运行代码 3-3 后，输出的结果如下。

```
<re.Match object; span=(28, 30), match='通信'>
```

3. findall 函数

findall 函数返回的是正则表达式在字符串中所有匹配结果的列表。findall 函数的格式为 re.findall(pattern,string,flags)。如果匹配成功，那么将会返回字符串 string 中与 pattern 相匹

配的全部字符串，且返回形式是一个列表；如果匹配失败，那么将会返回一个空列表。使用 findall 函数进行匹配，如代码 3-4 所示。

代码 3-4　使用 findall 函数进行匹配

```
print(re.findall('计算机', text1))  # 返回一个列表
```

运行代码 3-4 后，输出的结果如下。

```
['计算机', '计算机']
```

4．sub 函数

sub 函数为替换函数，能够找到所有匹配的字符串并将其替换成指定的字符串。sub 函数的格式为 re.sub(pattern,repl,string)。如果字符串 string 包含了 pattern，那么会将匹配到的字符串替换成 repl。使用 sub 函数替换指定文本，如代码 3-5 所示。

代码 3-5　使用 sub 函数替换指定文本

```
print(re.sub('自然语言处理', 'NLP', text1))
```

运行代码 3-5 后，输出的结果如下。

```
'NLP 是研究能实现人与计算机之间用自然语言进行有效通信的各种理论和方法。\n NLP 是一门融语言学、计算机科学、数学于一体的科学。'
```

3.1.2　正则表达式的元字符

元字符由特殊符号组成，元字符的应用是正则表达式强大的原因。元字符定义了字符集合、子组匹配、模式重复次数。元字符使得正则表达式不仅可以匹配一个字符串，还可以匹配字符串集合。

1．字符匹配

（1）英文句号“.”表示匹配除换行符“\n”之外的任意一个字符。使用英文句号“.”进行匹配，如代码 3-6 所示。

代码 3-6　使用英文句号“.”进行匹配

```
print(re.findall('自.语言处理', text1) ) # 匹配未知字符“然”
```

运行代码 3-6 后，输出的结果如下。

```
['自然语言处理', '自然语言处理']
```

（2）中括号“[ ]”表示匹配多个字符，中括号内部的所有字符都会被匹配。使用中括号“[ ]”进行匹配，如代码 3-7 所示。

代码 3-7　使用中括号“[ ]”进行匹配

```
print(re.findall('[科数]学', text1))  # 匹配中括号内的任意一个字符
```

运行代码 3-7 后，输出的结果如下。

```
['科学', '数学', '科学']
```

（3）竖线“|”用于对两个正则表达式进行“或”操作。如果 A 和 B 是正则表达式，则 A|B 会匹配 A 或 B 中出现的任何字符。使用竖线“|”进行匹配，如代码 3-8 所示。

代码 3-8　使用竖线“|”进行匹配

```
print(re.findall('方法|计算机', text1))
```

运行代码 3-8 后，输出的结果如下。

```
['计算机', '方法', '计算机']
```

输出含有“方法”或“计算机”的句子，如代码 3-9 所示。

代码 3-9　输出含有“方法”或“计算机”的句子

```
p_string = text1.split('。')
for line in p_string:
    if len(re.findall('方法|计算机', line)):
        print(line)
```

运行代码 3-9 后，输出的结果如下。

```
自然语言处理是研究能实现人与计算机之间用自然语言进行有效通信的各种理论和方法
自然语言处理是一门融语言学、计算机科学、数学于一体的科学
```

（4）乘方符号“^”表示匹配字符串起始位置的内容，如“^自”表示匹配所有以“自”开头的字符串，如代码 3-10 所示。

代码 3-10　匹配所有以“自”开头的字符串

```
p_string = text1.split('。')
for line in p_string:
    if len(re.findall('^自', line)):
        print(line)
```

运行代码 3-10 后，输出的结果如下。

```
自然语言处理是研究能实现人与计算机之间用自然语言进行有效通信的各种理论和方法
```

（5）美元货币符号“$”表示匹配字符串的结束位置的内容，如“学$”表示匹配所有以“学”为结尾的字符串，如代码 3-11 所示。

代码 3-11　匹配所有以“学”为结尾的字符串

```
p_string = text1.split('、')
for line in p_string:
    if len(re.findall('学$', line)):
        print(line)
```

运行代码 3-11 后，输出的结果如下。

```
自然语言处理是研究能实现人与计算机之间用自然语言进行有效通信的各种理论和方法
自然语言处理是一门融语言学
计算机科学
```

（6）量化符有“？”“*”“+”“{n}”“{n,}”“{n,m}”。在正则表达式中，可以通过量化符匹配需要的字符数。量化符的说明如表 3-1 所示。

表 3-1　量化符的说明

量化符	说明
?	前面的元素可选，并且最多匹配 1 次
*	前面的元素会被匹配 0 次或多次
+	前面的元素会被匹配 1 次或多次
{n}	前面的元素会被匹配 *n* 次
{n,}	前面的元素至少会被匹配 *n* 次
{n,m}	前面的元素至少匹配 *n* 次，至多匹配 *m* 次

量化符的常见具体用法示例，如代码 3-12 所示。

代码 3-12　量化符的常见具体用法示例

```
# 唐初著名诗人刘希夷的诗《代悲白头翁》其中两句
text2 = '今年花落颜色改，明年花开复谁在？年年岁岁花相似，岁岁年年人不同。'
re.findall('年?', text2)  # “年”最多重复 1 次
print(re.findall('年*', text2))  # “年”可以重复 0 或多次
re.findall('年+', text2)  # “年”可以重复 1 次或多次
re.findall('年{1}', text2)  # “年”重复 1 次
re.findall('年{2}', text2)  # “年”重复 2 次
re.findall('年{0,1}', text2)  # “年”至少重复 0 次，至多重复 1 次
re.findall('年.+', text2)  # 以“年”开始，后面可以跟任意多个字符
re.findall('年+.', text2)  # “年”可以重复 1 次或多次，后面跟任意字符
re.findall('年.?', text2)  # “年”后面至多可以跟 1 个任意字符
re.findall('年.*', text2)  # “年”后面可以跟任意多个字符
re.findall('年.+?', text2)  # “年”后面可以跟 1 个任意字符，并且这两个字符最多重复 1 次
re.findall('年.*?', text2)  # “年”后面允许不带其他字符的内容
re.findall('年?花', text2)  # “花”前面的“年”最多重复 1 次
re.findall('年*花', text2)  # “花”前面的“年”可以重复 0 或多次
re.findall('年+花', text2)  # “花”前面的“年”可以重复 1 次或多次
re.findall('年{1}花', text2)  # “花”前面的“年”重复 1 次
re.findall('年{2}花', text2)  # “花”前面的“年”重复 2 次
re.findall('年{0,1}花', text2)  # “花”前面的“年”至少重复 0 次，至多重复 1 次
re.findall('年.+花', text2)  # “年”开头、“花”结尾且中间的任意字符可以任意多个
re.findall('年.?花', text2)  # “年”开头、“花”结尾且中间的任意字符至多一个
re.findall('年.*花', text2)  # “年”开头、“花”结尾且中间的任意字符可以任意多个
re.findall('年.+?花', text2)  # “年”开头、“花”结尾且中间至少带有一个字符的内容
re.findall('年.*?花', text2)  # “年”开头、“花”结尾且中间允许不带其他字符的内容
```

运行代码 3-12 后，输出的结果如下。

```
['', '年', '', '', '', '', '', '', '', '年', '', '', '', '', '', '', '年年', '',
'', '', '', '', '', '', '', '年年', '', '', '', '', '']
['年花', '年花', '年年岁岁花']
```

在代码 3-12 中，出现了“.+?”和“.*?”的复合用法，这种复合用法在字符匹配中是一种比较常见的使用方法。例如，“A.+?B”表示匹配“A”开头、“B”结尾且中间至少带有一个字符的内容，“A.*?B”表示匹配“A”开头、“B”结尾且中间允许不带其他字符的内容。

2. 转义字符“\”

字符串中可以包含任何字符，如果待匹配的字符串中出现“$”“.”“[ ]”等特殊字符，那么这将会与正则表达式的特殊字符发生冲突。遇到这种情况时，在 Python 中可以使用“\”对字符串内的特殊符号进行转义，即告诉 Python 把这个字符当作普通字符处理。“\”是用于转义的，如果字符串包含“\”，那么需要使用“\”将“\”转义。Python 中的一些预定义字符如表 3-2 所示。

表 3-2 Python 中的一些预定义字符

预定义字符	说明
\w	字、字母、数字
\W	与\w 反义，非字、非字母、非数字
\s	空白字符
\S	非空白字符
\d	数字
\D	非数字
\b	单词的边界
\B	非单词的边界

在正则表达式中，对于一个反斜杠“\”，需要用两个反斜杠“\\”表示。例如，对于数字“\d”，需要用“\\d”表示。这样操作比较烦琐，Python 中自带的原生字符“r”可以简化操作。对于文本中的“\”，只需要用“r'\'”表示即可，如“\\d”可以写成“r'\d'”。在原生字符的帮助下，书写正则表达式变得非常方便。

转义字符“\”的使用示例如代码 3-13 所示。

代码 3-13 转义字符“\”的使用示例

```
text3 = 'Hello, everyone, 我是/ 陈_X/ 我 的_/  、邮箱，地址是。 wxid_6cp@16.co'
re.sub('\\d', '数字', text3)  # 将 text3 中的数字替换为“数字”
re.sub(r'\d', '数字', text3)  # 将数字替换为“数字”字符串
re.sub('[0-9]', '数字', text3)  # 将数字替换为“数字”字符串
re.sub(r'\s', '', text3)  # 删除空白字符
re.sub(r'\w', '', text3)  # 删除字、字母和数字
re.findall('\\b[a-zA-Z]+', text3)  # 查找带有多个英文字母的字符
re.findall('\\b[a-zA-Z]+\\b', text3)  # 查找只带有字母的单词的字符串
```

运行代码 3-13 后，输出的结果如下。

```
['Hello', 'everyone', 'co']
```

3.2 任务：正则表达式的应用

本节演示如何使用正则表达式在实际应用中处理文本内容，包括过滤字符、提取特定的文本等。

3.2.1 《西游记》字符过滤

中文文本中经常有很多特殊的字符，如中文符号、英文符号、数字等。例如，《西游记》文本中就含有大量的特殊字符，查看《西游记》的部分文本内容，如代码 3-14 所示。

代码 3-14 查看《西游记》的部分文本内容

```
from urllib.request import urlopen
html1 = urlopen(url1).read()
html1 = html1.decode('utf-8')
```

```
text4 = html1[2269:2450]  # 查看部分文本内容
print(text4)
```

运行代码 3-14 后，输出的结果如下。

```
Produced by Leong Joana Kit Ieng</p>

<p id="id00008" style="margin-top: 4em">第一回      灵根育孕源流出  心性修持大道生
</p>

<p id="id00009" style="margin-top: 2em"> 诗曰：<br/>

    混沌未分天地乱，茫茫渺渺
```

在进行中文分词前，要求数据格式全部是中文，因此需要过滤掉特殊符号、标点符号、英文、数字等。读者也可以根据自己的需求过滤自定义字符。过滤中文文本特殊符号的常用正则表达式示例如代码 3-15 所示。

代码 3-15 过滤中文文本特殊符号的常用正则表达式示例

```
# 过滤掉所有英文字符、数字和英文特殊符号
print(re.sub('[\[\]\s+\.\!\/_,$%^*(+\"\'?:&@#;<>=-]+|[a-zA-Z]+|[0-9]+',
          '', text4))
# 除标点符号外，过滤掉所有英文字符、数字和中英文特殊符号
print(re.sub('[\[\]\s+\.\!\/_,$%^*(+\"\'?:&@#;<>=-]+|[+\
            ——！？～@#￥%……&*（）」「]+|[a-zA-Z]+|[0-9]+', '', text4))
# 过滤掉所有标点符号、英文字符、数字和中英文特殊符号
print(re.sub('[\[\]\s+\.\!\/_,$%^*(+\"\'?:&@#;<>=-]+|[+\
        ——!?～@#￥%……&*()』『]+|[《》，。;；、:-]+|[a-zA-Z]+|[0-9]+', '', text4))
```

运行代码 3-15 后，输出的结果如下。

```
'第一回灵根育孕源流出心性修持大道生诗曰：混沌未分天地乱，茫茫渺渺'
'第一回灵根育孕源流出心性修持大道生诗曰：混沌未分天地乱，茫茫渺渺'
'第一回灵根育孕源流出心性修持大道生诗曰混沌未分天地乱茫茫渺渺'
```

3.2.2 自动提取人名与电话号码

例如，有文本为“J. Done: 234-555-1234 J. Smith: (888) 555-1234A. Lee: (810)555-1234M. Jones: 666.555.9999”，需要提取该文本中的姓名和电话号码。

观察文本发现，文本中的人名都有一定规则（大写字母+.+空格+大小写字母），而电话号码也有一定规则，都是数字并且带有“( )”、“-”或“.”这些字符。提取文本中的姓名时首先要匹配第一个大写字母的位置“[A-Z]”，待匹配的名字中第二个字符开始都只包含英文句号、空格或字母，就可以统一采用“[\.a-zA-Z]”表示，然后用“+”表示允许匹配多个。使用正则表达式提取姓名，如代码 3-16 所示。

代码 3-16 使用正则表达式提取姓名

```
text5 = 'J.Done: 234-555-1234J.Smith: (888) 555-1234A.Lee: (810)555-1234M.Jones: 
666.555.9999'
name = re.findall(r'[A-Z][\s\.a-zA-Z]+', text5)
for i in name:
    print(i)  # 输出人名
```

运行代码 3-16 后，输出的结果如下。

```
J. Done
J. Smith
A. Lee
M. Jones
```

电话号码是以“(”或数字开头，表示为“[0-9(]”；第二个字符开始则是接着数字、“-”、“)”或英文句号，表示为“[0-9-).]”，最后用“+”表示允许匹配多个。使用正则表达式提取电话号码，如代码 3-17 所示。

代码 3-17　使用正则表达式提取电话号码

```
tel = re.findall('[0-9(][0-9- ).]+', text5)
for i in tel:
    print(i)  # 输出电话号码
```

运行代码 3-17 后，输出的结果如下。

```
234-555-1234
(888) 555-1234
(810)555-1234
666.555.9999
```

将文本中的姓名和电话号码一一对应，如代码 3-18 所示。

代码 3-18　将文本中的姓名和电话号码一一对应

```
for i in zip(name, tel):  # zip 函数用于将元素打包成元组
    print(i)  # 输出人名和电话号码
```

运行代码 3-18 后，输出的结果如下。

```
('J. Done', '234-555-1234')
('J. Smith', '(888) 555-1234')
('A. Lee', '(810)555-1234')
('M. Jones', '666.555.9999')
```

3.2.3　提取网页标签信息

例如，有一段网页标签的内容为“<a href="http://www.baidu.com">百度</a> <a href="http://www.weibo.com">微博</a>”，需要提取网页标签中的网址和文本。通过观察，网址信息保存在 href 属性中，文本内容则在特殊字符中间。提取网址和文本，如代码 3-19 所示。

代码 3-19　提取网址和文本

```
text6 = '<a href="http://www.baidu.com">百度</a> <a href="http://www.weibo.com">微博</a>'
# 第一个“.*?”表示从 a 开始匹配到出现双引号之间的字符，第二个“.*?”则是提取的内容
url = re.findall('<a.*?"(.*?)">', text6)
# 第一个“.*?”表示从 a 开始匹配到出现“>”之间的字符，第二个“.*?”则是提取的内容
name = re.findall('<a.*?>(.*?)<', text6)
for i in range(len(name)):
    print(name[i] + '。' + url[i])
```

运行代码 3-19 后，输出的结果如下。

```
百度。http://www.baidu.com
微博。http://www.weibo.com
```

小结

本章主要介绍正则表达式的基本知识和使用。首先介绍常用的正则表达式的函数和正则表达式的元字符与元字符的含义，然后通过实例对正则表达式的使用方法进行演示。

实训

实训 1　过滤《三国志》中的字符

1. 训练要点

掌握在中文文本中过滤特殊符号、标点符号、英文、数字的方法。

2. 需求说明

获取的《三国志》的文本中含有很多特殊字符，需要过滤掉特殊符号、标点符号、英文、数字等。

3. 实现思路与步骤

使用 sub 函数替换指定文本。

实训 2　提取地名与邮编

1. 训练要点

掌握在文本中提取中文与数字的方法。

2. 需求说明

现有一段文本“广州：510000 深圳：518000 佛山：528000 珠海：519000 东莞：523000”，需要提取其中的地名和对应的邮编。

3. 实现思路与步骤

（1）使用 findall 函数返回正则表达式在文本中所有匹配结果的列表。

（2）使用 zip 函数将地名与邮编一一对应。

实训 3　提取网页标签中的文本

1. 训练要点

掌握在网页标签中提取指定文本的方法。

2. 需求说明

现有一段网页标签“<meta name="description"content="京东 JD.COM-专业的综合网上购物商城，销售家电、数码通信、电脑、家居百货、服装服饰、母婴、图书、食品等领域数万个品牌优质商品。便捷、诚信的服务为您提供愉悦的网上购物体验！"/>”，需要提取其中的文本内容。

3. 实现思路与步骤

（1）根据网页标签内容提取所需文本。

（2）使用 findall 函数返回正则表达式在文本中所有匹配结果的列表。

课后习题

1. 选择题

（1）不属于常用的正则表达式函数的是（　　）。

A. match 函数　B. search 函数　C. findall 函数　D. matplotlib 函数

（2）“re.sub('自然语言处理', "NLP", text1)”表示的含义为（　　）。

A. 将 test1 中的“自然语言处理”替换为“NLP”

B. 将 test1 中的“NLP”替换为“自然语言处理”

C. 找出 test1 中的“自然语言处理”

D. 找出 test1 中的“NLP”

（3）竖线“|”用于对两个正则表达式进行“或”操作。如果 A 和 B 是正则表达式，那么 A|B 表示为（　　）。

A. 匹配 A 和 B 一起出现的字符　B. 匹配 A 或 B 中出现的任何字符

C. 匹配 A 中出现的任何字符　D. 匹配 B 中出现的任何字符

（4）美元货币符号“$”表示匹配字符串的（　　）位置。

A. 结束　B. 开始

C. 中间　D. 表示货币的字符串

（5）下列 Python 中的预定义字符描述正确的是（　　）。

A. \w：与\W 反义，非数字、非字母和非字

B. \s：空白字符

C. \D：数字

D. \d：非数字

2. 操作题

（1）完成本章中所有代码的操作。

（2）使用正则表达式提取文本“(888) 555-1234”中的“(888)”。

（3）使用正则表达式提取文本“111111@qq.comabcdefg@126.comabc123@163.com”中所有的电子邮箱地址。

第4章 中文分词技术

词是中文语言理解中最小的能独立运用的语言单位。中文的词与词之间没有明确分隔标志，因此在分词技术领域里，中文分词的实现要比英文困难。面对学习中文分词的困难，需凭借斗争精神，逐级学习、掌握，勇毅前行，本章主要介绍基于规则分词和基于统计分词的基本理论和方法，以及中文分词工具 jieba 的使用方法，并通过实例演示基于隐马尔可夫模型（Hidden Markov Model，HMM）分词和基于 jieba 分词实现中文分词的应用。

学习目标

（1）了解中文分词的基本概念。
（2）熟悉基于规则分词的基本概念和常用方法。
（3）熟悉基于统计分词的基本概念、n 元语法模型和隐马尔可夫模型的基本原理。
（4）掌握中文分词工具 jieba 的使用方法。
（5）掌握基于隐马尔可夫模型分词和基于 jieba 分词的实现方法。

4.1 中文分词简介

中文分词是指将汉字序列按照一定规则逐个切分为词序列的过程。在英文中，单词之间以空格为自然分隔符，分词时自然以空格为单位进行切分，而中文分词则需要依靠一定技术和方法寻找类似英文中空格作用的分隔符。

基于规则分词是中文分词最先使用的方法，常见的方法有正向最大匹配法、逆向最大匹配法等。随着统计方法的发展，一些基于统计的分词模型被提了出来，常见的分词模型有 n 元语法模型、隐马尔可夫模型和条件随机场模型。

4.2 基于规则分词

基于规则的分词方法是一种较为机械的分词方法，其基本思想是将待分词语句中的字符串和词典逐个匹配，找到匹配的字符串则切分，不匹配则减去边缘的某些字符，从头再次匹配，直至匹配完毕或者没有匹配到词典中的字符串而结束。

基于规则分词主要有正向最大匹配法（Forward Maximum Matching Method，FMM 法）、逆向最大匹配法（Reverse Maximum Matching Method，RMM 法）和双向最大匹配法（Bi-direction Maximum Matching Method，BMM 法）这 3 种方法。

4.2.1 正向最大匹配法

假设有一个待分词中文文本和一个分词词典，词典中最长字符串的长度为l。从左至右切分待分词文本的前l个字符，然后在词典中查找是否有一样的字符串。若匹配失败，则删去该字符串的最后一个字符，仅留下前$l-1$个字符，继续匹配这个字符串，以此类推。如果匹配成功，那么被切分下来的第二个文本成为新的待分词文本，重复以上操作直至匹配完毕。如果一个字符串全部匹配失败，那么逐次删去第一个字符，并重复上述操作。

例如，假设待分词文本为“北京市民办高中”，词典为“{"北京市", "北京市民", "民办高中", "天安门广场", "高中"}”。由词典得到最长字符串的长度为5，具体分词步骤如下。

（1）切分待分词文本“北京市民办高中”前5个字符，得到“北京市民办”，在词典中找不到与之匹配的字符串，匹配不成功。

（2）删去“北京市民办”的最后一个字符得到“北京市民”，再与词典进行匹配。在词典中找到与之匹配的字符串，匹配成功。此时，将文本划分为“北京市民”“办高中”。

（3）将分词后的第二个文本“办高中”作为待分词文本。此时词典中找不到与之匹配的字符串，匹配不成功。

（4）删去“办高中”的最后一个字符，匹配失败，直至删去所有字符都没有匹配成功，因此删去“办高中”的第一个字符。匹配“高中”一词成功，将第二个文本划分为“办”“高中”。

综上所述，用正向最大匹配法分词得到的结果是“北京市民”“办”“高中”。

4.2.2 逆向最大匹配法

逆向最大匹配法与正向最大匹配法原理相反。从右至左匹配待分词文本的后l个字符串，在词典中查找是否有一样的字符串。若匹配失败，仅留下待分词文本的后$l-1$个词，继续匹配这个字符串，以此类推。如果匹配成功，则被切分下来的第一个文本序列成为新的待分词文本，重复以上操作直至匹配完毕。如果一个词序列全部匹配失败，则逐次删去最后一个字符，并重复上述操作。

同样以待分词文本“北京市民办高中”，词典“{"北京市", "北京市民", "民办高中", "天安门广场", "高中"}”为例说明逆向最大匹配法，具体分词步骤如下。

（1）切分待分词文本“北京市民办高中”后5个字符，得到“市民办高中”，在词典中找不到与之匹配的字符串，匹配不成功。

（2）删去“市民办高中”的第一个字符得到“民办高中”，再与词典进行匹配，匹配成功，将文本划分为“北京市”和“民办高中”。

（3）将分词后的第一个文本“北京市”作为待分词文本，匹配成功。

综上所述，用逆向最大匹配法分词得到的结果是“北京市”“民办高中”。

实现逆向最大匹配法，如代码4-1所示，其中RMM是自定义的逆向最大匹配法函数名。代码中包含读取词典、获取词典最大长度和切分文本3个流程。RMM函数中的参数text为待分词文本，dic.utf8文件为自定义词典，strip函数用于去除字符串首尾空格，set函数用于去除重复元素，reverse函数用于将列表中的字符串反向排列。

代码 4-1　实现逆向最大匹配法

```
# 逆向最大匹配法
def RMM(text):
    # 读取词典
    dictionary = []
    dic_path = '../data/dic.utf8'
    for line in open(dic_path, 'r', encoding='utf-8-sig'):
        line = line.strip()
        if not line:
            continue
        dictionary.append(line)
    dictionary = list(set(dictionary))
    # 获取词典最大长度
    max_length = 0
    word_length = []
    for word in dictionary:
        word_length.append(len(word))
    max_length = max(word_length)
    # 切分文本
    cut_list = []
    text_length = len(text)
    while text_length > 0:
        j = 0
        for i in range(max_length, 0, -1):
            if text_length - i < 0:
                continue
            new_word = text[text_length - i:text_length]
            if new_word in dictionary:
                cut_list.append(new_word)
                text_length -= i
                j += 1
                break
        if j == 0:
            text_length -= 1
    cut_list.reverse()
    print(cut_list)
RMM('北京市民办高中')
```

运行代码 4-1 后，输出结果如下。

```
['北京市', '民办高中']
```

4.2.3　双向最大匹配法

双向最大匹配法的基本思想是将正向最大匹配法和逆向最大匹配法的结果进行对比，选取两种方法中切分次数较少的结果作为切分结果。例如，用正向最大匹配法和逆向最大匹配法对“北京市民办高中”进行分词，结果分别为“北京市民”“办”“高中”和“北京市”“民办高中”，因此选取切分次数较少的结果“北京市”“民办高中”。

研究表明，使用正向最大匹配法和逆向最大匹配法，中文分词大约有 90%的词句完全重合且正确，有 9%左右的句子得到的结果不一样，但其中有一个是正确的。剩下不到 1%

的句子使用两种方法进行切分得到的结果都是错误的。因此，双向最大匹配法在中文分词领域中有广泛运用。

4.3 基于统计分词

基于规则的中文分词常常会遇到歧义问题和未登录词问题。中文歧义问题主要包括交集型切分歧义和组合型切分歧义两大类。交集型切分歧义是指一个字符串中间的某个字或词不管切分到哪一边都能独立成词，如“打折扣”一词，“打折”和“折扣”是两个独立的词语。组合型切分歧义是指一个字符串中每个字单独切分或者不切分都能成词，如“将来”一词，既可以整体成词，也可以切分为单个字。

未登录词也称为生词，即词典中没有出现的词。未登录词可以分为四大类，第一类是日常生活中出现的普通新词汇，尤其是网络热门词语，这类词语更新换代快，且不一定符合现代汉语的语法规定；第二类是专有名词，主要指人名、地名和组织机构名，还包括时间和数字表达等；第三类是研究领域的专业名词，如化学试剂的名称等；第四类是其他专用名词，如近期新上映的电影、新出版的文学作品等。遇到未登录词时，分词技术往往束手无策。

基于统计的分词方法有效解决了中文分词遇到的歧义问题和未登录词问题。随着统计机器学习方法的研究和发展，基于统计的分词方法逐渐应用到实际当中。基于统计的分词方法的基本思想是中文语句中相连的字出现的次数越多，那么作为词单独使用的次数就越多，语句拆分的可靠性就越高，分词的准确率就越高。因此，基于统计的分词方法的基本原理是统计词出现的次数，出现次数足够高的词作为单独的词被保留。基于统计的分词方法的优势在于其能够较好地处理未登录词和歧义词，不需要人为地搭建和维护词典，其缺点在于需要依靠语料库进行分词，语料库的准确度不一定高，且计算量较大，分词速度一般。

使用基于统计的分词方法时通常需要进行两个步骤：建立统计语言模型；运用模型划分语句，计算被划分语句的概率，选取概率最大的划分方式进行分词。常见的基于统计的分词方法包括n元语法模型和隐马尔可夫模型。

4.3.1 n元语法模型

统计语言模型是描述自然语言内在规律的数学模型，其原理为判断一个句子在文本中出现的概率，是用于计算一个语句序列概率的概率模型。统计语言模型通常基于一个语料库构建，广泛应用于各种NLP问题，如语音识别、机器翻译、分词、词性标注等。

设s为一连串特定顺序排列的词序列，即$s=\omega_1,\omega_2,\cdots,\omega_l$，$s$的概率记为$p(\omega_1,\omega_2,\cdots,\omega_l)$。利用条件概率公式得到式（4-1）所示的统计语言模型。

$$\begin{aligned}p(s)&=p(\omega_1)p(\omega_2\mid\omega_1)\cdots p(\omega_n\mid\omega_1,\omega_2,\cdots,\omega_{l-1})\\&=\prod_i^l p(\omega_i\mid\omega_1,\omega_2,\cdots,\omega_{i-1})\\&=\prod_i^l p(\omega_i\mid\boldsymbol{w}^{i-1})\end{aligned}\tag{4-1}$$

其中$\boldsymbol{w}^{i-1}$表示词序列$\omega_1,\omega_2,\cdots,\omega_{i-1}$。

1. n-gram 模型

在式（4-1）所示的统计语言模型中，当词序列的长度增加时，计算难度也将逐渐加大，因此需要借助近似方法计算 $p(s)$ 。为解决该问题，于是出现了马尔可夫假设。

设 $\omega_1,\omega_2,\cdots,\omega_l$ 为一连串特定顺序排列的词序列，马尔可夫假设 ω_i 出现的概率只与前面 $N-1$ 个词 $\omega_{i-N+1},\cdots,\omega_{i-2},\omega_{i-1}$ 相关。当 $N=n$ 时，该统计语言模型称为 n 元语法模型（n-gram 模型）。

当 $N=1$ 时，该统计语言模型称为一元语法模型（unigram 模型），$p(s)$ 的概率如式（4-2）所示。

$$p(\omega_1,\omega_2,\cdots,\omega_l)=p(\omega_1)p(\omega_2)\cdots p(\omega_l) \tag{4-2}$$

当 $N=2$ 时，ω_i 出现的概率只与前面一个词 ω_{i-1} 相关，该统计语言模型称为二元语法模型（bigram 模型），$p(s)$ 的概率如式（4-3）所示。

$$p(\omega_1,\omega_2,\cdots,\omega_l)=p(\omega_1)p(\omega_2\mid\omega_1)\cdots p(\omega_l\mid\omega_{l-1}) \tag{4-3}$$

当 $N=3$ 时，ω_i 出现的概率只与前面两个词 ω_{i-2} 和 ω_{i-1} 相关，该统计语言模型称为三元语法模型（trigram 模型），$p(s)$ 的概率如式（4-4）所示。

$$p(\omega_1,\omega_2,\cdots,\omega_l)=p(\omega_1)p(\omega_2\mid\omega_1)\cdots p(\omega_l\mid\omega_{l-2}\omega_{l-1}) \tag{4-4}$$

一般情况下，N 的取值很小，应用最多的是三元语法模型，主要原因是 n-gram 模型的空间复杂度是 n 的指数函数，即 $O(|V|^{n-1})$ ，其中 $|V|$ 表示语料库中的总词数，一般为几万到几十万个。此外，n-gram 模型的时间复杂度也是一个指数函数 $O(|V|^{n-1})$ 。

2. n-gram 模型的参数估计

n-gram 模型的参数就是条件概率 $p(\omega_i\mid\omega_{i-n+1},\cdots,\omega_{i-2},\omega_{i-1})$ 。模型的参数估计也称为模型的训练，n-gram 模型的参数表达式如式（4-5）所示。

$$p(\omega_i\mid\omega_{i-n+1},\cdots,\omega_{i-2},\omega_{i-1})=\frac{p(\omega_{i-n+1},\cdots,\omega_{i-1},\omega_i)}{p(\omega_{i-n+1},\cdots,\omega_{i-2},\omega_{i-1})} \tag{4-5}$$

一般采用最大似然估计（Maximum Likelihood Estimation，MLE）的方法对模型参数进行估计，使用 MLE 对式（4-5）进行估计，如式（4-6）、式（4-7）所示。

$$p_{\text{MLE}}(\omega_{i-n+1},\cdots,\omega_{i-1},\omega_i)=\frac{c(\omega_{i-n+1},\cdots,\omega_{i-1},\omega_i)}{|V|} \tag{4-6}$$

$$p_{\text{MLE}}(\omega_i|\omega_{i-n+1},\cdots,\omega_{i-1})=\frac{c(\omega_{i-n+1},\cdots,\omega_{i-1},\omega_i)}{c(\omega_{i-n+1},\cdots,\omega_{i-2},\omega_{i-1})} \tag{4-7}$$

其中，$c(\omega_{i-n+1},\cdots,\omega_{i-1},\omega_i)$ 和 $c(\omega_{i-n+1},\cdots,\omega_{i-2},\omega_{i-1})$ 分别表示词语 $\omega_{i-n+1},\cdots,\omega_{i-1},\omega_i$ 和 $\omega_{i-n+1},\cdots,\omega_{i-2}$，$\omega_{i-1}$ 在语料库中出现的次数，次数越多，参数估计的结果越可靠。

假设语句序列 s={小孩,喜欢,在家,观看,动画片}，估计这一语句的概率。以二元语法模型为例，需要检索语料库中每一个词，以及该词和相邻词同时出现的概率。假设语料库的总词数为 7542 个，单词出现的次数如图 4-1 所示。

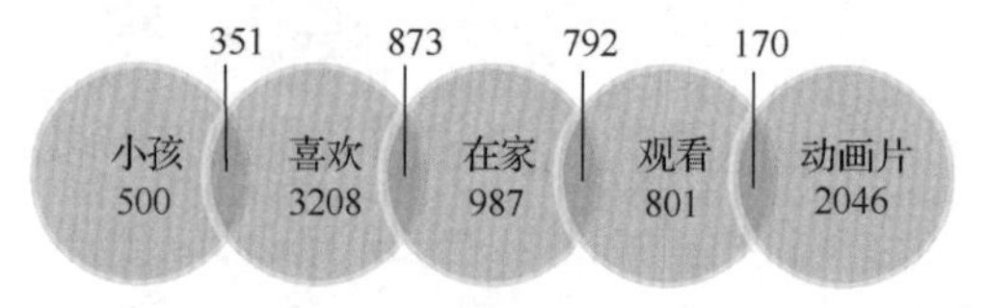

图 4-1　单词出现的次数（单位：次）

语句 s 在当前语料库中出现概率的计算过程如式（4-8）所示。

$$\begin{aligned} p(s) &= p(\text{小孩,喜欢,在家,观看,动画片}) \\ &= p(\text{小孩})p(\text{喜欢}|\text{小孩})p(\text{在家}|\text{喜欢})p(\text{观看}|\text{在家})p(\text{动画片}|\text{观看}) \\ &= \frac{500}{7542}\times\frac{351}{500}\times\frac{873}{3208}\times\frac{792}{987}\times\frac{170}{801}\approx 0.2122347 \end{aligned} \quad (4\text{-}8)$$

因此，语句 s 在当前语料库中出现的概率约为 0.2122347。

3. 数据平滑

在对统计语言模型的参数进行估计时，常会出现式（4-7）中的分子或分母为零的情况，这种情况称为数据稀疏。这时需要考虑在模型中结合相应的数据平滑方法解决问题，常用的数据平滑方法有加 1 平滑、古德-图灵平滑、线性插值平滑等。

（1）加 1 平滑是最简单、最直观的一种数据平滑方法。加 1 平滑规定在训练时任何一个词语在训练语料库中都需要至少出现一次（包括没有出现的词语），这样没有出现过的词语的概率不再是 0。加 1 平滑的公式如式（4-9）所示。

$$p_{\text{add1}}(\omega_i \mid \omega_{i-n+1},\cdots,\omega_{i-1}) = \frac{c(\omega_{i-n+1},\cdots,\omega_{i-1},\omega_i)+1}{c(\omega_{i-n+1},\cdots,\omega_{i-1})+|V|} \quad (4\text{-}9)$$

使用加 1 平滑后，训练语料库中出现的 n-gram 的概率不再为 0，而是一个大于 0 的较小的概率值。但在实际的应用中却会出现一些问题，由于总的统计概率一定是 1，那么这些后来增加的概率就必然会造成原来概率的减小，而且实验证明这种概率的减小幅度是巨大的，那么就可能会导致结果不准确。

（2）1953 年古德（I.J.Good）引用图灵（Turing）的方法提出古德-图灵（Good-Turing）估计法，它是很多平滑方法的核心方法。其基本思想是对于没有看见的事件，不能认为它发生的概率就是零，应该从概率的总量中分配一个很小的比例给这些没有看见的事件。此时看得见的事件的概率总和将会小于 1，因此，需要将所有看见的事件的概率适当调小。

假设语料库中出现 r 次的词有 N_r 个，特别地，未出现的词数量为 N_0。设语料库的大小为 N，如式（4-10）所示。

$$N = \sum_{r=1}^{\infty} rN_r \quad (4\text{-}10)$$

出现 r 次的词在整个语料库中的相对频度为 r/N，如果不做任何处理，这个相对频度就是出现 r 次的词语的概率估计。

现在假设当 r 比较小时，它的估计可能不可靠，因此在计算出现 r 次的词的概率时，要使用一个更小的系数 r^*，如式（4-11）所示。

$$r^* = (r+1)\frac{N_{r+1}}{N_r} \quad (4\text{-}11)$$

因此，$p(\omega_{i-n+1},\cdots,\omega_{i-1},\omega_i)$ 的古德-图灵估计如式（4-12）所示。

$$p_{\text{GT}}(\omega_{i-n+1},\cdots,\omega_{i-1},\omega_i) = \frac{r^*}{N} \quad (4\text{-}12)$$

为方便理解古德-图灵估计方法，下面通过一个简单的例子进行介绍。假设训练集合 T={张三,喜欢,外出,旅行,李四,喜欢,外出,登山}，验证集合 V={王五,喜欢,外出,登山,不喜欢,旅行}。训练集合长度为 8，验证集合长度为 6。在训练集合中，由式（4-11）和式（4-12）可以得出 p(喜欢)=p(外出)=0.25，其他词语概率都为 0.125。验证集合中没有在训练集合里出现的词语概率都为 0。如果不使用平滑方法处理，那么验证集合中将有词语出现概率为 0 的情况，如 p(王五)=0。

利用古德-图灵估计进行平滑需要进行以下 3 个步骤。

① 计算出现 r 次的词语的数目。出现两次的有“喜欢”“外出”，没有出现的有“王五”“不喜欢”，其他各出现一次，即 $N_0=2$，$N_1=2$，$N_2=2$，出现次数大于 2 的情况次数为 0。

② 利用古德-图灵法进行平滑，重新计算概率值。$r=0$ 的事件概率为 $p_0=(0+1)\times\frac{N_{0+1}}{8\times N_0}=0.125$。$r=1$ 的事件概率为 $p_1=(1+1)\times\frac{N_{1+1}}{8\times N_1}=0.25$。$r=2$ 的事件概率为 $p_2=(2+1)\times\frac{N_{2+1}}{8\times N_2}=0$，保持原值 0.25。

③ 进行归一化处理。3 个概率之和为 $2\times p_0+2\times p_1+2\times p_2=1.25$。出现 0 次的词语出现概率为 0.125/1.25=0.1，出现 1 次的词语出现概率为 0.125/1.25=0.2，出现 2 次的词语出现概率为 0.25/1.25=0.2，这样就避免了概率为 0 的问题。

（3）线性插值平滑是为高阶 n-gram 模型提供帮助的一种平滑方法，它利用低阶的 n-gram 模型对高阶的 n-gram 模型进行线性插值。例如，要寻找“西红柿红”一词，但该词在语料库中没有出现过，这时用低阶的 n-gram 模型替代，即用“西红柿”出现的次数代替。通常在计算概率时，低阶的 n-gram 模型往往能够更好地反映信息。

在一般的简单线性插值中，不管高阶模型是否可行，默认低阶模型和高阶模型都有着相同的权重 λ，这样并不太合理。因此，线性插值平滑中将权重改为 $\lambda(\omega_{i-n+1},\cdots,\omega_{i-1})$，以递归的方式改写线性插值法的公式，表示权重 λ 是历史的函数，如式（4-13）所示。

$$\begin{aligned}p_{\text{interp}}(\omega_i|\omega_{i-n+1},\cdots,\omega_{i-1})=&\lambda(\omega_{i-n+1},\cdots,\omega_{i-1})P(\omega_i|\omega_{i-n+1},\cdots,\omega_{i-1})+\\&(1-\lambda(\omega_{i-n+1},\cdots,\omega_{i-1}))P_{\text{interp}}(\omega_i\mid\omega_{i-n+2},\cdots,\omega_{i-1})\end{aligned}\quad(4\text{-}13)$$

其中 $\lambda(\omega_{i-n+1},\cdots,\omega_{i-1})$ 可凭借经验设定，也可以通过某些算法确定，但是需要满足条件 $\sum P_{\text{interp}}(\omega_{i-n+1},\cdots,\omega_{i-1})=1$。

4. 中文分词与 n-gram 模型

设中文句子由字序列 $s=\omega_1,\omega_2,\cdots,\omega_n$ 组成，字以不同的方法组合到一起成为词。s 有多种切分方式，假设 w_j 记为 s 中的第 j 种切分方式，m_j 为第 j 种切分方式 w_j 中词的个数，$w_j=(w_{j,1},w_{j,2},\cdots,w_{j,m_j})$。中文分词模型就是求字序列 $s=\omega_1,\omega_2,\cdots,\omega_n$ 所有切分方式中概率最大的一种切分方式 w^*，如式（4-14）所示。

$$w^*=\arg\max_{w_j} p(w_j|s)\quad(4\text{-}14)$$

其中，$\arg\max_{w_j}$ 表示式子 $p(w_j|s)$ 达到最大值时变量 w_j 的取值。

由贝叶斯公式可得式（4-15）。

$$p(w_j|s)=\frac{p(w_js)}{p(s)}=\frac{p(w_j)p(s|w_j)}{p(s)}\quad(4\text{-}15)$$

由于概率模型是基于语料库构建的，当给定字序列 $s=\omega_1,\omega_2,\cdots,\omega_n$，式（4-15）中 $p(s)$ 的值是确定的。另一方面，如果 w_j 确定了，则 s 字序列唯一确定，因此条件概率 $p(s|w_j)=1$。由式（4-14）和式（4-15）可得式（4-16）。

$$w^*=\arg\max_{w_j} p\left(w_j \mid s\right)=\arg\max_{w_j} p\left(w_j\right) \tag{4-16}$$

由统计语言模型式（4-1）可得式（4-17）。

$$p\left(w_j\right)=\prod_i^{m_j} p\left(w_{j,i} \mid w_j^{i-1}\right) \propto \sum_i^{m_j} \log\left(p\left(w_{j,i} \mid w_j^{i-1}\right)\right) \tag{4-17}$$

结合式（4-16）和式（4-17）可得式（4-18）。

$$w^*=\arg\max_{w_j} \sum_{i=1}^{m_j} \log\left(p\left(w_{j,i} \mid w_j^{i-1}\right)\right) \tag{4-18}$$

中文分词实际是对式（4-18）求最优解 w^* 的过程。特别地，对于二元语法模型，式（4-18）可简化为式（4-19）。

$$w^*=\arg\max_{w_j} \sum_{i=1}^{m_j} \log\left(p\left(w_{j,i} \mid w_{j,i-1}\right)\right) \tag{4-19}$$

4.3.2 隐马尔可夫模型相关概念

隐马尔可夫模型是一种概率模型，用于解决序列预测问题，可以对序列数据中的上下文信息进行建模。HMM 用于描述含有隐含未知参数的马尔可夫过程。在 HMM 中，有两种类型的节点，分别为观测序列与状态序列。状态序列是不可见的，它们的值是需要通过对观测序列进行推断而得到的。很多现实应用可以抽象为此类问题，如语音识别，NLP 中的分词、词性标注，计算机视觉中的动作识别等。HMM 在这些问题中得到了成功的应用。

1. 马尔可夫模型

马尔可夫模型描述的是一类典型的随机过程。所谓随机过程，就是系统随时间变化而随机变化的过程。这种模型可以计算出系统每一时刻处于各种状态的概率和这些状态之间的转移概率。

设一个系统有有限个状态 $S=\{s_1,s_2,\cdots,s_N\}$。随着时间推移，该系统将从某一状态转移到另一状态。从 1 时刻开始，到 t 时刻为止，系统所有时刻的状态值构成一个随机变量序列，如式（4-20）所示。

$$Q=q_1,q_2,\cdots,q_t \tag{4-20}$$

系统在不同时刻可以处于同一种状态，但在任一时刻只能有一种状态。不同时刻的状态之间是有关系的。时刻 t 的状态由它之前时刻的状态决定，即当前时刻 t 处于某状态的概率取决于其在时间 $1,2,\cdots,t-1$ 时刻的状态，系统状态的条件概率如式（4-21）所示。

$$p(q_t|q_1,q_2,\cdots,q_{t-1}) \tag{4-21}$$

式（4-21）中的条件概率要考虑之前所有时刻的状态，计算起来较为复杂，为此需要进行简化。如果假设 t 时刻的状态只与 $t-1$ 时刻的状态有关，与更早的时刻无关，则式（4-21）中的条件概率可简化为式（4-22）。

$$p(q_t|q_1,q_2\cdots,q_{t-1})=p(q_t|q_{t-1}) \tag{4-22}$$

式（4-22）称为一阶马尔可夫假设，满足这一假设的马尔可夫模型称为一阶马尔可夫模型。

设$t-1$时刻的状态为s_i，t时刻的状态为s_j，条件概率$p(q_t|q_{t-1})$构成一个$N \times N$的矩阵$\boldsymbol{A}$，称为状态转移概率矩阵，其元素如式（4-23）所示。

$$a_{ij} = p(q_t = s_j \mid q_{t-1} = s_i) \tag{4-23}$$

有N个状态的一阶马尔可夫过程有N^2次状态转移。状态转移概率矩阵的元素满足式（4-24）所示的约束。

$$\sum_{j=1}^{N} a_{ij} = 1，\ a_{ij} \geqslant 0 \tag{4-24}$$

式（4-24）表示概率值必须在[0,1]内，无论$t-1$时刻的状态值是什么，在下一个时刻t一定会转向N个状态中的一个，因此它们的转移概率和必须为 1。

2. 隐马尔可夫模型

马尔可夫模型中的状态是可见的，而 HMM 中的状态则部分可见。HMM 描述观测变量和状态变量之间的概率关系。与马尔可夫模型相比，HMM 不仅对状态建模，还对观测值建模。不同时刻的状态值之间，以及同一时刻的状态值和观测值之间，都存在概率关系。

（1）一个 HMM 示例。下面通过掷骰子的例子说明 HMM 模型。假设暗室里有 3 个不同形状的骰子，第一个骰子含有 6 个面（1～6，记为 D6），第二个骰子含有 4 个面（1～4，记为 D4），第三个骰子含有 8 个面（1～8，记为 D8）。假设暗室里的实验员根据某一概率分布随机挑选一个骰子，然后掷骰子，并向室外报告投掷的数字结果，重复上述过程。对于暗室外边的人来说，只能得到投掷的数字结果的序列，而骰子的序列是观察不到的。例如，连续掷骰子 8 次，得到数字序列为{3,1,2,4,8,7,3,1}。这一串数字是可见的，称为可见状态链。除了可见状态链，还有一串隐含状态链，也就是实验员挑选骰子的序列。

HMM 中的马尔可夫链通常是指隐含状态链。隐含状态链中有不同骰子之间的转换概率，即不同隐含状态之间有一个转移概率。这里已知在 3 个骰子中任意一个骰子被选中的概率是 1/3，如 D4 转换成 D6 时，概率为 1/3，D6 转换为 D8 时，概率也为 1/3。当然，也可以人为设定转移概率，使抽取到不同骰子的概率不相同，从而形成一个新的 HMM。另一方面，在每一个骰子掷出数字时也有一个概率，即不可见状态和可见状态之间有一个发射概率，如 D4 掷出数字为 1～4 的概率都是 1/4，D8 掷出数字为 1～8 的概率都是 1/8。同样地，输出概率也可以人为设定，如设定某个骰子掷出特定数字时的概率更大或更小。

掷骰子过程的示意图如图 4-2 所示。

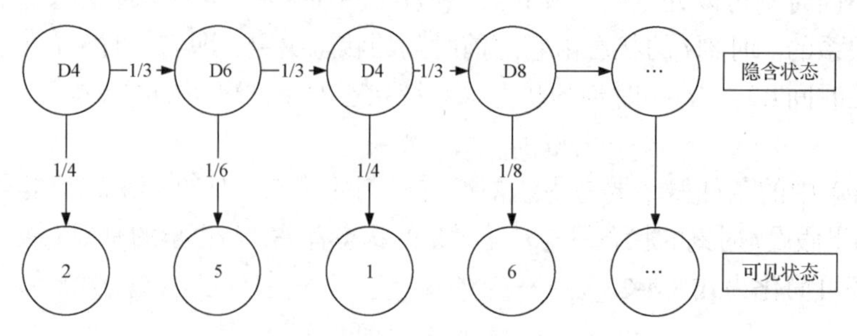

图 4-2　掷骰子过程的示意图

（2）HMM 的结构。假设观测序列为 $O=o_1,o_2,\cdots,o_T$，O 是直接能观察到的序列（上例中投掷骰子的点数序列）。任一时刻的观测值来自有限的观测集（上例中所有骰子点数的集合），记为 $V=\{v_1,v_2,\cdots,v_M\}$。隐含状态序列（上例中选择投掷骰子的序列）为 $Q=q_1,q_2,\cdots,q_T$，这条序列是不可观测的。任一时刻的状态值来自有限的状态集 $S=\{s_1,s_2,\cdots,s_N\}$。

HMM 的结构如图 4-3 所示。

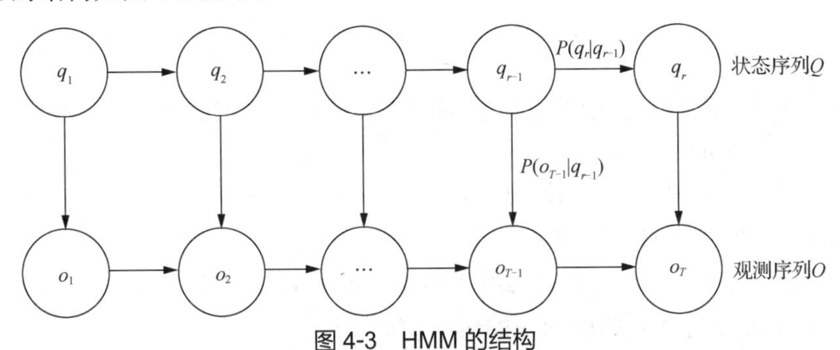

图 4-3　HMM 的结构

一个 HMM 由 3 个部分组成。

① 设模型中状态的数目为 N（上例中骰子的数目），每个状态可能输出的观测值的数目为 M（上例中骰子的不同数字的数目）。状态转移概率矩阵如式（4-25）所示。

$$\boldsymbol{A}=[a_{ij}]_{N\times N}\text{，}\quad 1\leqslant i,j\leqslant N \tag{4-25}$$

其中 $a_{ij}=p(q_t=s_j\,|\,q_{t-1}=s_i)$，表示从一个状态 s_i 转向另一个状态 s_j 的概率，满足式（4-26）所示的条件。

$$\sum_{j=1}^{N}a_{ij}=1\text{，}\quad a_{ij}\geqslant 0 \tag{4-26}$$

② 对于任一时刻 t，从状态 s_j 观察到 v_k 的概率分布矩阵如式（4-27）所示。

$$\boldsymbol{B}=[b_j(v_k)]_{N\times M}\text{，}\quad 1\leqslant k\leqslant M,1\leqslant j\leqslant N \tag{4-27}$$

其中 $b_j(v_k)=p(o_t=v_k\,|\,q_t=s_j)$（如掷骰子的例子中实验员选取第 j 个骰子投掷出数字 k 的概率为 $b_j(v_k)$），满足式（4-28）所示的条件。

$$\sum_{k=1}^{M}b_j(v_k)=1,\quad b_j(v_k)\geqslant 0,1\leqslant j\leqslant N \tag{4-28}$$

观测值的概率 $b_j(v_k)$ 又称为符号发射概率。

③ 初始时刻的状态概率分布如式（4-29）所示。

$$\pi_i=(\pi_1,\cdots,\pi_N)\text{，}\quad 1\leqslant i\leqslant N \tag{4-29}$$

其中，$\pi_i=(\pi_1,\cdots,\pi_N)$ 满足式（4-30）所示的条件。

$$\begin{aligned}&\pi_i=P(q_1=s_i)\\&\pi_i\geqslant 0\\&\sum_{i=1}^{N}\pi_i=1\end{aligned} \tag{4-30}$$

一般地，一个 HMM 记为一个五元组 $\lambda=(S,V,A,B,\pi)$。为了简单起见，有时也将其记为三元组 $\lambda=(\pi,A,B)$。隐藏状态和观测值的数量是根据实际问题人为设定的，状态转移矩阵和发射概率矩阵通过样本学习得到。

（3）HMM 的两个基本假设。

① 齐次马尔可夫性假设。

隐马尔可夫链在任意时刻 t 的状态只依赖于其前一时刻 $t-1$ 的状态，与其他时刻的状态和观测无关，如式（4-31）所示。

$$P(q_t|q_1,o_1,\cdots,q_{t-1},o_{t-1})=P(q_t|q_{t-1}) \tag{4-31}$$

② 观测独立性假设。

任意时刻 t 的观测值 o_t 只依赖于该时刻的马尔可夫链 q_t 的状态，与其他观测和状态无关，如式（4-32）所示。

$$p(o_t|q_1,o_1,\cdots,q_t,o_t)=p(o_t|q_t) \tag{4-32}$$

（4）HMM 中的 3 个基本问题。

① 概率计算问题。给定一个三元组 $\lambda=(\pi,A,B)$ 和观测序列 $O=o_1,o_2,\cdots,o_T$，计算在给定模型 $\lambda=(\pi,A,B)$ 条件下观测序列 O 的概率 $p(O|\lambda)$。

② 参数估计问题。已知观测序列 $O=o_1,o_2,\cdots,o_T$，估计模型 $\lambda=(\pi,A,B)$ 参数，使得在该模型下观测序列概率 $p(O|\lambda)$ 最大。

③ 预测问题，也称解码问题。给定一个三元组 $\lambda=(\pi,A,B)$ 和观测序列 O，计算最有可能的状态序列 $Q=q_1,q_2,\cdots,q_T$。

3. 中文分词与 HMM

中文分词可以看作中文的标注问题。标注问题是指给定观测序列预测其对应的标记序列。假设标注问题的数据是由 HMM 生成的，利用 HMM 的学习与预测算法进行标注。下面以中文分词问题为例，介绍 HMM 如何用于中文标注。

对于句子“我是一位程序员”，在这里观测序列 O 为“我是一位程序员”，每个字为每个时刻的观测值。状态序列为标注的结果，每个时刻的状态值有 4 种情况{B,M,E,S}，其中 B 代表该字是起始位置的字，M 代表中间位置的字，E 代表末尾位置的字，S 代表能够单独成字的字。对待分词语句进行序列标注，如果得到状态序列 Q 为{S S B E B M E}，则有“我/S 是/S 一/B 位/E 程/B 序/M 员/E”。得到这个标注结果后，即可得到分词结果。遇到 S，则为一个单字词；遇到 B，则为一个词的开始，直到遇到下一个 E，则为一个词的结尾。这样句子“我是一位程序员”的分词结果为“我/是/一位/程序员”。

设 $O=o_1,o_2,\cdots,o_T$ 为中文字观测序列，$S=\{s_1,s_2,\cdots,s_N\}$ 为待标注的状态，中文分词问题可描述为求条件概率 $p(Q|O)$ 最大的状态序列 $Q=q_1,q_2,\cdots,q_T$，如式（4-33）所示。

$$Q^*=\arg\max_Q p(Q|O) \tag{4-33}$$

根据贝叶斯公式可得式（4-34）。

$$p(Q|O)=\frac{p(Q,O)}{p(O)}=\frac{p(O|Q)P(Q)}{p(O)} \tag{4-34}$$

由于已知待标注的字观测序列 $O=o_1,o_2,\cdots,o_T$，因此 $p(O)$ 为一确定的数，只需计算最大化情况下的 $p(O|Q)p(Q)$。这样中文分词问题可描述为式（4-35）。

$$Q^*=\arg\max_Q p(O|Q)p(Q) \tag{4-35}$$

由 HMM 的两个基本假设可知，每一时刻的观测值只与对应时刻的状态值有关，每一时刻的状态值只与上一时刻的状态值有关，如式（4-36）和式（4-37）所示。

$$p(O|Q)=p(o_1|q_1)p(o_2|q_2)\cdots p(o_T|q_T) \tag{4-36}$$

$$p(Q)=p(q_1)p(q_2|q_1)\cdots p(q_T|q_{T-1}) \tag{4-37}$$

其中，$p(q_i|q_{i-1})$ 表示状态转移概率，$p(o_i|q_i)$ 表示发射概率。由式（4-36）和式（4-37）可得式（4-38）。

$$\begin{aligned} p(O|Q)p(Q)=p(q_1)p(o_1|q_1)\times p(q_2|q_1)p(o_2|q_2)\times\cdots\times \\ p(q_T|q_{T-1})p(o_T|q_T) \end{aligned} \tag{4-38}$$

因此，式（4-35）可表示为式（4-39）。

$$Q^*=\arg\max_Q\prod_i^T p(q_i|q_{i-1})p(o_i|q_i) \tag{4-39}$$

除了 HMM，条件随机场也是基于马尔可夫思想的统计分词算法。HMM 假设每个时刻的状态只与前一时刻的状态有关，而条件随机场假设每一时刻的状态还与后一时刻的状态有关。条件随机场将在第 5 章介绍。

4. 维特比算法

维特比算法（Viterbi Algorithm）是机器学习中应用非常广泛的动态规划算法，在求解 HMM 模型预测问题时会用到该算法。实际上，维特比算法不仅是很多 NLP 的解码算法，还是现代数字通信中使用得最频繁的算法。中文分词问题可以利用维特比算法求解，得到标注的状态序列值。

（1）动态规划。如果一类活动过程可以分为若干个互相联系的阶段，每一个阶段都需做出决策，一个阶段的决策确定以后，常常会影响下一个阶段的决策，从而能够完全确定一个过程的活动路线，则称此类活动为多阶段决策问题。

各个阶段的决策构成一个决策序列，称为一个策略。每一个阶段都有若干个决策可供选择，不同策略的效果也不同。多阶段决策问题，就是要在可以选择的策略中选取一个最优策略，使其在预定的标准下达到最好的效果。

在多阶段决策问题中，各个阶段采取的决策一般来说是与时间有关的，决策依赖于当前状态，又随即引起状态的转移。一个决策序列就是在变化的状态中产生出来的，故有“动态”的含义，这种解决多阶段决策最优化问题的方法称为动态规划方法。

动态规划是运筹学的一个分支，是求解决决策过程最优化的数学方法。20 世纪 50 年代初，美国数学家理查德・贝尔曼（Richard Bellman）等人在研究多阶段决策过程的优化问题时，提出了著名的最优化原理，将多阶段过程转化为一系列单阶段问题，利用各阶段之间的关系逐个求解，创立了解决这类过程优化问题的动态规划方法。

动态规划原理：假设最优路径为 $i_1^*,\cdots,i_T^*$，如果最优路径在时刻 t 通过节点 i_t^*，那么从节点 i_t^* 到终点 i_T^* 的子路径 $i_t^*,\cdots,i_T^*$ 必定是最优的。因为假如不是这样，那么从 i_t^* 到 i_T^* 就有另一条更好的路径存在，如果将它和从 i_t^* 到终点 i_T^* 的路径连接起来，就会形成一条比原来的路径 $i_1^*,\cdots,i_T^*$ 更优的路径，这是矛盾的。

（2）维特比算法。由式（4-39）可知，求状态序列 $Q^*=q_1^*,q_2^*,\cdots,q_T^*$ 是对 1 到 T 个时刻

的状态进行决策，使得式（4-39）的值达到最大。这是一个多阶段决策最优化问题，可用动态规划法求解。实际上，维特比算法就是用动态规划法来求解 HMM 的预测问题的，即用动态规划法求概率最大路径。

假设隐马尔可夫链生成的状态随机序列为 $Q=q_1,q_2,\cdots,q_T$，它的所有可能的状态集合为 $S=\{s_1,s_2,\cdots,s_N\}$。为简化表示，将状态集合 $\{s_1,s_2,\cdots,s_N\}$ 用整数编号 $\{1,2,\cdots,N\}$ 表示。一个隐马尔可夫链可以构造网络结构图，如图 4-4 所示。

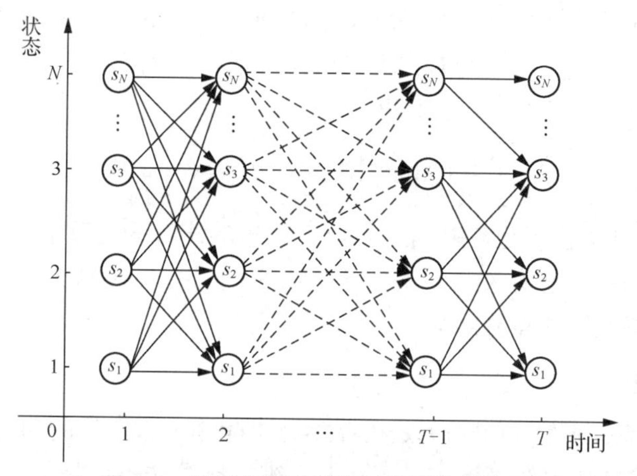

图 4-4　隐马尔可夫链构造的网络结构图

维特比算法就是根据隐马尔可夫链构造的网络结构图，用动态规划法求从时刻 1 到时刻 T 的概率最大路径。假设 $\delta_{t-1}(i)$ 为 $t-1$ 时刻，HMM 沿着某一路径到达状态 s_i，并输出观测序列 $o_1,o_2,\cdots,o_{t-1}$ 的最大概率，由式（4-39）可得式（4-40）。

$$\delta_{t-1}(i)=\max_{q_1,\cdots,q_{t-1}}\prod_{k=1}^{t-1}p(q_k\mid q_{k-1})p(o_k\mid q_k) \tag{4-40}$$

由式（4-40）可得变量 δ 的递推公式，如式（4-41）所示。

$$\begin{aligned}\delta_t(i)&=\max_{q_1,\cdots,q_t}\prod_{k=1}^{t-1}p(q_k\mid q_{k-1})p(o_k\mid q_k)*p(q_t=s_i\mid q_{t-1})p(o_t\mid q_t=s_i)\\&=\max_{1\leqslant j\leqslant N}[\delta_{t-1}(j)*a_{ji}]b_i(o_t)\end{aligned} \tag{4-41}$$

其中 $i=1,2,\cdots,N$，$t=2,\cdots,T-1$。

为了记录在时刻 t，HMM 通过哪一条概率最大的路径达到状态 s_i，维特比算法设置了另外一个变量 ψ 用于记录该路径上状态的前一个时刻的状态。定义在时刻 t 状态为 s_i 的概率最大路径中前一个时刻的状态如式（4-42）所示。

$$\psi_t(i)=\arg\max_{1\leqslant j\leqslant N}[\delta_{t-1}(j)a_{ji}],\quad i=1,2,\cdots,N \tag{4-42}$$

（3）维特比算法步骤如下。

① 初始化。$\delta_1(i)=\pi_i b_i(o_1)$，$1\leqslant i\leqslant N$，$\psi_1(i)=0$。

② 递推计算。$\delta_t(i)=\max_{1\leqslant j\leqslant N}[\delta_{t-1}(j)\cdot a_{ji}]\cdot b_i(o_t)$，$2\leqslant t\leqslant T,1\leqslant i\leqslant N$。

③ 记忆回退路径。$\psi_t(i)=\arg\max_{1\leqslant j\leqslant N}[\delta_{t-1}(j)\cdot a_{ji}]\cdot b_i(o_t)$，$2\leqslant t\leqslant T,1\leqslant i\leqslant N$。

④ 终止。$i_T^* = \arg\max_{1 \leqslant i \leqslant N}[\delta_T(i)]$，$p_T^*(i_T^*) = \max_{1 \leqslant i \leqslant N}[\delta_T(i)]$。

⑤ 路径（状态序列）回溯。$i_t^* = \psi_{t+1}(i_{t+1}^*)$，$t = T-1, T-2, \cdots, 1$。

下面通过一个例子说明维特比算法的过程。假定某地区的天气只分雨天和晴天，初始状态下雨天的概率为 0.6，晴天的概率为 0.4，两种天气状态之间转移概率和不同天气状态下产生的温度感受对应发射概率如图 4-5 所示，已知该地区 3 天的温度感受分别是热、温和、凉爽，请判断这 3 天的实际天气状况（雨天，晴天）。

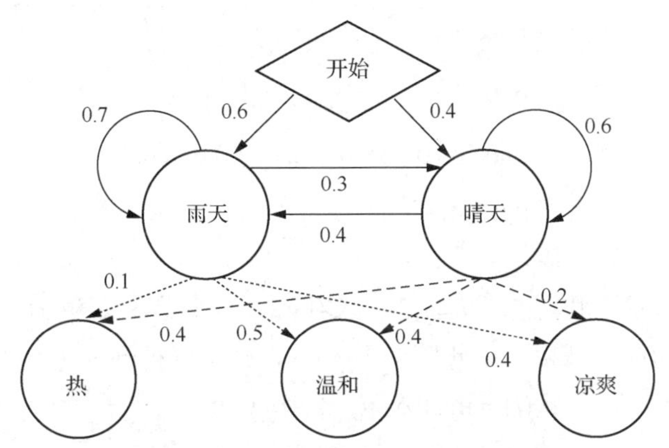

图 4-5 天气状态转移概率和发射概率

由已知条件可知，状态集合为 $S = \{s_1, s_2\} = \{1,2\}$，其中 1 表示雨天、2 表示晴天；观测序列 $O = o_1, o_2, o_3$，o_1、o_2、o_3 分别表示热、温和、凉爽。由图 4-5 可以得到状态转移概率为 $A = \begin{pmatrix} 0.7 & 0.3 \\ 0.4 & 0.6 \end{pmatrix}$，发射概率矩阵为 $B = \begin{pmatrix} 0.1 & 0.5 & 0.4 \\ 0.4 & 0.4 & 0.2 \end{pmatrix}$，初始概率分布为 $\pi = (0.6, 0.4)$。

利用维特比算法，分 4 个步骤解答。

① 初始化。在 $t=1$ 时，对每一个状态 s_i，$i=1,2$，求观测 o_1 为热的概率，记此概率为 $\delta_1(i)$，如式（4-43）所示。

$$\delta_1(i) = \pi_i b_i(o_1), \quad i = 1,2 \tag{4-43}$$

由式（4-43）代入实际数据可得 $\delta_1(1) = 0.6 \times 0.1 = 0.06$，$\delta_1(2) = 0.4 \times 0.4 = 0.16$。记 $\psi_1(i) = 0$，$i = 1,2$。

② 递推计算，记录回退路径。在 $t=2$ 时，对每一个状态 s_i，$i=1,2$，求在 $t=1$ 时状态 s_j 观测为热，并在 $t=2$ 时状态 s_i 观测 o_2 为温和的最大概率，记此概率为 $\delta_2(i)$，如式（4-44）所示。

$$\delta_2(i) = \max_{1 \leqslant j \leqslant 2}[\delta_1(j) \cdot a_{ji}] \cdot b_i(o_2) \tag{4-44}$$

同时，对每一个状态 s_i，$i=1,2$，记录概率最大路径的前一个状态 s_j，如式（4-45）所示。

$$\psi_2(i) = \arg\max_{1 \leqslant j \leqslant 2}[\delta_1(j) a_{ji}], \quad i = 1,2 \tag{4-45}$$

计算过程如式（4-46）所示。

$$\begin{aligned}\delta_2(1) &= \max_{1\leqslant j\leqslant 2}[\delta_1(j)\cdot a_{j1}]\cdot b_1(o_2)\\ &= \max_j\{\delta_1(1)\cdot a_{11},\delta_1(2)\cdot a_{21}\}\cdot b_1(o_2)\\ &= \max_j\{\delta_1(0.06\times 0.7,0.16\times 0.4\}\times 0.5\\ &= 0.032\end{aligned} \tag{4-46}$$

由式（4-45）可知，$\psi_2(1)=2$。

同理可以得到式（4-47）。

$$\begin{aligned}\delta_2(2) &= \max_{1\leqslant j\leqslant 2}[\delta_1(j)\cdot a_{j2}]\cdot b_2(o_2)\\ &= \max_j\{\delta_1(1)\cdot a_{12},\delta_1(2)\cdot a_{22}\}\cdot b_2(o_2)\\ &= \max_j\{\delta_1(0.06\times 0.3,0.16\times 0.6\}\times 0.4\\ &= 0.0384\end{aligned} \tag{4-47}$$

则 $\psi_2(2)=2$。

在 $t=3$ 时，对每一个状态 s_i，$i=1,2$，求在 $t=2$ 时状态 s_j 观测为温和，并在 $t=3$ 时状态 s_i 观测 o_3 为凉爽的最大概率，记此概率为 $\delta_3(i)$，则可以得到式（4-48）～式（4-51）。

$$\delta_3(i)=\max_{1\leqslant j\leqslant 2}[\delta_2(j)\cdot a_{ji}]\cdot b_i(o_3) \tag{4-48}$$

$$\psi_3(i)=\arg\max_{1\leqslant j\leqslant 2}[\delta_2(j)a_{ji}],\quad i=1,2 \tag{4-49}$$

$$\begin{aligned}\delta_3(1) &= \max_{1\leqslant j\leqslant 2}[\delta_2(j)\cdot a_{j1}]\cdot b_1(o_3)\\ &= \max_{1\leqslant j\leqslant 2}\{0.032\cdot 0.7,0.0384\cdot 0.4\}\cdot 0.4\\ &= 0.009\end{aligned} \tag{4-50}$$

$$\begin{aligned}\delta_3(2) &= \max_{1\leqslant j\leqslant 2}[\delta_2(j)\cdot a_{j2}]\cdot b_2(o_3)\\ &= \max_{1\leqslant j\leqslant 2}\{0.032\cdot 0.3,0.0384\cdot 0.6\}\cdot 0.2\\ &= 0.0046\end{aligned} \tag{4-51}$$

此时 $\psi_3(1)=1$，$\psi_3(2)=2$。

③ 终止。以 p^* 表示最优路径的概率，则 $p^*=\max_{1\leqslant i\leqslant 2}\delta_3(i)=\delta_3(1)$。

④ 路径（状态序列）回溯。最优路径的终点是 i_3^*，$i_3^*=\arg\max_{1\leqslant j\leqslant 2}[\delta_3(j)]=1$。

由最优路径的终点 i_3^*，逆向找到 i_2^* 和 i_1^*。在 $t=2$ 时，$i_2^*=\psi_3(i_3^*)=\psi_3(1)=1$；在 $t=1$ 时，$i_1^*=\psi_2(i_2^*)=\psi_2(1)=2$。于是求得最优路径，即最优状态序列 $I^*=(i_1^*,i_2^*,i_3^*)=(2,1,1)$。因此，这 3 天的天气情况最有可能是晴天、雨天、雨天。

4.4 中文分词工具 jieba

基于规则或词典、n-gram 模型、HMM、条件随机场模型等分词方法在实际应用中效果差异并不大。分词技术更多以一种分词方法为主，其余分词方法为辅达到较高的分词准确率。最常用的方法是以基于词典的分词方法为主，以统计分词方法为辅进行中文分词。这种方法既能较好地处理未登录词和歧义词，又能避免词典准确率带来的问题。中文分词工具 jieba 就采用了这种方法进行中文分词。

随着近年来 NLP 技术的快速发展，NLP 中实现中文分词的工具逐渐增多，其中包括 Ansj、HanLP 和盘古分词等分词工具。在实际开发与研究过程中，使用 jieba 进行中文分词的人员占大多数。

相比其他分词工具，jieba 不仅包含分词这一功能，而且还提供了许多分词以外的算法。jieba 使用简单，并且支持 Python、R、C++等多种编程语言的实现，对新手而言是一个较好的入门分词工具。在 GitHub 社区，jieba 长期有着较高的讨论度，社区中也有不少 jieba 分词实例，遇到问题时可以在社区反馈。

4.4.1 基本步骤

jieba 分词结合了基于规则和基于统计的分词方法，分词过程包含 3 个步骤。

（1）基于前缀词典快速扫描词图，搭建可能的分词结果的有向无环图，构成多条分词路径。例如，待分词语句为“天津市河西区有点远”，词典中出现了“天”字，以“天”开头的词语都会出现，如“天津”，继而出现“天津市”“天津市河西区”，前缀词典是按照包含前缀词顺序进行的。有向无环图是指所有的分词路径都按照正向的顺序，如果将每一个词语看成一个节点，那么分词路径对应从第一个字到最后一个字的分词方式，词语之间不能构成一个回路。

（2）采用动态规划的方法寻找最大概率路径，从右往左反向计算最大概率，以此类推，得到概率最大的分词路径，作为最终的分词结果。

（3）采用 HMM 处理未登录词，借助模型中语句构成的 4 个状态 B、M、E、S 推导，最后利用维特比算法求解最优分词路径。

4.4.2 分词模式

jieba 分词支持精确模式、全模式和搜索引擎模式。

（1）精确模式采用最精确的方式将语句切分，适用于文本分析。

（2）全模式可以快速地扫描语句中所有可以成词的部分，但无法解决歧义问题。

（3）搜索引擎模式在精确模式的基础上再切分长词，适用于搜索引擎的分词。

下面对一句话采用 3 种分词模式进行分词，以介绍 jieba 的分词模式。

进入 NLP 虚拟环境，输入“conda install jieba”或“pip install jieba”命令安装 jieba，安装成功后检查安装列表中是否出现 jieba，如果有则表示安装成功。

打开 Spyder，使用 3 种分词模式进行分词，如代码 4-2 所示。

代码 4-2 使用 3 种分词模式进行分词

```
import jieba
text = '中文分词是自然语言处理的一部分！'
seg_list = jieba.cut(text, cut_all=True)
print('全模式：', '/ ' .join(seg_list))
seg_list = jieba.cut(text, cut_all=False)
print('精确模式：', '/ '.join(seg_list))
seg_list = jieba.cut_for_search(text)
print('搜索引擎模式', '/ '.join(seg_list))
```

运行代码 4-2 后，3 种分词模式的结果如下。

```
全模式： 中文/ 分词/ 是/ 自然/ 自然语言/ 语言/ 处理/ 的/ 一部/ 一部分/ 部分/ /
精确模式： 中文/ 分词/ 是/ 自然语言/ 处理/ 的/ 一部分/ !
搜索引擎模式： 中文/ 分词/ 是/ 自然/ 语言/ 自然语言/ 处理/ 的/ 一部/ 部分/ 一部分/ !
```

全模式和搜索引擎模式会输出所有可能的分词结果，精确模式仅输出一种分词，除了一些适合使用全模式和搜索引擎模式的场合，一般情况下会使用精确模式。

这 3 种分词模式的分词主要用 jieba.cut 函数和 jieba.cut_for_search 函数。jieba.cut 函数可输入 3 个参数，分别是待分词字符串、cut_all 参数（用于选择是否采用全模式，默认为精确模式）、HMM 参数（用于控制是否使用 HMM）。jieba.cut_for_search 函数可输入两个参数，分别是待分词字符串、HMM 参数。

4.5 任务：中文分词的应用

使用 HMM 进行中文分词，将新闻文本分词后提取其中的高频词。

4.5.1 HMM 中文分词

使用 Python 代码实现 HMM 分词的过程主要包括训练 HMM、定义 viterbi 函数、分词 3 个步骤。

1. 训练 HMM

训练 HMM 过程定义了 train 函数，用于在给定语料下，统计并计算各个位置状态的初始概率、转移概率和发射概率。train 函数定义了 3 个用于存放初始概率、转移概率和发射概率的字典，并将结果存至 JSON 文件当中。训练 HMM 的过程包含 4 个步骤。

（1）加载需要的库，输入待分词文本。

（2）读取语料。语料包含国内 2012 年 6 月和 7 月搜狐新闻中国际、体育、社会、娱乐等 18 个频道的新闻内容，对其进行预处理后存放于 trainCorpus.txt 文件中。语料中每句话中的每个词都以空格隔开，读取每一行中的词语并标注其位置状态信息，共有 B、E、M、S 4 种位置状态。

（3）计算概率参数。统计每个出现在词头的位置状态的次数，得到初始状态概率；统计每种位置状态转移至另一种状态的次数，得到转移概率；统计每个位置状态下对应的字及其出现次数，计算时采用加法平滑，得到发射概率。

（4）存储概率参数。将初始概率、转移概率和发射概率写入 JSON 文件中，dumps 函数用于将字典转化为字符串格式，enumerate 函数用于将对象组合为一个索引序列。

训练 HMM，如代码 4-3 所示。

代码 4-3 训练 HMM

```
import os
# 若要二次运行，则需删除已生成的 JSON 文件，否则会继续对原文件写入内容并出现解析错误
import json
import datetime

text = '学校是学习的好地方！'
```

```
def train():
    # 初始化参数
    trans_prob = {}  # 转移概率
    emit_prob = {}  # 发射概率
    init_prob = {}  # 位置状态出现次数
    state_list = ['B', 'M', 'E', 'S']
    Count_dict={}
    for state in state_list:
        trans = {}
        for s in state_list:
            trans[s] = 0
        trans_prob[state] = trans
        emit_prob[state] = {}
        init_prob[state] = 0
        Count_dict[state] = 0
    count = -1
    # 读取并处理单词，计算概率矩阵
    path = '../data/trainCorpus.txt'
    for line in open(path, 'r'):
        count += 1
        line = line.strip()
        if not line:
            continue

        # 读取每一行的单词
        word_list = []
        for i in line:
            if i != ' ':
                word_list.append(i)

        # 标注每个单词的位置标签
        word_label = []
        for word in line.split():
            label = []
            if len(word) == 1:
                label.append('S')
            else:
                label += ['B'] + ['M'] * (len(word) - 2) + ['E']
            word_label.extend(label)

        # 统计各个位置状态的出现次数，用于计算概率
        for index, value in enumerate(word_label):
            Count_dict[value] += 1
            if index == 0:
                init_prob[value] += 1
            else:
                trans_prob[word_label[index - 1]][value] += 1
            emit_prob[word_label[index]][word_list[index]] = (
                    emit_prob[word_label[index]].get(
                        word_list[index], 0) + 1.0)
```

```
    # 初始概率
    for key, value in init_prob.items():
        init_prob[key] = value * 1 / count
        # 转移概率
    for key, value in trans_prob.items():
        for k, v in value.items():
            value[k] = v / Count_dict[key]
        trans_prob[key] = value
    # 发射概率，采用加 1 平滑
    for key, value in emit_prob.items():
        for k, v in value.items():
            value[k] = (v + 1) / Count_dict[key]
        emit_prob[key] = value
    # 将 3 个概率矩阵保存至 JSON 文件中
    model = '../tmp/hmm_model.json'
    f = open(model, 'a+')
    f.write(json.dumps(trans_prob) + '\n' + json.dumps(emit_prob) +
            '\n' + json.dumps(init_prob))
    f.close()
```

2. 定义 viterbi 函数

viterbi 函数用于实现维特比算法。将待分词文本输入其中，可以得到最大概率时每个字的位置状态序列。viterbi 函数包含 5 个参数，分别是待分词文本、4 个位置状态、初始概率、转移概率和发射概率。viterbi 函数需要实现以下 3 个步骤。

（1）对待分词文本的第一个字，计算 4 个位置状态下的初始概率。在当前语料下，寻找每个字在上述发射概率字典中对应的概率值，计算其发射概率。

（2）求解在 4 个位置状态下，待分词文本中每个字的最大概率的位置状态，求得最大概率位置状态序列。

（3）根据待分词文本末尾字的位置状态，从状态序列中选取其中概率最大的，函数将返回最大的概率值和对应的位置状态序列。

实现 viterbi 算法，如代码 4-4 所示。

代码 4-4 实现 viterbi 算法

```
def viterbi(text, state_list, init_prob, trans_prob, emit_prob):
    V = [{}]
    path = {}
    # 初始概率
    for state in state_list:
        V[0][state] = init_prob[state] * emit_prob[state].get(text[0], 0)
        path[state] = [state]

    # 当前语料中所有的字
    key_list = []
    for key, value in emit_prob.items():
        for k, v in value.items():
            key_list.append(k)
```

```
    # 计算待分词文本的位置状态概率值，得到最大概率位置状态序列
    for t in range(1, len(text)):
         V.append({})
        newpath = {}
        for state in state_list:
            if text[t] in key_list:
                emit_count = emit_prob[state].get(text[t], 0)
            else:
                emit_count = 1
            (prob, a) = max(
                [(V[t - 1][s] * trans_prob[s].get(state, 0)* emit_count, s)
                              for s in state_list if V[t - 1][s] > 0])
            V[t][state] = prob
            newpath[state] = path[a] + [state]
        path = newpath
    # 根据末尾字的位置状态判断最大概率位置状态序列
    if emit_prob['M'].get(text[-1], 0) > emit_prob['S'].get(text[-1], 0):
        (prob, a) = max([(V[len(text) - 1][s], s) for s in ('E', 'M')])
    else:
        (prob, a) = max([(V[len(text) - 1][s], s) for s in state_list])

    return (prob, path[a])
```

3. 分词

分词通过 cut 函数实现。cut 函数的参数 text 为待分词文本。cut 函数利用 JSON 库中的 loads 函数调用已保存的 JSON 文件，再调用 viterbi 算法求得概率最大的位置状态序列，最后判断待分词文本每个字的位置状态，对文本进行分词并输出结果。

需要注意的是，每次程序运行结束后，如果需要再次运行，需要先删除已生成的 JSON 文件，否则会继续对原文件写入内容，出现解析错误。

对搜狐新闻文本进行 HMM 中文分词，如代码 4-5 所示。

代码 4-5 进行 HMM 中文分词

```
def cut(text):
    state_list = ['B', 'M', 'E', 'S']
    model = '../tmp/hmm_model.json'
    # 先检查当前路径下是否有 JSON 文件，如果有 JSON 文件，则需要删除
    if os.path.exists(model):
        f = open(model, 'rb')
        trans_prob = json.loads(f.readline())
        emit_prob = json.loads(f.readline())
        init_prob = json.loads(f.readline())
        f.close()
    else:
        trans_prob = {}
        emit_prob = {}
        init_prob = {}
    # 利用维特比算法求解最大概率位置状态序列
    prob, pos_list = viterbi(text, state_list, init_prob, trans_prob, emit_prob)
    # 判断待分词文本中每个字的位置状态，输出结果
```

```
    begin, follow = 0, 0
    for index, char in enumerate(text):
        state = pos_list[index]
        if state == 'B':
            begin = index
        elif state == 'E':
            yield text[begin: index+1]
            follow = index + 1
        elif state == 'S':
            yield char
            follow = index + 1
    if follow < len(text):
         yield text[follow:]

# 训练，分词
starttime = datetime.datetime.now()
train()
endtime = datetime.datetime.now()
print((endtime-starttime).seconds)

cut(text)
print(text)
print(str(list(cut(text))))
```

运行代码 4-5 后，得到的结果如下。

```
学校是学习的好地方!
['学校', '是', '学习', '的', '好', '地方', '! ']
```

4.5.2 提取新闻文本中的高频词

如果一个词语在一篇文档中频繁出现并且有意义，说明该词语能很好地代表这篇文档的主要特征，这样的词语称为高频词。这种词语在单篇文档中是关键词，在类似于新闻的文章中是热词。字词的重要性随着它在文档中出现次数的增加而上升，随着它在语料库中出现频率的升高而下降。

提取高频词时常常会遇到两个问题。一是分词前需要删除语句之间的标点符号；二是需要删除类似“是”“在”“的”等常用的停用词。利用 jieba 提取高频词包含 3 个步骤，具体如下。

（1）读取 news.txt 文件。这是一个存放新闻文本的文件，新闻内容来自搜狐新闻。

（2）加载停用词文件 stopword.txt，对新闻内容进行 jieba 分词。

（3）提取出现频率最高的前 10 个词语，依次输出文档内容、分词后的文档和出现频率最高的 10 个词语。

提取新闻文本中的高频词，如代码 4-6 所示。

代码 4-6　提取新闻文本中的高频词

```
import jieba
def word_extract():
    # 读取文件
    corpus = []
```

```
    path = '../data/news.txt'
    content = ''
    for line in open(path, 'r', encoding='gbk', errors='ignore'):
        line = line.strip()
        content += line
    corpus.append(content)
    # 加载停用词
    stop_words = []
    path = '../data/stopword.txt'
    for line in open(path, encoding='utf8'):
        line = line.strip()
        stop_words.append(line)
    # jieba 分词
    split_words = []
    word_list = jieba.cut(corpus[0])
    for word in word_list:
        if word not in stop_words:
            split_words.append(word)
    # 提取前 10 个高频词
    dic = {}
    word_num = 10
    for word in split_words:
        dic[word] = dic.get(word, 0) + 1
    freq_word = sorted(dic.items(), key = lambda x: x[1],
                        reverse=True) [: word_num]
    print('样本：' + corpus[0])
    print('样本分词效果：' + '/ '.join(split_words))
    print('样本前 10 个高频词：' + str(freq_word))
word_extract()
```

运行代码 4-6 后，输出结果如下。

```
样本分词效果:先天性/ 心脏病/ 几岁/ 根治/ 十几岁/ 变/ 难治/ 几十岁/ 成不治/ 中国/ 著名/ 心血管/ 学术/ 领袖/ 胡大一/ 今天/ 表示/ 救治/ 心脏病/ 应从/ 儿童/ 抓起/ 呼吁/ 社会各界/ 关心/ 贫困地区/ 先天性/ 心脏病/ 儿童/ 了解/ 今年/ 五月/ 一日/ 五月/ 三日/ 胡大一/ 爱心/ 工程/ 专家组/ 联合/ 北京军区总医院/ 安徽/ 太和县/ 举办/ 第三届/ 先心病/ 义诊/ 活动/ 安徽/ 太和县/ 国家/ 重点/ 贫困县/ 先天性/ 心脏病/ 高发区/ 受/ 贫苦/ 地区/ 医疗/ 技术/ 条件/ 限制/ 当地/ 很多/ 孩子/ 就医/ 太晚...
样本前 10 个高频词：[('心脏病', 6), ('胡大一', 6), ('中国', 5), ('儿童', 5), ('先天性', 4), ('专家', 4), ('主任委员', 4), ('心血管', 3), ('贫困地区', 3), ('工程', 3)]
```

小结

本章主要介绍了基于规则的分词方法、基于统计的分词方法和 jieba 分词。首先介绍了基于规则的正向最大匹配法、逆向最大匹配法和双向最大匹配法 3 种中文分词方法的基本原理，并使用 Python 实现逆向最大匹配法分词。接着对基于统计的 n 元语法模型和 HMM 分词方法的原理进行了讲解，使用 Python 实现基于 HMM 的分词。最后介绍了中文分词工具 jieba 的分词模式，并使用 jieba 完成高频词的提取。

实训

实训 1　使用 HMM 进行中文分词

1. 训练要点

（1）掌握训练 HMM 的过程。

（2）掌握使用 viterbi 函数实现维特比算法。

（3）掌握对文本进行分词。

2. 需求说明

对新闻语句“深航客机攀枝花机场遇险：机腹轮胎均疑受损，跑道灯部分损坏”使用 HMM 进行中文分词。

3. 实现思路与步骤

（1）定义 train 函数，用于将初始概率、转移概率和发射概率写入 JSON 文件中。

（2）定义 viterbi 函数，用于实现维特比算法。

（3）定义 cut 函数实现分词。

实训 2　提取文本中的高频词

1. 训练要点

掌握利用 jieba 提取新闻文本中高频词的方法。

2. 需求说明

读取新闻文本（flightnews.txt）语料并提取文本中出现频率最高的前 10 个词语。

3. 实现思路与步骤

（1）读取 flightnews.txt 文件。

（2）加载停用词文件 stopword.txt，对新闻内容进行 jieba 分词。

（3）提取出现频率最高的前 10 个词语。

课后习题

1. 选择题

（1）不属于基于规则的分词方法的是（　　）。

A. 正向最大匹配法　　B. 逆向最大匹配法

C. 反向最大匹配法　　D. 双向最大匹配法

（2）不属于未登录词的是（　　）。

A. 网络热门词语　　B. 人名、地名和组织机构名

C. 化学试剂的名称　　D. 经典文学作品

（3）假设有语句序列{小孩,喜欢,在家,观看,动画片}，估计这一语句的概率为（　　），设语料库中总词数为 6000，单词出现的次数如图 4-6 所示。

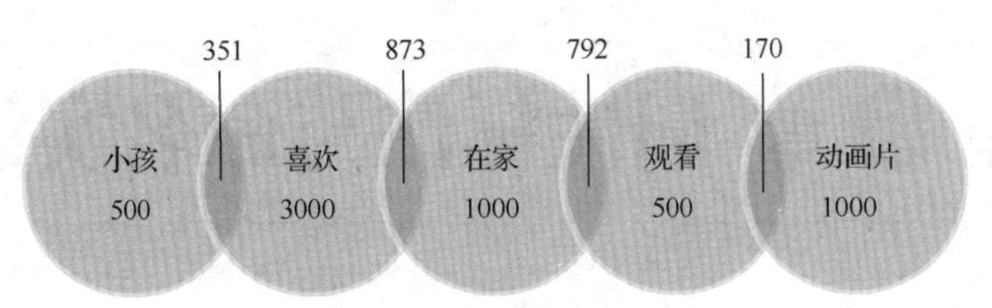

图 4-6　单词出现的次数

A. 0.004584　　B. 0.002223　　C. 0.004558　　D. 0.006587

（4）适合高阶 n-gram 模型的平滑方法为（　　）。

A. 加 1 平滑　　B. 古德-图灵平滑

C. 线性插值平滑　　D. 均值平滑

（5）不属于 jieba 分词步骤的是（　　）。

A. 基于前缀词典快速扫描词图，搭建可能的分词结果的有向无环图，构成多条分词路径。

B. 统计每个出现在词头的位置状态的次数，得到初始概率；统计每种位置状态转移至另一种状态的次数，得到转移概率。

C. 采用动态规划法寻找最大概率路径，从右往左反向计算最大概率，依此类推，得到概率最大的分词路径，作为最终的分词结果。

D. 采用 HMM 处理未登录词，借助模型中语句构成的 4 个状态 B、M、E、S 推导，最后利用维特比算法求解最优分词路径。

2. 操作题

（1）完成本章中的所有代码操作。

（2）仿照逆向最大匹配法的程序，编写正向最大匹配法的 Python 程序。

（3）编写双向最大匹配法的 Python 程序。利用 train 函数、viterbi 函数和 cut 函数对文本 news.txt 进行高频词提取。

第5章 词性标注与命名实体识别

词性标注与命名实体识别是 NLP 中的关键性基础任务。词性标注是很多 NLP 任务中的预处理步骤，经过词性标注后的文本会给信息提取带来很大的便利。命名实体识别是信息提取、信息检索、机器翻译、问答系统等 NLP 技术中的重要组成部分。本章主要介绍词性标注的基本概念、规范和基本方法，以及命名实体识别的基本概念和条件随机场模型，并通过实例演示命名实体识别的实现流程。

学习目标

（1）了解词性标注与命名实体识别的基本概念。
（2）熟悉 jieba 词性标注的流程。
（3）熟悉条件随机场模型的基本原理。
（4）掌握命名实体识别的实现流程。

5.1 词性标注

词性标注是指为分词结果中的每个词标注一个词性的过程，也就是确定每个词是名词、动词、形容词或其他词性的过程。

5.1.1 词性标注简介

中文词性标注与英文词性标注相比有一定的难度，因为中文不像英文可以通过词的形态变化判断词的词性。此外，一个中文词可能有多种词性，在不同的句子中表达的意思也不相同。例如，“学习能使我进步”这句话中的“学习”是名词，而“我要好好学习”这句话中的“学习”是动词。

词性标注主要有基于规则和基于统计两种标注方法。基于规则的标注方法是较早的一种词性标注方法，这种方法需要获取能表达一定的上下文关系及其相关语境的规则库。获取一个好的规则库是比较困难的，主要的获取方式是人工编制包含繁杂的语法或语义信息的词典和规则系统，比较费时费力，并且难以保证规则的准确性。

20 世纪 70 年代末到 20 世纪 80 年代初，基于统计的标注方法开始得到应用。其中具有代表性的是基于统计模型（n 元语法模型和马尔可夫转移矩阵）的词性标注系统，它们通过概率统计的方法进行自动词性标注。基于统计的标注方法主要包括基于最大熵的词性标注、基于统计最大概率输出的词性标注和基于 HMM 的词性标注。基于统计的标注方法能够抑制小概率事件的发生，但会受到长距离搭配上下文的限制，有时基于规则的方法更容易实现。

基于规则的标注方法和基于统计的标注方法在使用的过程中各有所长，但也存在一些缺陷。因此，就有了将基于规则与基于统计相结合的词性标注方法——jieba 词性标注，此方法具有效率高、处理能力强等特点。

5.1.2 词性标注规范

现代汉语中的词性可分为实词和虚词，共有 12 种。实词有名词、动词、形容词、代词、数词、量词；虚词有副词、介词、连词、助词、拟声词、叹词。名词是表示人和事物的名称的实词，动词表示人或事物的动作、行为、发展、变化，形容词表示事物的形状、性质、状态等。通常用一些简单字母编码对中文词性进行标注，如动词、名词、形容词分别用“v”“n”“a”表示。事实上，中文的词性标注至今还没有统一的标注标准，使用较为广泛的有宾州树库和北大词性标注规范。本书采用北大词性标注规范，如表 5-1 所示。

表 5-1 北大词性标注规范

编码	词性名称	注解
Ag	形语素	形容词性语素。形容词代码为 a，语素代码 g 前面置以 A
a	形容词	取英语形容词（adjective）的第一个字母
ad	副形词	直接作状语的形容词。形容词代码 a 和副词代码 d 并在一起
an	名形词	具有名词功能的形容词。形容词代码 a 和名词代码 n 并在一起
b	区别词	取汉字“别”的声母
c	连词	取英语连词（conjunction）的第一个字母
Dg	副语素	副词性语素。副词代码为 d，语素代码 g 前面置以 D
d	副词	取英语副词（adverb）的第二个字母，因其第一个字母已用于形容词
e	叹词	取英语叹词（exclamation）的第一个字母
f	方位词	取汉字“方”的声母
g	语素	绝大多数语素都能作为合成词的“词根”，取汉字“根”的声母
h	前接成分	取英语单词“head”的第一个字母
i	成语	取英语成语（idiom）的第一个字母
j	简称略语	取汉字“简”的声母
k	后接成分	当后接成分前面为较长的短语或句子时，单独标注为 k
l	习用语	习用语尚未成为成语，有点“临时性”，取“临”的声母
m	数词	取英语数字（numeral）的第三个字母，n 和 u 已有他用
Ng	名语素	名词性语素。名词代码为 n，语素代码 g 前面置以 N
n	名词	取英语名词（noun）的第一个字母
nr	人名	名词代码 n 和汉字“人”的声母并在一起

续表

编码	词性名称	注解
ns	地名	名词代码 n 和处所词代码 s 并在一起
nt	机构团体	“团”的声母为 t，名词代码 n 和 t 并在一起
nz	其他专名	“专”的声母的第一个字母为 z，名词代码 n 和 z 并在一起
o	拟声词	取英语拟声词（onomatopoeia）的第一个字母
p	介词	取英语介词（prepositional）的第一个字母
q	量词	取英语量词（quantity）的第一个字母
r	代词	取英语代词（pronoun）的第二个字母，因 p 已用于介词
s	处所词	取英语处所（space）的第一个字母
t	时间词	取英语 time 的第一个字母
Tg	时语素	时间词性语素。时间词代码为 t，在语素的代码 g 前面置以 T
u	助词	取英语助词（auxiliary）的第二个字母，因 a 已用于形容词
Vg	动语素	动词性语素。动词代码为 v，在语素的代码 g 前面置以 V
v	动词	取英语动词（verb）的第一个字母
vd	副动词	直接作状语的动词。动词代码 v 和副词代码 d 并在一起
vn	名动词	指具有名词功能的动词。动词代码 v 和名词代码 n 并在一起
w	标点符号	所有的标点符号
x	非语素字	非语素字只是一个符号，字母 x 通常用于代表未知数、符号
y	语气词	取汉字“语”的声母
z	状态词	取汉字“状”的声母的第一个字母

表 5-1 所示为部分北大词性标注规范的编码及其注解，根据这个标准可以对一些句子段落进行词性标注。例如，句子“元旦来临，安徽省合肥市长江路悬挂起 3300 盏大红灯笼，为节日营造出‘千盏灯笼凌空舞，十里长街别样红’的欢乐祥和气氛。”的标注结果如下。

```
19980101-01-005-002/m 元旦/t 来临/v ，/w 安徽省/ns 合肥市/ns 长江路/ns 悬挂/v 起/v 3300/m 盏/q 大/a 红灯笼/n ，/w 为/p 节日/n 营造/v 出/v “/w 千/m 盏/q 灯笼/n 凌空/v 舞/v ，/w 十/m 里/q 长街/n 别样/r 红/a ”/w 的/u 欢乐/a 祥和/a 气氛/n 。/w
```

5.1.3 jieba 词性标注

jieba 词性标注是基于规则与基于统计相结合的词性标注方法。jieba 词性标注与其分词的过程类似，利用词典匹配与 HMM 共同合作完成词性标注。其词性标注流程可概括为以下两种情况。

（1）如果是汉字，那么将基于前缀词典构建有向无环图，对有向无环图计算最大概率路径，同时在前缀字典中查找所分词的词性。如果没有找到，那么将其标注为“x”（表示词性未知）；如果在标注过程中标志为未知，并且该词为未登录词，就调用 HMM 进行词性标注。

（2）如果不是汉字，就使用正则表达式判断词的类型，并赋予对应的词性，其中“x”表示未知词性，“m”表示数词，“eng”表示英文词。

jieba 词性标注的流程如图 5-1 所示。

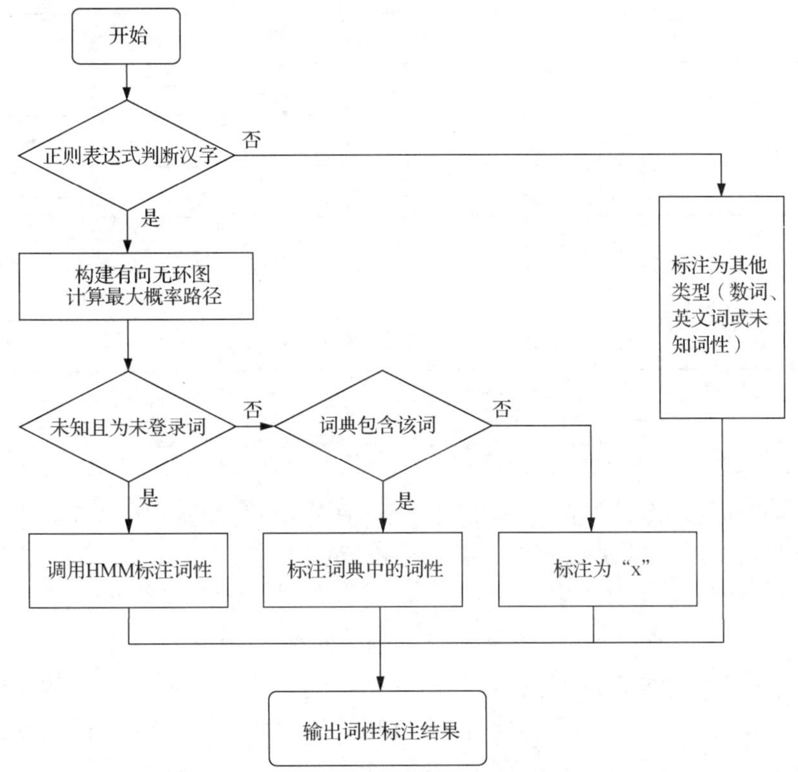

图 5-1　jieba 词性标注的流程

下面以“去森林公园爬山”为例，介绍 jieba 词性标注的流程。

（1）加载离线统计词典。离线统计词典在“chapte\data”文件夹中。词典的每一行有 3 列，第一列是词，第二列是词频，第三列是词性，其示例如表 5-2 所示。

表 5-2　离线统计词典示例

词	词频	词性
1 号店	3	n
1 號店	3	n
4S 店	3	n
A 型	3	n
BB 机	3	n

（2）构建前缀词典。利用离线统计词典构建前缀词典。例如，统计词典中的词“森林公园”的前缀分别是“森”“森林”“森林公”；“公园”的前缀是“公”；“爬山”的前缀是“爬”。统计词典中所有的词形成的前缀词典如表 5-3 所示。

表 5-3　前缀词典

前缀	词频	词性
去	123402	v
森	742	n
林	8581	ng
公	5628	n
园	1914	zg
爬	4046	v
山	23539	n
森林	5024	n
森林公园	3	n
爬山	117	n

（3）构建有向无环图。首先基于前缀词典对输入文本“去森林公园爬山”进行切分。对于“去”，没有前缀，没有其他匹配词，划分为单个词；对于“森”，则有“森”“森林”“森林公园”3 种方式；对于“林”，只有一种划分方式；对于“公”，则有“公”“公园”两种划分方式，依次类推，可以得到每个字开始的前缀词的切分方式。

然后构建字的映射列表。在 jieba 分词中，每个字都是通过在文本中的位置进行标记的，因此可以构建一个以每个字开始位置与相应切分的末尾位置构成的映射列表，如表 5-4 所示。

表 5-4　映射列表

位置	字	映射	注解
0	去	0: [0]	表示 0→0 映射，即开始位置为 0、末尾位置为 0 对应的词，就是“去”
1	森	1: [1,2,4]	表示 1→1、1→2、1→4 的映射，即开始位置为 1、末尾位置为分别为 1、2、4 的词，则有“森”“森林”“森林公园”这 3 个词
2	林	2: [2]	2→2
3	公	3: [3,4]	3→3、3→4，“公”“公园”
4	园	4: [4]	4→4、“园”
5	爬	5: [5,6]	5→5、5→6，“爬”“爬山”
6	山	6: [6]	6→6，“山”

最后，根据映射列表构建有向无环图。对于每一种切分，将相应的首尾位置相连。例如，对于位置 1，映射为 1:[1,2,4]，将位置 1 与位置 1、位置 2、位置 4 相连接，最终构成一个有向无环图，如图 5-2 所示。

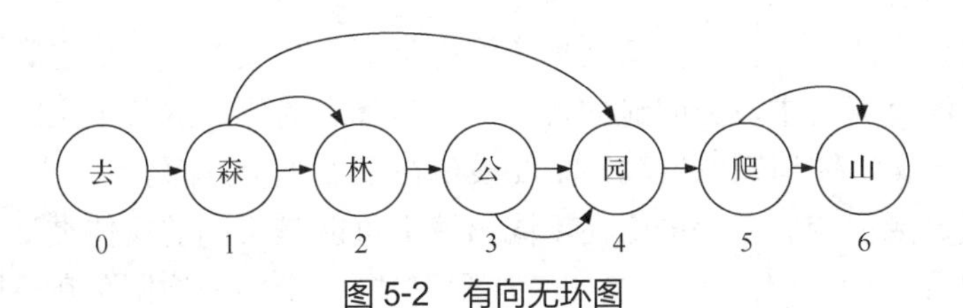

图 5-2　有向无环图

（4）计算最大概率路径。得到有向无环图后，每条有向边的权重（用概率值表示）可以通过前缀词典的词频获得。图 5-2 所示的从起点到终点存在多条路径，每一条路径代表一种分词结果。例如“去/森/林/公/园/爬/山”“去/森林/公园/爬山”“去/森林公园/爬山”。在所有的路径中，需要计算一条概率最大的路径，也就是在所有切分结果中选取概率最大的一种切分。jieba 利用动态规划法计算概率最大的路径，通过从句子的最后一个字开始倒序遍历句子的每个字的方式，计算不同分词结果的概率对数得分。得到概率最大的路径后，就可获得分词的结果，同时在前缀字典中查找所分词的词性，得到分词后的词性标注。

jieba 词性标注在实际应用中使用 psg.cut 函数命令实现，不需要另外编写命令。对“去森林公园爬山”进行词性标注，如代码 5-1 所示。

代码 5-1　对“去森林公园爬山”进行词性标注

```
import jieba.posseg as psg  # 加载jieba中的分词函数
sent = '去森林公园爬山。'
for w, t in psg.cut(sent):
    print(w, '/', t)
```

输出结果如下。

```
去 / v
森林公园 / n
爬山 / n
。 / x
```

在词性标注结果中，“。”被标注为“x”。因为句号是标点符号的一种，所以被标注为未知词性。在实际应用，一些字典中不存在的词会被标注为未知词性“x”，这对词性统计等处理结果会有一定的影响。因此在使用 jieba 自定义字典时，要尽可能完善词典信息。

5.2 命名实体识别

命名实体识别（Named Entity Recognition，NER）中的“命名实体”一般是指文本中具有特别意义或指代性非常强的实体。

5.2.1　命名实体识别简介

命名实体可分为实体类、时间类和数字类 3 大类，以及人名、机构名、地名、时间、日期、货币和百分比 7 小类。命名实体识别在 NLP 中占有重要地位，它是信息提取、机器翻译和问答系统等应用领域里的基础工具。

命名实体识别的任务就是识别出文本中的命名实体。命名实体识别通常分为实体边界识别和实体类别识别两个过程。中文文本中没有类似英文文本中空格之类的显式标示词的边界标示符，也没有英文中较为明显的首字母大写标志的词，这使中文的实体边界识别变得很有挑战性。中文实体识别的挑战性主要表现在以下 3 个方面。

（1）中文词灵活多变。有些词语在不同语境下可能是不同的实体类型，如中国辽宁省有个市叫“沈阳”，中国也有一些人名叫“沈阳”，同一个词“沈阳”在不同语境下可以是地名或人名。有些词语在脱离上下文语境的情况下无法判断是否为命名实体，特别是一些带有特殊意义的名称，如“柠檬”在某些情况下会被认为是一个现代流行的形容词。

（2）中文词的嵌套情况复杂。一些中文的命名实体中常常嵌套另外一个命名实体。例如，“北京大学附属中学”这一组织机构名中还嵌套着同样可以作为组织机构名的“北京大学”，以及地名“北京”。命名实体的互相嵌套情况，为命名实体的识别带来一定的困难。

（3）中文词存在简化表达现象。有时会对一些较长的命名实体词进行简化表达，如“北京大学”通常简化为“北大”，“北京大学附属中学”通常简化为“北大附中”，这无疑也为命名实体的识别带来了一定负担。

命名实体识别实际上是序列标注问题。命名实体识别领域常用的 3 种标注符号 B、I、O 分别代表实体首部、实体内部、其他。在字一级的识别任务中，对人名、地名、机构名的 3 种命名实体 PER、LOC、ORG，定义了 7 种标注的集合 L={B-PER,I-PER,B-LOC,I-LOC,B-ORG,I-ORG,O}，分别代表的是人名首部、人名内部、地名首部、地名内部、机构名首部、机构名内部和其他。例如，“尼克松是出身于加利福尼亚的政治家”，标注序列为{ B-PER, I-PER, I-PER, O, O, O, O, B-LOC, I-LOC, I-LOC, I-LOC, I-LOC, O, O, O, O }。

假设 $x = x_1, x_2, \cdots, x_n$ 为待标注的字观测序列，$S = \{s_1, s_2, \cdots, s_N\}$ 为待标注的状态集合。命名实体识别问题可描述为求概率 $p(y|x)$ 最大的状态序列 $y = y_1, y_2, \cdots, y_n$，其中 $y_i \in S$，如式（5-1）所示。

$$y^* = \arg\max_y p(y|x) \tag{5-1}$$

早期的命名实体识别方法主要是基于规则的方法，后来，基于大规模语料库的统计方法逐渐成为主流。HMM、最大熵马尔可夫模型（Maximum Entropy Markov Model，MEMM）和条件随机场（Conditional Random Field，CRF）是命名实体识别中最常用、最基本的 3 个统计模型。首先出现的是 HMM，其次是 MEMM，最后是 CRF。

5.2.2 CRF 模型

CRF 模型最早由拉弗蒂等人于 2001 年提出，其模型思想主要来源于最大熵模型。CRF 模型是一种基于统计方法的模型，可以被认为是一个无向图模型或一个马尔可夫随机场。它是一种用于标记和切分序列化数据的统计框架模型。相对于 HMM 和 MEMM，CRF 模型没有 HMM 那样严格的独立性假设，同时克服了 MEMM 标记偏置的缺点。

CRF 理论在命名实体识别、语句分词、词性标注等语言处理领域有着十分广泛且深入的应用。与 HMM 不同，CRF 中当前的状态不是只由这一时刻的观测条件给出，而是与整个序列的状态相关，即 CRF 模型输出序列依赖于观测条件下的所有观测数值。CRF 在解决英语浅层分析、英文命名实体识别等任务时取得了良好的效果。CRF 的特性和研究成果表明，它也适用于中文命名实体识别的研究任务。

1. 线性链条件随机场

如果一个随机变量序列 $X = X_1, X_2, \cdots, X_n$ 中各个节点之间的关系是呈线性的，则称序列 X 是一个线性链。

设 $X = X_1, X_2, \cdots, X_n$ 和 $Y = Y_1, Y_2, \cdots, Y_n$ 均为线性链表示的随机变量序列。若在给定观测序列 X 的条件下，随机变量序列 Y 的条件概率分布 $p(Y|X)$ 满足马尔可夫性，如式（5-2）所示。

$$p(Y_i | X, Y_1, Y_2, \cdots, Y_n) = p(Y_i | X, Y_{i-1}, Y_{i+1}),\quad i = 1, 2, \cdots, n \tag{5-2}$$

则称 $p(Y|X)$ 为线性链条件随机场（linear-CRF）。linear-CRF 的结构如图 5-3 所示。

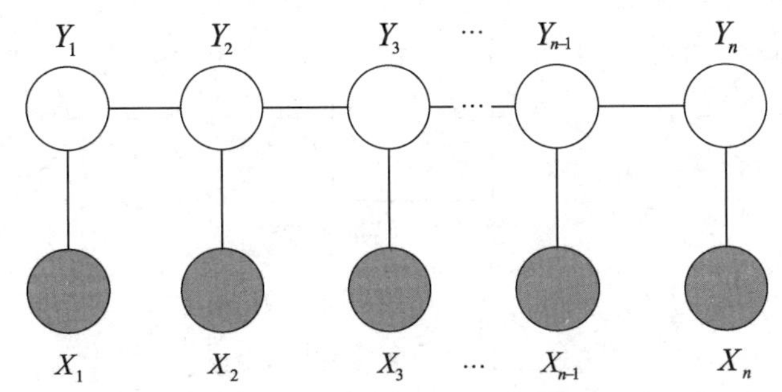

图 5-3　linear-CRF 的结构

2. linear-CRF 参数化形式

linear-CRF 可以用于文本标注问题。在条件概率 $p(Y|X)$ 中，X 表示输入观测序列，Y 表示对应的输出标记序列或状态序列。模型在学习时，利用训练数据通过极大似然估计或正则化的极大似然估计得到条件概率模型 $\hat{p}(Y|X)$；预测时，对给定的输入序列 X，求出条件概率 $\hat{p}(Y|X)$ 最大的输出序列。

如果将 Y 的每一个标注序列当作一个类别，那么可以将序列标注问题看作多分类问题，即输入观测序列 X，求出条件概率 $p(Y|X)$ 最大的类别。在多分类问题中，多项逻辑斯谛回归是最经典的一类模型，如式（5-3）所示。

$$p(Y = c | X = \boldsymbol{x}) = \frac{\exp(\omega_c \cdot \boldsymbol{x})}{\sum_{k=1}^{K} \exp(\omega_k \cdot \boldsymbol{x})},\quad c = 1, 2, \cdots, K \tag{5-3}$$

其中，$\boldsymbol{x}$ 是特征向量，ω 为特征向量的权重。

因为输入序列 X 一般是一段文本序列，所以不能直接使用机器学习算法，需要将它们转化成机器学习算法可以识别的数值特征，然后再交给机器学习算法进行操作。对于序列标注问题，需要先对输入序列 X 进行特征提取。由式（5-2）可知，$p(Y_i|X)$ 条件概率分布与节点 X、Y_{i-1}、Y_i 和 Y_{i+1} 有关。因此，构建的特征函数应该将这些节点信息特征提取出来。选取适当的特征是 CRF 的一项重要任务，特征的选择会直接影响最终标注的质量。

设随机变量 X 取值为 x，Y 取值为 y。序列 X 的特征提取是通过构建特征函数完成的。特征函数包含 4 个参数，分别为文本 x、参数 i（表示文本 x 中第 i 个词）、y_i（第 i 个词的标注值）和 y_{i-1}（第 $i-1$ 个词的标注值）。因为 linear-CRF 满足马尔可夫性，所以只有上下文相关的局部特征函数，没有不相邻节点之间的特征函数。

特征函数分为两类，第一类是定义在 Y 上的转移特征函数 t，这类特征函数只与当前节点 y_i 和上一个节点 y_{i-1} 有关，如图 5-4 所示。

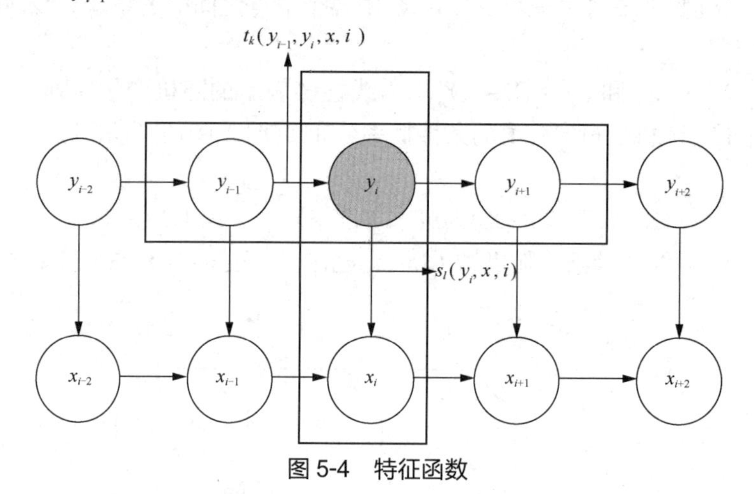

图 5-4　特征函数

特征函数如式（5-4）所示。

$$t_k(y_{i-1},y_i,x,i)\text{，}\quad k=1,2,\cdots,K_1 \tag{5-4}$$

其中，i 表示当前节点在序列中的位置，y_i 表示序列 x 第 i 个字的标注，K_1 是定义在该节点的局部特征函数的总数。

第二类是定义在 Y 节点 y_i 上的状态特征函数 s，这类特征函数只和当前节点有关，如图 5-4 所示。特征函数如式（5-5）所示。

$$s_l(y_i,x,i),\quad l=1,2,\cdots,K_2 \tag{5-5}$$

其中，K_2 是定义在该节点的局部特征函数的总数。

需要注意的是，两类特征函数是人为定义的。特征函数的输出值是 0 或 1，0 表示要标注序列不符合这个特征，1 表示要标注序列符合这个特征。假设 $x=$ “我去广州旅游”，标注的状态集合为 $S=\{B,I,O\}$，分别代表命名实体首部、实体内部、其他。状态特征函数 s 和转移特征函数 t 可以定义为如下形式，如式（5-6）～式（5-11）所示。

$$s_1(y_3=B,x,3)=\begin{cases}1\text{，} & \text{第三个字“广”标注为}B\\0\text{，} & \text{其他}\end{cases} \tag{5-6}$$

$$s_2(y_3=I,x,3)=\begin{cases}1\text{，} & \text{第三个字“广”标注为}I\\0\text{，} & \text{其他}\end{cases} \tag{5-7}$$

$$s_3(y_3=O,x,3)=\begin{cases}1\text{，} & \text{第三个字“广”标注为}O\\0\text{，} & \text{其他}\end{cases} \tag{5-8}$$

$$t_1(y_3=B,y_4=O,x,4)=\begin{cases}1\text{，} & \text{第三、四个字“广州”分别标注为}B\text{、}O\\0\text{，} & \text{其他}\end{cases} \tag{5-9}$$

$$t_2(y_3=B,y_4=I,x,4)=\begin{cases}1\text{，} & \text{第三、四个字“广州”分别标注为}B\text{、}I\\0\text{，} & \text{其他}\end{cases} \tag{5-10}$$

$$t_3(y_3=B,y_4=B,x,4)=\begin{cases}1, & \text{第三、四个字“广州”分别标注为}B\text{、}B\\0, & \text{其他}\end{cases} \tag{5-11}$$

特征函数不限于上述的定义，还可以定义很多个。直观上，上述特征函数 t_1 比 t_3 在语料库中出现的可能性更大，理应拥有更大的权重。同理，可以为每个特征函数赋予一个权值，用于表达这个特征函数的重要性。

构建完特征函数，即可仿照多项逻辑斯谛回归模型定义 linear-CRF 的条件概率分布 $p(Y|X)$。

设 $p(Y|X)$ 为 linear-CRF 的条件概率分布，随机变量 X 取值为 x，则随机变量 Y 取值为 y 的条件概率分布的定义如式（5-12）所示。

$$p(y|x)=\frac{1}{Z(x)}\exp\left(\sum_{i,k}\lambda_k t_k(y_{i-1},y_i,x,i)+\sum_{i,l}\mu_l s_l(y_i,x,i)\right) \tag{5-12}$$

在式（5-12）中，$Z(x)$ 的定义如式（5-13）所示。

$$Z(x)=\sum_y\exp\left(\sum_{i,k}\lambda_k t_k(y_{i-1},y_i,x,i)+\sum_{i,l}\mu_l s_l(y_i,x,i)\right) \tag{5-13}$$

在式（5-13）中，$t_k(y_{i-1},y_i,x,i)$ 和 $s_l(y_i,x,i)$ 称为转移特征函数和状态特征函数，特征函数 t_k 和 s_l 取值为 1 或 0。当满足特征条件时取值为 1，否则为 0。λ_k 和 μ_l 分别是转移函数和状态函数的权重。

3. 特征函数简化形式

为了便于描述，将两类特征函数表示为式（5-14）。

$$f_k(y_{i-1},y_i,x,i)=\begin{cases}t_k(y_{i-1},y_i,x,i), & k=1,2,\cdots,K_1\\s_l(y_i,x,i), & k=l+K_1,l=1,2,\cdots,K_2\end{cases} \tag{5-14}$$

对转移与状态特征在各个位置 i 求和，如式（5-15）所示。

$$f_k(x,y)=\sum_{i=1}^{n}f_k(y_{i-1},y_i,x,i),\quad k=1,2,\cdots,K_1+K_2 \tag{5-15}$$

用 ω_k 表示特征 $f_k(x,y)$ 的权值，如式（5-16）所示。

$$\omega_k=\begin{cases}\lambda_k, & k=1,2,\cdots,K_1\\\mu_l, & k=l+K_1,l=1,2,\cdots,K_2\end{cases} \tag{5-16}$$

这样式（5-12）、式（5-13）可分别表示为式（5-17）、式（5-18）。

$$p_\omega(y|x)=\frac{1}{Z_\omega(x)}\exp\left(\sum_{k=1}^{K}\omega_k f_k(x,y)\right) \tag{5-17}$$

$$Z_\omega(x)=\sum_y\exp\left(\sum_{k=1}^{K}\omega_k f_k(x,y)\right) \tag{5-18}$$

其中，$K=K_1+K_2$。

进一步，若用 $\boldsymbol{F}(x,y)=(f_1(x,y),f_2(x,y),\cdots,f_K(x,y))^{\mathrm{T}}$ 表示全局特征向量，$\boldsymbol{w}=(\omega_1,\omega_2,\cdots,\omega_K)^{\mathrm{T}}$ 表示权值向量，则式（5-17）和式（5-18）可以表示为内积形式，如式（5-19）和式（5-20）所示。

$$p_{\omega}(y|x)=\frac{\exp\left(\boldsymbol{w}\cdot\boldsymbol{F}(x,y)\right)}{Z_w(x)} \tag{5-19}$$

$$Z_{\omega}(x)=\sum_{y}\exp\left(\boldsymbol{w}\cdot\boldsymbol{F}(x,y)\right) \tag{5-20}$$

4. 条件随机场的参数估计问题

在式（5-19）和式（5-20）中，参数$\boldsymbol{\omega}$是未知的，linear-CRF 模型参数需要通过训练数据进行估计。

假定对于训练数据有一组样本集$D=\{x_j,y_j\}$，其中$j=1,2,\cdots,N$，样本之间是相互独立的，$\hat{p}(x,y)$为训练样本中(x,y)的经验概率。对于条件概率模型$p_w(y|x)$，训练数据样本集D的对数似然函数如式（5-21）所示。

$$L(\boldsymbol{\omega})=\sum_{x,y}\hat{p}(x,y)\log p_w(y|x) \tag{5-21}$$

由式（5-17）、式（5-18）可得式（5-22）。

$$\begin{aligned}L(\boldsymbol{\omega})&=\sum_{x,y}\left[\hat{p}(x,y)\sum_{k=1}^{K}\omega_k f_k(x,y)-\hat{p}(x,y)\log Z_w(x)\right]\\&=\sum_{j=1}^{N}\hat{p}(x_j,y_j)\sum_{k=1}^{K}\omega_k f_k(x_j,y_j)-\hat{p}(x_j,y_j)\sum_{j=1}^{N}\log Z_w(x_j)\end{aligned} \tag{5-22}$$

其中$\boldsymbol{\omega}=(\omega_1,\omega_2,\cdots,\omega_K)^{\mathrm{T}}$是需要估计的权重参数。

已知训练数据集D，由此可知经验概率分布$\hat{p}(x,y)$。可以通过极大化训练数据的对数似然函数求模型参数。具体的优化算法有改进的迭代尺度法、梯度下降法和拟牛顿法。有兴趣的读者可以查阅相关资料学习。

5. 条件随机场的预测问题

预测问题就是给定条件随机场$p(Y|X)$和输入序列x（观测序列），求条件概率最大的输出序列y^*（标记序列），如式（5-23）所示。

$$\begin{aligned}y^*&=\arg\max_{y} p_{\omega}(y|x)\\&=\arg\max_{y}\frac{\exp\left(\boldsymbol{w}\cdot\boldsymbol{F}(x,y)\right)}{Z_{\omega}(x)}\\&=\arg\max_{y}\exp\left(\boldsymbol{w}\cdot\boldsymbol{F}(x,y)\right)\\&=\arg\max_{y}\boldsymbol{w}\cdot\boldsymbol{F}(x,y)\end{aligned} \tag{5-23}$$

可以利用动态优化的算法求解式（5-23），常用的求解方法有 Viterbi 动态优化法。

5.3 任务：中文命名实体识别

在中文命名实体识别中，比较常见的是对文本中的时间、人名、地名和组织机构名进行识别。本节将使用 sklearn-crfsuite 库对时间、人名、地名和组织机构名进行命名实体识别。

5.3.1 sklearn-crfsuite 库简介

CRFsuite 基于 C/C++实现了条件随机场模型，可用于快速训练和序列标注。sklearn-crfsuite 库是基于 CRFsuite 库的一款轻量级的 CRF 库，提供了条件随机场的训练、预测和评测方法。该库可兼容 sklearn 算法，因此可以结合 sklearn 库的算法设计命名实体识别系统。

启动 Anaconda Prompt，在命令行输入并执行 “pip install sklearn-crfsuite” 命令安装 sklearn-crfsuite 库。

5.3.2 命名实体识别流程

使用 sklearn-crfsuite 库进行中文命名实体识别的步骤包括文本预处理（语料预处理、语料初始化、训练数据），以及模型训练与预测（模型训练、模型预测）。其中将实现文本预处理步骤的代码定义为 CorpusProcess 类，实现模型训练与预测步骤的代码定义为 CRF_NER 类。

CorpusProcess 类主要实现的内容包括语料读取与写入、语料预处理（全角转半角、连接姓和名、合并中大粒度分词与时间）、语料初始化（初始化字序列、词性序列、标记序列）、训练数据（窗口切分、特征提取）。CorpusProcess 类的框架如代码 5-2 所示。

代码 5-2 CorpusProcess 类的框架

```
class CorpusProcess(object):
    # 初始化
    def __init__(self):
        pass

    # 读取语料
    def read_corpus_from_file(self, file_path):
        pass

    # 写入语料
    def write_corpus_to_file(self, data, file_path):
        pass

    # 全角转半角
    def q_to_b(self, q_str):
        pass

    # 处理姓名，将姓和名连接在一起，如：张/nr 三/nr
    def process_nr(self, words):
        pass

    # 处理语料库中大粒度分词，如：[湖南/n  电视台/n]nt
    def process_k(self, words):
        pass

    # 处理分开的时间，如：1999年/t  12月/t
    def process_t(self, words):
```

```
        pass

    # 语料预处理和存储
    def pre_process(self):
        pass

    # 由词性提取标签
    def pos_to_tag(self, p):
        pass

    # 标签使用BIO模式
    def tag_perform(self, tag, index):
        pass

    # 语料初始化
    def initialize(self):
        pass

    # 初始化字序列、词性序列、标记序列
    def init_sequence(self, words_list):
        pass

    # 窗口切分
    def segment_by_window(self, words_list=None, window=3):
        pass

    # 特征提取
    def extract_feature(self, word_grams):
        pass

    # 训练数据
    def generator(self):
        pass

    # 标签使用BIO模式
    def tag_perform(self, tag, index):
        pass

    # 语料初始化
    def initialize(self):
        pass

    # 初始化字序列、词性序列、标记序列
    def init_sequence(self, words_list):
        pass

    # 窗口切分
    def segment_by_window(self, words_list=None, window=3):
        pass
```

```
    # 特征提取
    def extract_feature(self, word_grams):
        pass

    # 训练数据
    def generator(self):
        pass
```

CRF_NER类主要实现的内容包括语料预处理执行、模型定义、模型训练与保存、模型预测。CRF_NER类的框架如代码5-3所示。

代码5-3 CRF_NER类的框架

```
class CRF_NER(object):
    # 初始化
    def __init__(self):
        pass

    # 初始化CRF模型参数
    def initialize_model(self):
        pass

    # 模型训练
    def train(self):
        pass

    # 模型测试
    def predict(self, sentence):
        pass
```

1. 语料预处理

本小节使用的数据来源于1998年《人民日报》分词数据集，该数据集中的所有词已经标注了词性，其中部分数据集示例如下。

```
19980101-02-014-004/m  [延安/ns  供水/vn  工程/n]nz  日/q  供水/v  五万/m  吨/q  ，/w  可/v  解决/v  市区/s  十三万/m  人口/n  生活/vn  用水/n  和/c  沿途/b  一点六六万/m  农村/n  人口/n  、/w  一点五五万/m  头/q  大/a  家畜/n  的/u  饮水/n  问题/n  ，/w  可/v  基本/ad  满足/v  城市/n  建设/vn  中长期/j  的/u  需水/vn  要求/n  。/w
```

由于数据集中存在字符格式不统一、姓氏与名字分为两个词语等问题，因此需要对语料进行统一格式化处理，主要包括以下4个内容。

① 将语料全角字符统一转为半角字符。

② 处理姓名，将姓和名连接在一起，如：张/nr 三/nr。

③ 处理合并语料库中括号中的大粒度分词，如：[湖南/n 电视台/n]ns。

④ 处理合并语料库中分开标注的时间，如：12月/t 31日/t。

2. 语料初始化

语料初始化包括初始化字序列和词性序列，主要是对语料中的句子、词性、实体分类标记进行区分。

① 由词性提取标签。将语料中的时间、人名、组织机构名和地名分别转化为 T、PER、ORG 和 LOC。

② 标签使用 BIO 模式。本次语料的标签采用 BIO 模式，即实体的第一个字为 B_*，其余字为 I_*，非实体字统一标记为 O。

此外，由于模型采用 tri-gram 形式，因此字符列中需要在句子前后加上占位符（BOS/EOS）。语料初始化的实现过程如代码 5-4 所示。

代码 5-4　语料初始化的实现过程

```
import joblib
import sklearn_crfsuite
class CorpusProcess(object):
# 由词性提取标签
    def pos_to_tag(self, p):
        t = self._maps.get(p, None)
        return t if t else 'O'
# 标签使用BIO模式
    def tag_perform(self, tag, index):
        if index == 0 and tag != 'O':
            return 'B_{}'.format(tag)
        elif tag != 'O':
            return 'I_{}'.format(tag)
        else:
            return tag
# 全角转半角
    def q_to_b(self, q_str):
        b_str = ""
        for uchar in q_str:
            inside_code = ord(uchar)
            if inside_code == 12288:  # 全角空格直接转换
                inside_code = 32
            elif 65374 >= inside_code >= 65281:  # 全角字符（除空格）根据关系转化
                inside_code -= 65248
            b_str += chr(inside_code)
        return b_str
# 语料初始化
    def initialize(self):
        lines = self.read_corpus_from_file(self.process_corpus_path)
        words_list = [line.strip().split('  ') for line in lines if line.strip()]
        del lines
        self.init_sequence(words_list)
# 初始化字序列、词性序列
    def init_sequence(self, words_list):
        words_seq = [[word.split('/')[0] for word in words] for words in 
words_list]
        pos_seq = [[word.split('/')[1] for word in words] for words in words_list]
        tag_seq = [[self.pos_to_tag(p) for p in pos] for pos in pos_seq]
        self.tag_seq = [[[self.tag_perform(tag_seq[index][i], w)
                          for w in range(len(words_seq[index][i]))]
                           for i in range(len(tag_seq[index]))]
```

```
                                        for index in range(len(tag_seq))]
        self.tag_seq = [[t for tag in tag_seq for t in tag] for tag_seq in
self.tag_seq]
        self.word_seq = [['<BOS>'] + [w for word in word_seq for w in word]
                         + ['<EOS>'] for word_seq in words_seq]
```

3. 训练数据

训练数据是指将经过数据处理后的语料切分为整齐序列并提取相应的特征。

① 窗口切分。将每个特征按统一的大小切分成整齐序列。

② 特征提取。提取文本中的字符组合或具有其他意义的标记组成特征，作为特征函数的参数；利用一组函数完成由特征向数值转换的过程，使特征和一个权值对应。

整个训练数据的实现过程如代码 5-5 所示。

代码 5-5 训练数据的实现过程

```
# 窗口切分
    def segment_by_window(self, words_list=None, window=3):
        words = []
        begin, end = 0, window
        for _ in range(1, len(words_list)):
            if end > len(words_list):
                break
            words.append(words_list[begin: end])
            begin = begin + 1
            end = end + 1
        return words
# 特征提取
    def extract_feature(self, word_grams):
        features, feature_list = [], []
        for index in range(len(word_grams)):
            for i in range(len(word_grams[index])):
                word_gram = word_grams[index][i]
                feature = {'w-1': word_gram[0],
                           'w': word_gram[1], 'w+1': word_gram[2],
                           'w-1:w': word_gram[0] + word_gram[1],
                           'w:w+1': word_gram[1] + word_gram[2],
                           'bias': 1.0}
                feature_list.append(feature)
            features.append(feature_list)
            feature_list = []
        return features
# 训练数据
    def generator(self):
        word_grams = [self.segment_by_window(word_list) for word_list in
self.word_seq]
        features = self.extract_feature(word_grams)
        return features, self.tag_seq
```

4. 模型训练

模型训练由初始化模型参数、数据预处理与模型定义、模型训练 3 个部分组成。

① 初始化模型参数。定义优化算法、迭代次数和基本模型参数。其中优化算法选用了无约束优化算法 L-BFGS，该算法是解决无约束非线性规划问题最常用的方法，具有收敛速度快、内存开销小等优点。

② 数据预处理与模型定义。执行数据预处理模块并定义模型。

③ 模型训练。将数据集中前 500 行数据作为训练集，其余数据作为测试集，接着进行模型训练，最后将模型结果保存。

整个模型训练的实现过程如代码 5-6 所示。

代码 5-6 模型训练的实现过程

```
class  CRF_NER(object):
# 初始化 CRF 模型参数
    def __init__(self):
        self.algorithm = 'lbfgs'
        self.c1 = '0.1'
        self.c2 = '0.1'
        self.max_iterations = 100  # 迭代次数
        self.model_path = '../data/model.pkl'
        self.corpus = CorpusProcess()  # 加载语料预处理模块
        self.model = None
# 定义模型
    def initialize_model(self):
        self.corpus.pre_process()  # 语料预处理
        self.corpus.initialize()  # 初始化语料
        algorithm = self.algorithm
        c1 = float(self.c1)
        c2 = float(self.c2)
        max_iterations = int(self.max_iterations)
        self.model = sklearn_crfsuite.CRF(algorithm=algorithm, c1=c1, c2=c2,
                                          max_iterations=max_iterations,
                                          all_possible_transitions=True)
# 模型训练
    def train(self):
        self.initialize_model()
        x, y = self.corpus.generator()
        x_train, y_train = x[500: ], y[500: ]
        x_test, y_test = x[: 500], y[: 500]
        self.model.fit(x_train, y_train)
        labels = list(self.model.classes_)
        labels.remove('O')
        y_predict = self.model.predict(x_test)
        metrics.flat_f1_score(y_test, y_predict, average='weighted', labels=
labels)
        sorted_labels = sorted(labels, key=lambda name: (name[1: ], name[0]))
        print(metrics.flat_classification_report(
            y_test, y_predict, labels=sorted_labels, digits=3))
        # 保存模型
        joblib.dump(self.model, self.model_path)
```

5. 模型评价

在模型训练的过程中，可以通过精确率 P（precision）、召回率 R（recall）和 $F1$ 值（f1-score）3 项指标测评中文命名实体识别的识别性能和效果，计算公式分别如式（5-24）、式（5-25）、式（5-26）所示。

$$P=\frac{N_c}{N_d} \tag{5-24}$$

$$R=\frac{N_c}{N_t} \tag{5-25}$$

$$F1=2\times\frac{P\times R}{P+R} \tag{5-26}$$

其中，P 表示识别出的命名实体中出现在测试结果中的比例，R 表示标准结果中被正确识别出的命名实体的比例，N_c 表示正确找出的命名实体数，N_d 表示测试结果中的所有命名实体数，N_t 表示测试集中实际命名实体数。

模型训练过程中输出的测评指标如下。

```
             precision    recall    f1-score   support
     B_LOC     0.944       0.827     0.882       266
     I_LOC     0.892       0.801     0.844       1203
     B_ORG     0.941       0.913     0.927       682
     I_ORG     0.932       0.869     0.899       997
     B_PER     0.985       0.918     0.951       440
     I_PER     0.983       0.939     0.961       824
       B_T     0.993       0.993     0.993       444
       I_T     0.995       0.995     0.995       1099
avg / total    0.953       0.904     0.928       5955
```

其中 LOC、ORG、PER、T 分别表示地名、组织机构名、人名、时间，precision、recall、f1-score、support 则为对应的准确率、召回率、$F1$ 值和参与训练样本数。

从测评指标结果看，总训练样本 5955 个，平均预测准确率 0.953，平均召回率 0.904，平均 $F1$ 值 0.928，总体模型训练效果较好。

6. 模型预测

模型预测需要先对待预测语料进行数据预处理，然后加载训练完成的模型进行预测，并输出语料中存在的命名实体。模型预测的实现过程如代码 5-7 所示。

代码 5-7　模型预测的实现过程

```
def predict(self, sentence):
# 加载模型
      self.model = joblib.load(self.model_path)
      u_sent = self.corpus.q_to_b(sentence)
      word_lists = [['<BOS>'] + [c for c in u_sent] + ['<EOS>']]
      word_grams = [
          self.corpus.segment_by_window(word_list) for word_list in
word_lists]
      features = self.corpus.extract_feature(word_grams)
      y_predict = self.model.predict(features)
      entity = ''
```

```
    for index in range(len(y_predict[0])):
        if y_predict[0][index] != 'O':
            if index > 0 and(
                    y_predict[0][index][-1] != y_predict[0][index -
1][-1]):
                entity += ' '
            entity += u_sent[index]
        elif entity[-1] != ' ':
            entity += ' '
    return entity
```

输入两个句子，使用训练完成的模型进行预测，如代码 5-8 所示。

代码 5-8　使用训练完成的模型进行预测

```
ner=CRF_NER()
sentence1 = '2019年10月1日是一个重要日子，在陕西、江西、广东，'\
            '村委会服务中心集纳了百姓所需的各类服务：有的干部组织开展农技指导工作，'\
            '让农产品越种越好；有的商店成为生活驿站，养老金领取、银行存取款、快递包裹寄'\
            '取、电商代销代购等都能在这“一站式”解决；有的重点关注老人和儿童，让他'\
            '们活动有去处、有事做，为生活增添色彩。'
output1 = ner.predict(sentence1)
print(output1)
sentence2 = '1995年，君乐宝乳业集团总裁魏立华创办君乐宝酸奶。凭着对产品质量的孜孜'\
            '追求，君乐宝乳业迅速成长，2012年销售额达到20亿元。'
output2 = ner.predict(sentence2)
print(output2)
```

运行代码 5-8 后，模型输出结果如下。

```
2019年10月1日　陕西　江西　广东
1995年　君乐宝乳业集团　魏立华　2012年
```

从输出结果可以看出，模型能正确将第一条语料中的时间、地名识别并输出；第二条语料中的时间、公司名称、人名等命名实体能被完全识别并输出，效果最佳；总体上看，该模型的命名实体识别效果较好。

第一条语料中只有部分命名实体被识别并输出，是因为该语料较为复杂，命名实体较难被识别出。对于这种情况，可以通过丰富训练数据语料库、增加训练次数等方式优化模型，以达到提高模型识别准确率的目的。

小结

本章主要介绍了词性标注和基于条件随机场的命名实体识别。首先介绍了词性标注，重点介绍了基于规则和基于统计相结合的方法——jieba 词性标注方法。然后介绍了命名实体识别，着重介绍了条件随机场的基本概念和基于条件随机场的命名实体识别的过程。最后利用条件随机场对命名实体识别过程进行讲解。

实训　中文命名实体识别

1．训练要点

掌握中文命名实体识别流程。

2．需求说明

使用 sklearn-crfsuite 库对语句“2020 年 9 月 23 日，‘1+X’证书制度试点第四批职业教育培训评价组织和职业技能等级证书公示，其中广东泰迪智能科技股份有限公司申请的大数据应用开发（Python）位列其中。”中的命名体进行识别。

3．实现思路与步骤

（1）将数据预处理定义为 CorpusProcess 类。

（2）将模型训练与预测定义为 CRF_NER 类。

（3）输出语料中的命名实体。

课后习题

1．选择题

（1）下列关于 jieba 词性标注的流程错误的是（　　）。

A．加载离线统计词典　　B．构建前缀词典

C．构建无向无环图　　D．计算最大概率路径

（2）不属于中文的实体边界识别变得更加有挑战性原因的是（　　）。

A．中文词数量繁多　　B．中文词灵活多变

C．中文词的嵌套情况复杂　　D．中文词存在简化表达现象

（3）CRF 模型思想主要来源于（　　）。

A．无向图模型　B．最大熵模型　C．马尔可夫随机场　D．统计方法

（4）多分类问题中最经典的模型是（　　）。

A．CRF 模型　　B．聚类模型

C．多项逻辑斯谛回归　　D．神经网络模型

（5）下列关于特征函数的输出值是 0 或 1 的叙述正确的是（　　）。

A．0 表示要标注序列不符合这个特征，1 表示要标注序列符合这个特征

B．0 表示要标注序列符合这个特征，1 表示要标注序列不符合这个特征

C．0 和 1 都表示要标注序列符合这个特征

D．0 和 1 都表示要标注序列不符合这个特征

2．操作题

（1）完成本章中的所有代码操作。

（2）找一篇文章进行词性标注练习，查看标注结果。

（3）找一篇文章进行命名实体识别练习，查看识别结果。

第 6 章 关键词提取

文本是海量信息中最大并且使用最广泛的一种数据类型。信息数据虽然能为人们的生活提供便利，但人们在提取其中有价值的信息时仍面临着困难。在 NLP 领域中，常常要从海量的文档中提取关键词汇，这些词汇能在一定程度上体现文档的核心内容，从而帮助用户寻找所需的内容。本章首先介绍关键词提取技术，然后介绍 TF-IDF、TextRank、LSA 和 LDA 关键词提取算法，最后通过实例介绍 TF-IDF、TextRank 和 LSI 三种关键词提取算法的使用。

学习目标

（1）了解关键词提取的基本概念。
（2）了解 TF-IDF、TextRank、LSA 和 LDA 关键词提取算法的基本原理。
（3）熟悉使用 TF-IDF、TextRank 和 LSI 算法实现关键词提取的流程。

6.1 关键词提取技术简介

关键词是能够反映文本主题或内容的词语。关键词这个概念是随着信息检索学科的出现而被提出的，中文关键词是西方信息检索科学移植到中文的直接成果。关键词提取是从单个文本或一个语料库中，根据核心词语的统计和语义分析，选择适当的、能够完整表达主题内容的特征项的过程。

关键词提取技术的应用非常广泛，主要应用对象可以分为人类用户和机器用户。在面向读者的应用中，要求所提取的关键词具有很高的可读性、信息性和简约性。关键词提取技术的主要应用领域有新闻阅读、广告推荐、历史文化研究、论文索引等。在 NLP 中，关键词作为中间产物，应用也非常广泛，主要应用领域有文本聚类、文本分类、机器翻译、语音识别等。

由于关键词具有非常广泛的用途，因此开发出一套实用的关键词提取系统非常重要。这就要求关键词提取算法不仅要在理论上正确，而且还要在工程上具有很好的实践效果。关键词提取系统的实用性主要表现在以下 4 个方面。

（1）可读性。一方面，由于中文的字与字之间是没有空格隔开的，因此需要使用分词工具对文本进行切分，但分词工具对专有名词的切分准确率很低。另一方面，词的表达能力也非常有限，如“市场/经济”，其中任何一个词“市场”或“经济”都无法表达这个短语的含义。因此，系统所提取出的关键词的可读性对系统的实用性影响较大。

（2）高速性。系统应该具有较快的处理速度，能够及时处理大量的文本。例如一个针对各类新闻的关键词提取系统，当新闻产生后，其应该能在数秒内提取出该新闻的关键词，这样才能保证新闻的实时性。

（3）学习性。实用的关键词提取系统应该能处理的文本领域非常广泛，而不是仅局限于特定领域。随着社会的高速发展，各种未登录词、网络新词频频出现，系统应具有较强的学习能力。

（4）健壮性。系统应该具有处理复杂文本的能力，如中、英文混杂的文本，文字、图表、公式混杂的文本。

6.2 关键词提取算法

关键词能概括文本的主题，从而帮助读者快速辨别出所选内容是不是感兴趣的内容。常见的关键词提取算法有 TF-IDF 算法、TextRank 算法和主题模型算法，其中主题模型算法主要包括 LSA 和 LDA 两种算法。

6.2.1 TF-IDF 算法

关键词通常是指对文本内容具有重要代表性的词，即描述性关键词。在文本分类任务中，更关注那些对分类具有重要意义的词，这些词称为区分性关键词。相应地描述性关键词称为非区分性关键词。要得到区分性关键词，需要构建一些基本统计量，然后基于训练文本计算词表中每个词在该统计量上的值，最后依据这些统计量的大小选择所需要的关键词。如果这些统计量具有区分性，那么选出的关键词为区分性关键词，反之为非区分性关键词。

词频-逆文档频率（Term Frequency-Inverse Document Frequency，TF-IDF）算法是基于统计的最传统、最经典的算法，拥有简单而又迅速的优点。TF-IDF 算法的主要思想是字词的重要性随着它在文档中出现次数的增加而上升，并随着它在语料库中出现频率的升高而下降。TF-IDF 算法由词频（Term Frequency，TF）、逆文档频率（Inverse Document Frequency，IDF）两部分组成。

1. 词频

词频是一个词在一篇文档中出现频次的统计量。一个词在一篇文档中出现的频次越高，其对文档的表达能力越强。词频的计算公式如式（6-1）所示。

$$\mathrm{tf}_{i,j}=\frac{n_{i,j}}{\sum_{k}n_{k,j}} \tag{6-1}$$

其中，$n_{i,j}$ 表示词 t_i 在文档 j 中出现的频次，$\sum_{k}n_{k,j}$ 表示文档 j 的总词数。

2. 逆文档频率

逆文档频率是一个词出现在文档集中文档的频次的统计量。一个词在文档集中越少出现在文档中，说明这个词对文档的区分能力越强。逆文档频率的计算公式如式（6-2）

所示。

$$\mathrm{idf}_i = \log \frac{|D|}{\left|\{j : t_i \in d_j\}\right| + 1} \tag{6-2}$$

其中，$|D|$ 表示文档集中的总文档数，$\left|\{j : t_i \in d_j\}\right|$ 表示文档集中文档 d_j 出现词 t_i 的文档个数，分母加 1 是为了避免文档集中没有出现词 t_i，导致分母为零的情况。

词频 TF 注重词在文档中的出现频次，没有考虑到词在其他文档下的出现频次，缺乏对文档的区分能力。逆文档频率 IDF 则更注重词对文档的区分能力，两种算法各有不足之处。假设有如下文档。

```
在山里，孩子们能享受的快乐只有大山和水，多数时候孩子们都是快乐的，他们的想法都是简单且容易满足的，他们总是期望了解大山外面的世界。
```

文档中“孩子们”“快乐”“都是”“他们”“大山”几个词出现的次数都是 2，文档总词数是 60。由式（6-2）可知，这几个词语的 TF 值都为 0.033，但实际上在这段文本中，“孩子们”“快乐”“大山”这 3 个词语更为重要。

同样地，假设文档集共有 2000 篇文档，出现“孩子们”“快乐”“都是”“他们”“大山”这几个词的文档数分别为 60、30、250、200、20，那么每个词的 IDF 值分别为 1.516、1.810、0.901、0.998、1.979。由此可知，“大山”“孩子们”“快乐”比较重要，而“都是”“他们”这类文档中常见的词语，其 IDF 值较低。

综合权衡词频、逆文档频率两个方面衡量词的重要程度，TF-IDF 算法的计算公式如式（6-3）所示。

$$\mathrm{tf}_{i,j} \times \mathrm{idf}_i = \frac{n_{i,j}}{\sum_k n_{k,j}} \times \log \frac{|D|}{\left|\{j : t_i \in d_j\}\right| + 1} \tag{6-3}$$

根据 TF-IDF 算法的计算公式，将上述每个词语的 TF 值和 IDF 值相乘，得到 5 个词语的 TF-IDF 值分别为 0.0455、0.0543、0.027、0.0299、0.0594。因此，选取 TF-IDF 值中相对较大的前 3 个关键词，即“大山”“孩子们”“快乐”作为这篇文档的关键词。通常，会将关键词按照 TF-IDF 值降序排列，然后选出较大的前几个值的关键词。

TF-IDF 算法倾向于过滤常用的词语，保留相对重要的词语，它实际上只考虑了词的出现频次、出现文档的数量这两个方面，对文本内容的利用程度较低。因此，如果利用更多的信息进行关键词提取，会对提升关键词提取的效果有很大帮助，如考虑每个词的词性、词的位置和出现场合等。当考虑词的词性时，可以对名词赋予较高的权重，名词往往含有更多的关键信息。当考虑词的位置时，可以对文本的起始和末尾位置的词赋予较高的权重，始末位置的词往往更为重要。在实际应用中，可以结合应用情况，对算法进行适当的调整，以达到更好的提取效果。

6.2.2 TextRank 算法

TextRank 算法是一种基于图的文本排序算法，它可以用于自动摘要和提取关键词。与 TF-IDF 算法相比，TextRank 算法不同的地方在于，它不需要依靠现有的文档集提取关键词，只需利用局部词汇之间的关系对后续关键词进行排序，随后从文本中提取词或句子，从而实现提取关键词和自动摘要。TextRank 算法的基本思想来自 PageRank 算法。

1. PageRank 算法

PageRank 算法是 1997 年由拉里·佩奇和谢尔盖·布林构建早期的搜索引擎时提出的链接分析算法。最早的搜索引擎是人工对网页进行分类，从而将不同质量的网站区别开。随着互联网的发展，人工分类的方法逐渐无法处理与日俱增的网站。搜索引擎通过计算用户查询关键词和网页内容的相关性的方法给出搜索结果，但这种方法有其局限性。因此，拉里·佩奇和谢尔盖·布林开始研究网页排序问题，PageRank 算法由此诞生。该算法是标识网页重要性的一种网页排名算法，也是衡量一个站点好坏的标准。使用 PageRank 算法计算网页的重要性，可以使更重要的网页在搜索结果中靠前显示。

将每一个网页视为一个节点，将网页之间的链接看作有向边，网页之间就构成一张有向图，即网页链接图，如图 6-1 所示。网页的得分越高，该网页的重要程度就越高。

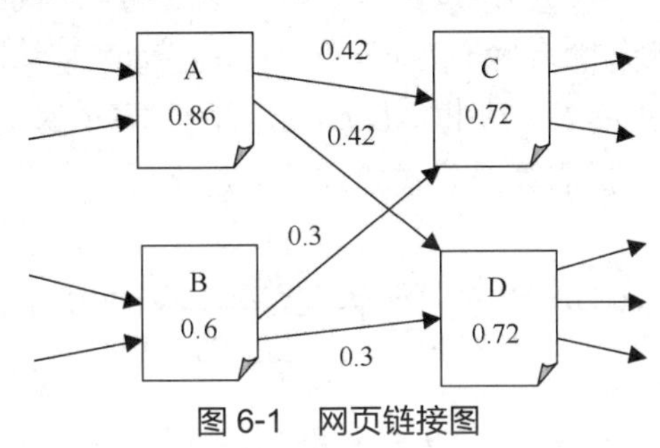

图 6-1 网页链接图

图 6-1 所示的网页 A 自身网页得分为 0.86，分别被网页 C 和网页 D 链接到，那么网页 A 会将其得分平均地贡献出去，网页 C 和 D 各得分 0.42。网页 B 自身得分为 0.6，同样将自身得分平均地贡献给链接到它的网页，这时网页 C 和网页 D 各获得 0.3 分，将网页 C 和网页 D 各自的总得分作为其网页得分。网页 C 有两个输出链接，网页 D 有 3 个输出链接，按照链接的个数再次平均地将得分分配给链接到它们的网页，以此类推。

在获取和图 6-1 类似的网页链接图时，通常会遇到以下两个问题。

（1）上一个网页的初始得分未知。在计算网页得分时需要得知上一个链接网页的得分，这时就需要对该方法进行调整。首先，将所有网页的初始得分设置为 1，然后以迭代的方式求得每个网页的分数，或控制最大迭代次数，最终得到网页的总得分。

（2）孤立网页没有得分。在计算过程中会遇到一些孤立网页，它没有输入链接和输出链接，网页得分将会被计算为 0。这时需要对 PageRank 算法进行调整，加入阻尼系数，使得孤立网页也有网页得分。

PageRank 算法的基本思想包括两方面内容。一方面，一个网页被越多其他的网页链接，说明这个网页越重要。另一方面，一个网页被越高权值的网页链接，说明这个网页越重要。根据 PageRank 算法的基本思想，计算一个网页的 PageRank 值的公式如式（6-4）所示。

$$S(V_i)=(1-d)+d\times\sum_{j\in \mathrm{In}(V_i)}\left(\frac{1}{\left|\mathrm{Out}(V_j)\right|}\times S(V_j)\right) \tag{6-4}$$

其中，$S(V_i)$ 为网页 V_i 的得分，V_j 为链接到网页 V_i 的网页，$\mathrm{In}(V_i)$ 为网页 V_i 的入链集合，$\mathrm{Out}(V_j)$ 为网页 V_j 的出链集合，$\left|\mathrm{Out}(V_j)\right|$ 是出链网页的数量，d 为阻尼系数（表示某一网页

链接到其他任意网页的概率，取值范围为 0～1）。

在图 6-1 中，假设V_i是指网页 C，那么V_j是指网页 A 和网页 B。每一个网页将自身所有入链得分加起来，就是网页自身的得分，再将自身的得分平均地分配给每一个链接它的网页。

2. TextRank 算法详解

TextRank 算法通过将文本切分成若干个词或句子建立图模型，采取投票的方式对文档中的重要成分进行排序，进而实现关键词提取。TextRank 算法与 PageRank 算法类似，不同之处在于 TextRank 算法在实现关键词提取时，需要考虑链接词的重要性和词之间的相似性，它将构成一个加权图，而 PageRank 算法则是构成有向无权图。

TextRank 算法在计算每个词的链接词得分时，通过赋予不同权重的方式分配得分，不再采取 PageRank 算法平均分配得分的方式，并且 TextRank 算法默认所有词之间都存在链接关系。两个词之间的权重越大，则相似度越高。用ω_{ji}表示权重，其他部分与 PageRank 算法类似。TextRank 关键词提取算法公式如式（6-5）所示。

$$\mathrm{WS}(V_i)=(1-d)+d\times\sum_{V_j\in\mathrm{In}(V_i)}\left(\frac{\omega_{ji}}{\sum_{V_k\in\mathrm{Out}(V_j)}\omega_{jk}}\times\mathrm{WS}(V_j)\right) \tag{6-5}$$

其中，$\mathrm{WS}(V_i)$为词V_i的得分，V_j为链接到V_i的词，$\mathrm{In}(V_i)$为词V_i的入链集合，$\mathrm{Out}(V_j)$为词V_j的出链集合，$|\mathrm{Out}(V_j)|$是出链的数量，d为阻尼系数（表示某个词链接到其他任意词的概率，取值范围为 0～1）。

TextRank 关键词提取算法的实现步骤如下。

① 将给定的文本内容T依照完整句子切分开，即$T=\{S_1,S_2,\cdots,S_m\}$。

② 对每个句子$S_i(S_i\in T)$，进行分词和词性标注处理，并过滤掉停用词，只保留特定词性的词，如名词、动词、形容词。记$S_i=\{t_{i,1},t_{i,2},\cdots,t_{i,n}\}$，其中$t_{i,n}$是保留后的候选关键词。

③ 构建候选关键词图$G=(V,E)$，其中V为节点集，由上一步生成的候选关键词组成，然后采用共现关系构造任意两节点之间的边，两个节点之间存在边当且仅当候选关键词在长度为k的窗口中时共现（k表示窗口大小，即最多共现k个词）。

④ 根据式（6-5）初始化权重ω_{ji}，迭代计算各个节点的权重，直到收敛为止。

⑤ 对节点的权重进行降序排序，得到最重要的前n个候选关键词。

⑥ 查看这n个候选关键词是否有相邻出现的情况，相邻出现则组合成多词关键词，否则单独成关键词。

6.2.3 LSA 与 LDA 算法

TF-IDF 算法和 TextRank 算法各有所长，但在某些场合中无法提取文本中的语义信息。例如，一篇文章讲各式各样的水果及其功效，当水果这一关键词没有直接出现在文本中时，这两种算法都无法准确提取到水果这一关键词。主题模型算法可以有效地解决这个问题。

1. 主题模型算法

主题模型（Topic Model）算法是在大量文档中发现潜在主题的一种统计模型。直观地看，如果一篇文章有一个中心思想，那么一些特定词语会更频繁地出现。例如，一篇文章在讲汽车，那么“汽车”和“驾驶”等词出现的频率会高些。一篇文章通常包含多个主题，而且每个主题所占比例各不相同。因此，如果一篇文章 10%的内容和“汽车”有关，90%的内容和“驾驶”有关，那么和“驾驶”相关的关键词出现的次数大概会是和“汽车”相关的关键词出现次数的 9 倍。主题模型算法试图用数学框架体现文档的这种特点。

主题模型算法认为文档是由主题组成的，而主题是词的一个概率分布，即每个词都是通过“文档以一定的概率选择某个主题，再从这个主题中以一定的概率选择某个词”这样的过程得到的。

主题模型算法能自动分析每个文档，统计文档内的词语，根据统计的信息判断当前文档含有哪些主题，以及每个主题所占的比例各为多少。常见的主题模型算法主要有潜在语义分析（Latent Semantic Analysis，LSA）、概率潜在语义分析（Probabilistic Latent Semantic Analysis，PLSA）、潜在狄利克雷分布（Latent Dirichlet Allocation，LDA），以及基于深度学习的 lda2vec 等。所有主题模型算法都基于以下两个相同的基本假设。

（1）每个文档包含多个主题。

（2）每个主题包含多个词。

LSA 和潜在语义索引（Latent Semantic Index，LSI）都是对文档的潜在语义进行分析，但是 LSI 在分析后，还会利用分析的结果建立相关的索引。二者通常被认为是同一种算法，只是应用的场景不同。

2. LSA 算法

LSA 算法是主题建模算法的基础技术之一，其核心思想是将所拥有的词语-文档矩阵分解成相互独立的词语-主题矩阵和主题-文档矩阵。

（1）词语-文档矩阵。LSA 算法使用向量表示词语和文档，词袋（Bag of Words，BOW）模型是文本向量化的最简单的模型。BOW 模型就是将一个文本中的所有词语装进一个袋子里，不考虑其词法和语序的问题，每个词语都是独立的，对每个词语都进行统计，同时计算每个词语出现的次数。

BOW 模型首先对文本进行分词，然后统计每个词在文档中出现的次数。例如，有两个短文本，通过分词后得到如下结果。

```
张三/喜欢/外出/旅行，李四/也/喜欢/外出/旅行
张三/喜欢/看电影
```

将这两个短文本中的所有词语装进一个袋子里，构成一个 BOW。BOW 中包含了 7 个不重复的词{张三,喜欢,外出,旅行,李四,也,看电影}。BOW 模型规定每个文本向量长度为词袋中词的个数，文本向量的分量对应词袋中词出现的次数。

例如，在第一个短文本中，“喜欢”“外出”“旅行” 3 个词语出现了两次，“张三”“李四”“也” 3 个词语出现了一次，“看电影”一词则没有出现。在 BOW 中对应的位置标上词的出现次数，得到第一个短文本对应的向量为[1, 2, 2, 2, 1, 1, 0]。在第二个短文本中，“张三”“喜欢”“看电影” 3 个词各出现了一次，其他词语出现次数都为 0，得到第二个短文本

对应的向量为[1, 1, 0, 0, 0, 0, 1]。

需要注意的是，因为 BOW 模型不考虑词语的顺序，所以得到的向量不会保存原始句子中词的顺序。

每个文本都可以利用 BOW 模型得到一个向量，将所有文本的向量合在一起即可得到一个词语-文档矩阵。例如，词语-文档矩阵示例如表 6-1 所示，其中共有 4 个词和 4 个文档，词语-文档矩阵的每一列为文档（文本）的向量，每一行表示词在文档中出现的次数。

表 6-1　词语-文档矩阵示例

	文档 1	文档 2	文档 3	文档 4
词语 1	0	1	1	2
词语 2	1	1	0	0
词语 3	1	2	0	2
词语 4	0	1	1	1

（2）矩阵奇异值分解。如果在语料库中给出 m 个词和 n 个文档，则可以构造一个 $m \times n$ 阶矩阵 $\boldsymbol{A}$，其中每行代表一个词，每列代表一个文档。当拥有词语-文档矩阵 $\boldsymbol{A}$ 后，即可开始思考文本潜在的主题。但是词语-文档矩阵 $\boldsymbol{A}$ 极有可能非常稀疏且噪声很大，在很多维度上非常冗余。因此，为了找出能够捕捉词和文档关系的少数潜在主题，需要降低矩阵 $\boldsymbol{A}$ 的维度。线性代数中的一种奇异值分解（Singular Value Decomposition，SVD）技术可以分解矩阵奇异值从而达到降维的目的。

设矩阵 $\boldsymbol{A}$ 为一个 $m \times n$ 阶的矩阵，其中的元素全部属于实数域或复数域，那么矩阵 $\boldsymbol{A}$ 的 SVD 如式（6-6）所示。

$$\boldsymbol{A} = \boldsymbol{U} \boldsymbol{\Sigma} \boldsymbol{V}^{\mathrm{T}} \tag{6-6}$$

其中，$\boldsymbol{U}$ 是一个 $m \times m$ 阶正交矩阵（行向量和列向量皆为正交的单位向量），$\boldsymbol{\Sigma}$ 是 $m \times n$ 阶半正定对角矩阵（对角元素为非负的对角阵），$\boldsymbol{\Sigma}$ 主对角线上的每个元素称为奇异值，$\boldsymbol{V}^{\mathrm{T}}$ 是 $n \times n$ 阶正交矩阵，$\boldsymbol{U}$ 的列向量称为左奇异向量，$\boldsymbol{V}^{\mathrm{T}}$ 的列向量称为右奇异向量，并且满足 $\boldsymbol{U}^{\mathrm{T}}\boldsymbol{U} = I$ 和 $\boldsymbol{V}^{\mathrm{T}}\boldsymbol{V} = I$。

SVD 有如下性质。

① 一个 $m \times n$ 阶矩阵至多有 p 个不同的奇异值，$p = \min(m,n)$。

② 奇异值包含着矩阵中的重要信息，值越大表示越重要。

词语-文档矩阵 $\boldsymbol{A}$ 经过 SVD 后的 $\boldsymbol{U}$ 和 $\boldsymbol{V}^{\mathrm{T}}$ 的维度较大，需要进行降维，原因有以下几点。

① 原始的词语-文档矩阵维度太大且过于稀疏，计算复杂度过高，无法准确地反映每个词是否出现在某些文档之中。

② 矩阵降维可以对矩阵数据去噪，得到重要特征。

③ 矩阵降维可以降低同义词和多义词的影响，减少数据冗余。

截断奇异值分解，就是奇异值从大到小排序，取前 r 个非零奇异值对应的奇异向量代表矩阵 $\boldsymbol{A}$ 的主要特征，如式（6-7）所示。

$$\boldsymbol{A}_{m \times n} \approx \boldsymbol{U}_{m \times r} \boldsymbol{\Sigma}_{r \times r} \boldsymbol{V}_{r \times n}^{\mathrm{T}} \tag{6-7}$$

左奇异向量矩阵 $\boldsymbol{U}$ 代表词的部分特征，矩阵中的每一列由 m 个词按照一定的权重组合而来，它们相互独立并且各代表一个潜在语义，这 r 个潜在语义共同构成一个语义空间。中间的奇异值矩阵 $\boldsymbol{\Sigma}$ 包含词和文档的重要程度的信息，数值越大，重要程度越高。右奇异向量矩阵 $\boldsymbol{V}^{\mathrm{T}}$ 则代表文档的部分特征。

利用 SVD 可以得到文档、词语与主题、语义之间的相关性。通过这些文档向量和词语向量，应用余弦相似度等度量评估不同文档的相似度、不同词语的相似度和词语与文档的相似度。

（3）LSA 关键词提取算法的具体步骤如下。

① 利用 BOW 模型将文档集中的每个文档表示为向量。

② 将文档集中的所有词语和文档向量构成一个 $m \times n$ 阶的词语-文档矩阵。其中，文档集中的每一篇文档为矩阵的列，文档集中的所有词语为矩阵的行。

③ 采用 SVD，将该矩阵分解为 3 个矩阵，分别是 $m \times r$ 阶左奇异矩阵、$r \times r$ 阶奇异值对角矩阵、$r \times n$ 阶右奇异矩阵。

④ 根据 SVD 的结果，取前 k 个非零奇异值对应的向量用于代表该矩阵的主要特征，构建潜在语义空间，计算每个词语和每个文档之间的相似度，相似度最高的词语将作为该文档的关键词。

下面举例说明 LSA 关键词提取算法的实现过程。假设有一个词语-文档矩阵，如表 6-2 所示，其中共有城市、密集型、必须、我国、行业、轨道交通、运营、里程 8 个词，d1～d7 分别代表 7 个文档。矩阵中每一行代表词在对应文档中出现的次数，每一列表示每一个文档包含了哪些词。

表 6-2 词语-文档矩阵

词语	文档						
	d1	d2	d3	d4	d5	d6	d7
城市	0	0	1	1	0	0	1
密集型	0	0	1	1	0	0	0
必须	0	0	1	2	0	0	0
我国	1	0	0	0	0	0	1
行业	0	0	1	1	1	1	0
轨道交通	1	0	1	1	0	0	1
运营	0	1	0	0	1	0	0
里程	0	2	0	0	0	0	0

对词语-文档矩阵进行 SVD，选取奇异值最大的 3 项，得到分解后的 3 个矩阵，分别是左奇异矩阵（如表 6-3 所示）、奇异值矩阵（如表 6-4 所示）和右奇异矩阵（如表 6-5 所示）。

表 6-3 左奇异矩阵

城市	−0.42	−0.35	−0.55
密集型	0.05	0.01	0.02
必须	−0.18	0.17	0.3

续表

我国	-0.11	-0.2	-0.41
行业	0.83	0.03	-0.44
轨道交通	-0.18	0.09	-0.27
运营	-0.22	0.68	-0.42
里程	-0.01	0.58	0.01

表 6-4 奇异值矩阵

3.75	0	0
0	2.3	0
0	0	1.94

表 6-5 右奇异矩阵

d1	d2	d3	d4	d5	d6	d7
-0.15	-0.01	-0.59	-0.73	-0.12	-0.11	-0.27
0.06	-0.95	0.01	0.02	-0.29	-0.06	0.08
-0.59	-0.17	0.09	0.24	0.21	0.20	-0.69

观察表 6-3 和表 6-5 可以发现，每个词语和每个文档都可以用一个三维向量表示，如“城市”一词可用向量表示为(-0.42，-0.35，-0.55)，文档 d1 可用向量表示为(-0.15，0.06，-0.59)。这说明，SVD 将每个词和每个文档都映射到一个三维空间上。可以将这个三维空间看作一个三维语义空间，3 个维度的潜在语义可以表示为如下形式。

第一维度：-0.42×城市+0.05×密集型-0.18×必须-0.11×我国+0.83×行业-0.18×轨道交通-0.22×运营-0.01×里程。

第二维度：-0.35×城市+0.01×密集型+0.17×必须-0.2×我国+0.03×行业+0.09×轨道交通+0.68×运营+0.58×里程。

第三维度：-0.55×城市+0.02×密集型+0.3×必须-0.41×我国-0.44×行业-0.27×轨道交通-0.42×运营+0.01×里程。

当词与文档在同一个空间上的时候，可以获得两个比较重要的信息。一是当两个词或两个文档在空间上的距离比较近的时候，可以认为两个词是近义词或两个文档有较高的相似度；二是当一个词与某个文档在空间上的距离比较近的时候，可以认为这个词是文档的关键词。

LSA 算法利用 SVD 将词语、文档映射到更低维度的空间。低维空间去除了部分噪声，大大降低了计算代价，也更容易发现同义词和相似的主题，更好地剖析词语和文档中的潜在语义。然而，LSA 算法仍存在许多不足之处。

① SVD 计算复杂度高，尤其是对于文本处理，SVD 用于高维度矩阵时效率较低。当新文档进入特征空间时，需要重新训练模型。

② 没有解决多义词的问题，每一个词语仅对应映射空间中的一个点，多个含义的词语在映射空间中没有区分开。

③ LSA 受 BOW 模型的影响，会忽略文档中句子的先后顺序。

④ LSA 缺乏严谨的统计基础，难以直观进行解释。

3. LDA 算法

由于 LSA 算法存在诸多不足，于是产生了 PLSA 算法，它是一个概率模型算法，采用更符合文本特性的多项式分布和最大期望（Expectation-Maximization，EM）算法拟合概率分布信息，使模型中变量的概率分布有更好的解释。但 PLSA 算法仍然不够完善，它只能生成所在文档集的文档的模型。当使用 EM 算法进行反复迭代时，计算量会很大。当文档和词语数量增多时，模型训练参数的值也会随之线性增加，这容易导致过度拟合。因此，LDA 算法在对 PLSA 算法修改的基础上被提出。

（1）LDA 算法是应用比较广泛的一种主题模型算法，包含词语、主题和文档 3 层结构。LDA 模型假定词语之间没有顺序，所有的词语都无序地放在一个袋子里，并且认为一个文档可以有多个主题，每个主题对应有不同的词语。

假设语料库包含 m 个词语，n 个文档，每个文档包含 K 个主题，则 LDA 算法可以表示为式（6-8）。

$$P(w_i \mid d_j)=\sum_{k=1}^{K}P(w_i \mid t_k)\times P(t_k \mid d_j) \tag{6-8}$$

其中 w_i、d_j 分别表示词语和文档，t_k 代表第 k 个主题。

假设 $\boldsymbol{P}(w|d)$、$\boldsymbol{P}(w|t)$ 和 $\boldsymbol{P}(t|d)$ 分别称为词语-文档、词语-主题和主题-文档概率分布矩阵，则式（6-8）中的 3 个概率分布矩阵分别如式（6-9）、式（6-10）、式（6-11）所示。

$$\boldsymbol{P}(w|d)=\begin{pmatrix} P(w_1|d_1)\ P(w_1|d_2)\cdots P(w_1|d_n) \\ P(w_2|d_1)\ P(w_2|d_2)\cdots P(w_2|d_n) \\ \vdots \qquad\quad \vdots \qquad\quad \vdots \\ P(w_m|d_1)\ P(w_m|d_2)\cdots P(w_m|d_n) \end{pmatrix} \tag{6-9}$$

$$\boldsymbol{P}(w|t)=\begin{pmatrix} P(w_1|t_1)\ P(w_1|t_2)\cdots P(w_1|t_K) \\ P(w_2|d_1)\ P(w_2|t_2)\cdots P(w_2|t_K) \\ \vdots \qquad\quad \vdots \qquad\quad \vdots \\ P(w_m|t_1)\ P(w_m|t_2)\cdots P(w_m|t_K) \end{pmatrix} \tag{6-10}$$

$$\boldsymbol{P}(t|d)=\begin{pmatrix} P(t_1|d_1)\ P(t_1|d_2)\cdots P(t_1|d_n) \\ P(t_2|d_1)\ P(t_2|d_2)\cdots P(t_2|d_n) \\ \vdots \qquad\quad \vdots \qquad\quad \vdots \\ P(t_K|d_1)\ P(t_K|d_2)\cdots P(t_K|d_n) \end{pmatrix} \tag{6-11}$$

这样，LDA 算法的矩阵形式可以表示为式（6-12）。

$$\boldsymbol{P}(w|d)=\boldsymbol{P}(w|t)\boldsymbol{P}(t|d) \tag{6-12}$$

LDA 算法对一篇文档进行关键词提取时，能够得到每个主题，生成每个词的概率，然后将每个主题中概率最大的前 k 个词取出并作为该文档的关键词。

（2）LDA 算法的概率分布可以描述为已知 $\boldsymbol{P}(w|d)$ 概率分布矩阵，求概率分布矩阵 $\boldsymbol{P}(w|t)$ 和 $\boldsymbol{P}(t|d)$。假设算法的主题的先验分布和主题中词语的先验分布如下。

① 假设文档主题的先验分布为Dirichlet分布，即对于任一文档i，其主题分布θ_i如式（6-13）所示。

$$\vec{\theta}_i \sim \mathrm{Dir}(\vec{\alpha}),\quad i=1,2,\cdots,n \tag{6-13}$$

其中，$\vec{\alpha}$为文档主题的超参数，是一个k维向量。

② 假设主题中词语的先验分布为Dirichlet分布，即对于第k个主题，其词语分布$\vec{\varphi}_k$如式（6-14）所示。

$$\vec{\varphi}_k \sim \mathrm{Dir}(\vec{\beta}),\quad k=1,2,\cdots,K \tag{6-14}$$

其中，$\vec{\beta}$为分布的超参数，是一个m维向量。

对于数据库中任一文档d_i中的第j个词语，由主题分布$\vec{\theta}_i$可以得到它的主题编号$z_{i,j}$的分布为多项式分布，如式（6-15）所示。

$$z_{i,j} \sim \mathrm{multi}(\theta_i) \tag{6-15}$$

对于主题编号$z_{i,j}$，可以得到词$w_{i,j}$的概率分布为多项式分布表，如式（6-16）所示。

$$w_{i,j} \sim \mathrm{multi}(\vec{\varphi}_{z_{i,j}}) \tag{6-16}$$

（3）LDA算法生成文档的步骤。LDA算法是一种文档生成模型算法，它认为一篇文档有多个主题，每个主题对应着不同的词。一篇文档的生成过程：首先以一定的概率选择某个主题，然后在这个主题下以一定的概率选出某一个词，这样就生成了这篇文档的第一个词；不断重复这个过程，就生成了整篇文章。这里假定词与词之间是没有顺序的，即所有词无序地堆放在一个大袋子中（称为词袋），这种方式使算法相对简化一些。在LDA算法中，一篇文档生成的步骤如下。

① 按照先验概率$p(d_i)$选择一篇文档d_i。

② 人为设置超参数$\vec{\alpha}$，获得主题分布$\vec{\theta}_i$。

设置文档d_i中对应主题每个词的个数，如文档d_i中有5个词对应主题1，有7个词对应主题2，……，有4个词对应主题K，得到$\vec{\alpha}=(5,7,\cdots,4)$。由$\theta_i \sim \mathrm{Dir}(\vec{\alpha})$，采样生成文档$d_i$的主题分布$\theta_i=(p_1,p_2,\cdots,p_K)$。

③ 获取主题索引$z_{i,j}$。由$z_{i,j} \sim \mathrm{multi}(\theta_i)$，采样生成文档$d_i$第$j$个词的主题索引$z_{i,j}$。

④ 人为设置超参数$\vec{\beta}$，获取隐含参数$\vec{\varphi}_k$。设置主题$z_{i,j}$产生字典中各个词的数量$\vec{\beta}$。由$\varphi_{z_{i,j}} \sim \mathrm{Dir}(\vec{\beta})$，采样生成主题$z_{i,j}$对应词的分布。

⑤ 获取文档i第j个词$w_{i,j}$的索引。由$w_{i,j} \sim \mathrm{multi}(\varphi_{z_{i,j}})$，采样生成$w_{i,j}$。

（4）Gibbs采样算法。在LDA算法生成文档的步骤中，主题$z_{i,j}$对应词的分布和文档i第j个词$w_{i,j}$的索引都是通过采样生成的。LDA算法使用的是Gibbs采样算法。

在LDA算法中，超参数$\vec{\alpha}$、$\vec{\beta}$是已知的先验输入，算法的目标是通过Gibbs采样算法得到各个$z_{i,j}$、$w_{i,j}$对应的整体$\vec{z}$、$\vec{w}$的概率分布，即文档主题的分布和主题词的分布。

Gibbs采样算法每次选取概率向量的一个维度，给定其他维度的变量值，采样当前维度的值。不断迭代，直到收敛输出待估计的参数。

Gibbs采样算法在LDA算法中的抽样过程如下。

首先从文本集合中抽取一个词标记，在其他所有词标记和主题给定的条件下，将选

定的词分配给一个主题的概率为 $p(z_i=j|w_{d,i},z_{-i},\alpha,\beta)$。然后从中抽取一个主题 z_i 取代当前词的主题，不断循环这个过程，最终收敛于一个不变点。具体的计算公式如式（6-17）所示。

$$p(z_i=j|w_{d,i},z_{-i},\alpha,\beta)=\frac{n_{-i,j}^{(w)}+\beta_{i,j}}{\sum_{u=1}^{V}(n_{-i,j}^{(w)}+\beta_{u,j})}\frac{n_{-i,j}^{(d)}+\alpha_{d,j}}{\sum_{k=1}^{K}(n_{-i,k}^{(d)}+\alpha_{d,k})} \tag{6-17}$$

其中，$n_{-i,j}^{(w)}$ 表示单词 w 被分配给主题 j 而没有包含当前主题 i 的次数，$n_{-i,j}^{(d)}$ 表示在文档 d 中分配给主题 j 的词而没有包含当前主题 i 的次数。

如果通过采样得到了所有词的主题，那么统计所有词的主题计数，即可得到各个主题的词分布。接着统计各个文档对应词的主题计数，即可得到各个文档的主题分布。

6.3 任务：自动提取文本关键词

本节根据算法原理自定义 TF-IDF、TextRank 和 LSA 三种算法的函数，并通过实例完成关键词自动提取。关键词提取流程主要包括数据预处理、算法实现和结果分析等步骤。在提取关键词之前，需要先输入准备好的文档，如代码 6-1 所示。

代码 6-1 输入准备好的文档

```
import jieba
import jieba.posseg
import numpy as np
import pandas as pd
import math
import operator
'''
提供 Python 内置的部分操作符函数，这里主要应用于序列操作
用于对大型语料库进行主题建模，支持 TF-IDF、LSA 和 LDA 等多种主题模型算法，提供了
诸如相似度计算、信息检索等一些常用任务的 API 接口
'''
from gensim import corpora, models
text = '广州地铁集团工会主席在开幕式上表示，我国城市轨道' \
       '交通事业蓬勃发展，城轨线路运营里程不断增长，目前，全国城市轨道交通线网总里程' \
       '接近 5000 公里，每天客运量超过 5000 万人次。城市轨道交通是高新技术密集型行业，' \
       '几十个专业纷繁复杂，几十万台（套）设备必须安全可靠，线网调度必须联动周密，' \
       '列车运行必须精准分秒不差。城市轨道交通又是人员密集型行业，产业工人素质的好坏、' \
       '高低，直接与人民生命安全息息相关。本届“国赛”选取的列车司机和行车值班员，' \
       '正是行业安全运营的核心、关键工种。开展职业技能大赛的目的，就是弘扬' \
       '“工匠精神”，在行业内形成“比、学、赶、帮、超”的良好氛围，在校园里掀起' \
       '“学本领、争上游”的学习热潮，共同为我国城市轨道交通的高质量发展' \
       '做出应有的贡献。'
```

1. 文本预处理

输入文档后，需要加载停用词，并对当前文档进行分词和词性标注，过滤一些对提取关键词帮助不大的词性。本节只将名词作为候选关键词，在过滤词性时只留下名词，并且删除长度小于或等于 1 的无意义词语。文本预处理的步骤如下。

（1）加载停用词文件 stopword.txt 并按行读取文件中的停用词，对文本中多余的换行符进行替换，最终获取停用词列表。其中，自定义的 Stop_words 函数用于获取停用词列表。

（2）对当前文档去停用词。自定义的 Filter_word 函数用于对当前文档进行处理，输入参数为当前文档内容。处理后的文档存放在 filter_word 变量中，它是一个包含多个字符串的列表。

（3）对文档集 corpus.txt 去停用词。文档集选取国内 2012 年 6 月—2012 年 7 月期间，搜狐新闻中国际、体育、社会、娱乐等 18 个频道的新闻内容，其中包含多行文本内容，读取时以列表的形式追加，每个文档以字符串的形式存放在列表中。

（4）自定义的 Filter_words 函数用于对文档集进行处理，输入参数是文档集路径。处理后的文档集存放在 document 变量中，它是一个包含多个列表的列表，相当于将多个 filter_word 变量组合为一个列表。

文本预处理的具体实现过程如代码 6-2 所示。其中，startswith 函数表示查看字符串第一个字符是否是某个字符。在代码 6-2 中借助 startswith 函数过滤词性，其中参数“n”表示词性被标注为名词。

代码 6-2　文本预处理的具体实现过程

```
# 加载停用词
def  Stop_words():
     stopword = []
     data = []
     f = open('../data/stopword.txt', encoding='utf8')
     for line in f.readlines():
            data.append(line)
     for i in data:
            output = i.replace('\n', '')
            stopword.append(output)
     return stopword

# 采用 jieba 进行词性标注，对当前文档过滤词性和停用词
def  Filter_word(text):
     filter_word = []
     stopword = Stop_words()
     text = jieba.posseg.cut(text)
     for word, flag in text:
           if flag.startswith('n') is False:
                 continue
           if not word in stopword and len(word) > 1:
                 filter_word.append(word)
     return filter_word
# 加载文档集，对文档集过滤词性和停用词
def  Filter_words(data_path = '../data/corpus.txt'):
     document = []
     for line in open(data_path, 'r', encoding='utf8'):
            segment = jieba.posseg.cut(line.strip())
            filter_words = []
            stopword = Stop_words()
```

```
        for word, flag in segment:
            if flag.startswith('n') is False:
                continue
            if not word in stopword and len(word) > 1:
                filter_words.append(word)
        document.append(filter_words)
    return document
```

2. TF-IDF 算法

自定义的 TF-IDF 算法函数名为 tf_idf，其算法实现包括以下 3 个步骤。

（1）对 TF 值进行统计。调用自定义的 Filter_word 函数处理当前文档，统计当前文档中每个词的 TF 值。

（2）对 IDF 值进行统计。调用自定义的 Filter_words 函数处理文档集，统计 IDF 值。

（3）对 TF 值和 IDF 值进行统计，并将二者结果相乘，得到 TF-IDF 值。

TF-IDF 算法的具体实现过程如代码 6-3 所示。其中 set 函数用于去重，使集合中的每个元素都不重复；operator.itemgetter(1)表示获取序列的第一个域的值，获取降序列表中的关键词。

代码 6-3　TF-IDF 算法的具体实现过程

```
# TF-IDF 算法
def  tf_idf():
    # 统计 TF 值
    tf_dict = {}
    filter_word = Filter_word(text)
    for word in filter_word:
        if word not in tf_dict:
            tf_dict[word] = 1
        else:
            tf_dict[word] += 1
    for word in tf_dict:
        tf_dict[word] = tf_dict[word] / len(text)
    # 统计 IDF 值
    idf_dict = {}
    document = Filter_words()
    doc_total = len(document)
    for doc in document:
        for word in set(doc):
            if word not in idf_dict:
                idf_dict[word] = 1
            else:
                idf_dict[word] += 1
    for word in idf_dict:
        idf_dict[word] = math.log(doc_total / (idf_dict[word] + 1))
    # 计算 TF-IDF 值
    tf_idf_dict = {}
    for word in filter_word:
        if word not in idf_dict:
            idf_dict[word] = 0
```

```
        tf_idf_dict[word] = tf_dict[word] * idf_dict[word]
    # 提取前 10 个关键词
    keyword = 10
    print('TF-IDF 模型结果：')
    for key, value in sorted(tf_idf_dict.items(), key=operator.itemgetter(1),
                                                  reverse=True)[:keyword]:
        print(key + '/', end='')
```

3. TextRank 算法

自定义的 TextRank 算法函数名为 TextRank，其算法实现包括以下 3 个步骤。

（1）构建每个节点对应的窗口集合，当不同窗口中出现相同的词语时，相互连接形成边。

（2）构建以边相连的关系矩阵，对矩阵进行归一化。

（3）根据 TextRank 算法公式计算对应的 TextRank 值，提取关键词。

TextRank 算法的具体实现过程如代码 6-4 所示。其中，窗口数 window 设置为 3，win_dict 表示所有节点对应的窗口词汇，迭代次数 iter_num 设置为 700。

代码 6-4 TextRank 算法的具体实现过程

```
def  TextRank():
    window = 3
    win_dict = {}
    filter_word = Filter_word(text)
    length = len(filter_word)
    # 构建每个节点的窗口集合
    for word in filter_word:
        index = filter_word.index(word)
        # 设置窗口左、右边界，控制边界范围
        if word not in win_dict:
            left = index - window + 1
            right = index + window
            if left < 0:
                left = 0
            if right >= length:
                right = length
            words = set()
            for i in range(left, right):
                if i == index:
                    continue
                words.add(filter_word[i])
                win_dict[word] = words
    # 构建以边相连的关系矩阵
    word_dict = list(set(filter_word))
    lengths = len(set(filter_word))
    matrix = pd.DataFrame(np.zeros([lengths,lengths]))
    for word in win_dict:
        for value in win_dict[word]:
            index1 = word_dict.index(word)
            index2 = word_dict.index(value)
            matrix.iloc[index1, index2] = 1
```

```
            matrix.iloc[index2, index1] = 1
    summ = 0
    cols = matrix.shape[1]
    rows = matrix.shape[0]
    # 归一化矩阵
    for j in range(cols):
         for i in range(rows):
              summ += matrix.iloc[i, j]
         matrix[j] /= summ
    # 根据公式计算 TextRank 值
    d = 0.85
    iter_num = 700
    word_textrank = {}
    textrank = np.ones([lengths, 1])
    for i in range(iter_num):
         textrank = (1 - d) + d * np.dot(matrix, textrank)
    # 将词语和 TextRank 值一一对应
    for i in range(len(textrank)):
         word = word_dict[i]
         word_textrank[word] = textrank[i, 0]
    keyword = 10
    print('-------------------------------')
    print('TextRank 模型结果：')
    for key, value in sorted(word_textrank.items(), key=operator.itemgetter(1),
                             reverse=True)[:keyword]:
        print(key + '/', end='')
```

4. LSI 算法

由于 gensim 库中只定义了 LSI 算法，而 LSA 算法和 LSI 算法原理基本一致，因此这里用 LSI 算法替代 LSA 算法。自定义的 LSI 算法函数名为 lsi，其算法实现包括以下 3 个步骤。

（1）构建基于文档集的词语空间。使用 BOW 模型对每篇文档进行向量化，得到每一篇文档对应的稀疏向量。向量中包括向量的 id 和词频，其中 id 表示文档中每一个词语的索引，词频表示词语出现在文档中的次数，都以数字表示。

（2）构建 TF-IDF 模型，在此基础上加入向量化处理后的文档集语料 corpus，结合成为经过 TF-IDF 加权的文档向量。基于 SVD 建立主题模型，得到当前文档和主题之间的分布。

（3）采用余弦相似度计算相似度，求得当前文档与文档中的词语的相似度，相似度最高的前 10 个词作为当前文档的关键词。

LSI 算法的具体实现过程如代码 6-5 所示。为了减少数据冗余，除去相同的词语，extend 函数会将文档集列表合并后去重，使文档集中所有的词语不重复。

代码 6-5 LSI 算法的具体实现过程

```
def  lsi():
    # 主题-词语
    document = Filter_words()
```

```
    dictionary = corpora.Dictionary(document)  # 生成基于文档集的语料
    corpus = [dictionary.doc2bow(doc) for doc in document]  # 文档向量化
    tf_idf_model = models.TfidfModel(corpus)  # 构建 TF-IDF 模型
    tf_idf_corpus = tf_idf_model[corpus]  # 生成文档向量
    lsi = models.LsiModel(tf_idf_corpus, id2word=dictionary, num_topics=4)
# 构建 LSI 模型，这里包括 3 个参数（文档向量、文档集语料 id2word 和
# 主题数目 num_topics），其中 id2word 可以将文档向量中的 id 转化为文字
    # 主题-词语
    words = []
    word_topic_dict = {}
    for doc in document:
        words.extend(doc)
        words = list(set(words))
    for word in words:
        word_corpus = tf_idf_model[dictionary.doc2bow([word])]
        word_topic= lsi[word_corpus]
        word_topic_dict[word] = word_topic
    # 文档-主题
    filter_word = Filter_word(text)
    corpus_word = dictionary.doc2bow(filter_word)
    text_corpus = tf_idf_model[corpus_word]
    text_topic = lsi[text_corpus]
    # 计算当前文档和每个词语的主题分布相似度
    sim_dic = {}
    for key, value in word_topic_dict.items():
        if key not in text:
            continue
        x = y = z = 0
        for tup1, tup2 in zip(value, text_topic):
            x += tup1[1] ** 2
            y += tup2[1] ** 2
            z += tup1[1] * tup2[1]
            if x == 0 or y == 0:
                sim_dic[key] = 0
            else:
                sim_dic[key] = z / (math.sqrt(x * y))
    keyword = 10
    print('------------------------------')
    print('LSI 模型结果：')
    for key, value in sorted(sim_dic.items(), key=operator.itemgetter(1),
                             reverse=True)[: keyword]:
        print(key + '/' , end='')
```

定义完 TF-IDF、TextRank 和 LSI 三种算法的函数后，即可通过函数实现文档关键词的提取，如代码 6-6 所示。

代码 6-6　提取文档关键词

```
tf_idf()
TextRank()
lsi()
```

输出结果如下。

```
TF-IDF 模型结果:
轨道交通/行业/城市/精准/行车/值班员/核心/精神/校园/热潮/-----------------------------
TextRank 模型结果:
工会主席/广州/地铁/集团/钟学军/行业/轨道交通/里程/城市/事业/------------------------
LSI 模型结果:
贡献/广州/全国/事业/弘扬/人次/职业/人员/氛围/集团/
```

基于当前文档，在3种模型中，TF-IDF模型的结果较好，其次是TextRank算法，最后是LSI模型。LSI算法是较早的主题模型算法，存在诸多不足之处，因此用其提取关键词时效果不太理想，相较之下TF-IDF模型和TextRank模型的结果会比较好。由于在提取关键词时，有些词语在文档中出现的频次、词性等比较接近，因此出现的概率很有可能一样，多次运行程序，关键词的出现顺序会发生变化。

小结

本章主要介绍了关键词提取技术的3种算法。首先对关键词提取技术做了简单介绍。其次对TF-IDF算法的基本原理进行了阐述，并简单举例说明。接着通过引入PageRank算法，给出了TextRank算法的基本原理。然后引入主题模型的概念，详细介绍了LSA算法和LDA算法的流程。最后根据3种关键词提取算法原理，编写每种算法的自定义函数，并通过实例实现关键词提取。

实训

实训1 文本预处理

1. 训练要点

（1）掌握对文档集去停用词的方法。

（2）掌握使用Filter_words函数对文档集进行处理的方法。

2. 需求说明

提取新闻文本中的关键词，用于给新闻贴标签和分类。文件csgnews.txt中包含一个新闻文本，需要提取该新闻文本的关键词。在提取关键词之前，需要对csgnews.txt中的新闻文本进行文本预处理。

3. 实现思路与步骤

（1）加载停用词文件stopword.txt。

（2）对当前文档text去停用词。

（3）对文档集csgnews.txt去停用词。

（4）利用Filter_words函数对文档集进行处理。

实训2 使用TF-IDF算法提取关键词

1. 训练要点

掌握TF-IDF算法的具体实现过程。

2. 需求说明

实现基于 TF-IDF 算法的新闻文本关键词提取，利用 TF-IDF 算法对在实训 1 中经过文本预处理后的新闻文本提取关键词。

3. 实现思路与步骤

（1）调用 Filter_word 函数统计每个词的 TF 值。

（2）调用 Filter_words 函数统计 IDF 值。

（3）对 TF 值和 IDF 值进行统计，得到 TF-IDF 值。

实训 3　使用 TextRank 算法提取关键词

1. 训练要点

掌握 TextRank 算法的具体实现过程。

2. 需求说明

实现基于 TextRank 算法的新闻文本关键词提取，利用 TextRank 算法对在实训 1 中经过文本预处理后的新闻文本提取关键词。

3. 实现思路与步骤

（1）构建每个节点对应的窗口集合，当不同窗口中出现相同的词语时，相互连接形成边。

（2）构建以边相连的关系矩阵，对矩阵进行归一化。

（3）根据 TextRank 算法公式计算对应的 TextRank 值，提取关键词。

实训 4　使用 LSA 算法提取关键词

1. 训练要点

掌握 LSA 算法的具体实现过程。

2. 需求说明

实现基于 LSA 算法的新闻文本关键词提取，利用 LSA 算法对在实训 1 中经过文本预处理后的新闻文本提取关键词。

3. 实现思路与步骤

（1）构建基于文档集的词空间。

（2）构建 TF-IDF 模型。

（3）采用余弦相似度计算相似度，将相似度最高的前 10 个词作为当前文档的关键词。

课后习题

1. 选择题

（1）要求关键词提取算法应具有的性质不包括（　　）。

A. 可读性　　B. 高速性　　C. 简洁性　　D. 健壮性

（2）不属于关键词提取算法的是（　　）。

A. TF-IDF 算法　B. TextRank 算法　C. 主题模型算法　D. 关联算法

（3）TF-IDF 算法的主要思想是（　　）。

A. 字词的重要性随着它在文档中出现次数的增加而上升，随着它在语料库中出现频率的升高而下降

B. 字词的重要性随着它在文档中出现次数的增加而下降，随着它在语料库中出现频率的升高而下降

C. 字词的重要性随着它在文档中出现次数的增加而下降，随着它在语料库中出现频率的升高而上升

D. 字词的重要性随着它在文档中出现次数的增加而上升，随着它在语料库中出现频率的升高而上升

（4）关于逆文档频率说法错误的是（　　）。

A. 逆文档频率是一个词出现在文档集中文档频次的统计量

B. 一个词在文档集中越少的文档中出现，说明这个词对文档的区分能力越强

C. 一个词在文档集中越少的文档中出现，说明这个词对文档的区分能力越弱

D. 逆文档频率统计量的计算公式为 $\mathrm{idf}_i = \log\frac{|D|}{|\{j: t_i \in d_j\}|+1}$

（5）一篇文章在讲各式各样的水果及其功效，当“水果”这一关键词没有直接出现在文本中时，应该使用（　　）。

A. TF-IDF 算法　　B. TextRank 算法

C. 主题模型算法　　D. PageRank 算法

2. 操作题

（1）完成本章中的所有代码操作。

（2）更换本章实战中的文本，利用 3 种算法的自定义函数实现关键词提取。

（3）利用 gensim 库中的函数提取关键词，通过实例实现关键词提取。

第7章 文本向量化

在我国加快建设制造强国、质量强国、航天强国、交通强国、网络强国、数字中国进程中，计算机计算能力大幅提升，机器学习和深度学习都有了较大的发展，NLP 越来越多地应用机器学习和深度学习工具解决问题。在这种背景下，文本向量化成为 NLP 中非常重要的内容，因为文本向量化可将文本空间映射到一个向量空间，从而使文本可计算。本章介绍文本向量化的概念、文本离散表示的常用方法和文本分布式表示的方法，并通过实例介绍文本相似度的计算方法。

学习目标

（1）了解文本向量化的基本概念。
（2）了解文本离散表示的常用方法。
（3）熟悉文本向量化模型 Word2Vec 和 Doc2Vec 的基本原理。
（4）掌握 Word2Vec 和 Doc2Vec 模型的训练流程和文本相似度的计算方法。

7.1 文本向量化简介

文本向量化就是将文本表示成一系列能够表达文本语义的机读向量，它是文本表示的一种重要方式。在 NLP 中，文本向量化是一个重要环节，其产出向量的质量直接影响后续模型的表现，例如，在一个文本相似度比较的任务中，可以取文本向量的余弦值作为文本相似度，也可以将文本向量输入神经网络进行计算得到文本相似度，但是无论后续模型是怎样的，前期的文本向量化都会影响整个文本相似度比较的准确性。

就像图像领域天然有着高维度和局部相关性的特性，NLP 领域也有着其自身的特性。一是计算机任何计算的前提都是向量化，而文本难以直接被向量化；二是文本的向量化应当尽可能地包含语言本身的信息，但是文本中存在多种语法规则和其他种类的特性，这导致向量化比较困难；三是自然语言本身体现了人类社会的一种深层次的关系（如讽刺等语义），这种关系给向量化带来了挑战。

文本向量化按照向量化的粒度可以分为以字为单位、以词为单位和以句子为单位向量表达，可以根据不同的情景选择不同的向量表达方法和处理方式。目前，文本向量化的大部分研究是通过以词为单位的向量化进行的。随着深度学习技术的广泛应用，基于神经网络的文本向量化已经成为 NLP 领域的研究热点，尤其是以词为单位的向量化研究。Word2Vec 是目前的最典型的以词为单位生成词向量的工具，其特点是将所有的词向量化，这样词与词之间的关系即可度量，并且它们之间的联系也可挖掘。也有一部分研究将句子作为文本处理的基本单元，于是就产生了 Doc2Vec 和 Str2Vec 等技术。

7.2 文本离散表示

文本向量化主要有离散表示和分布式表示两种。离散表示是一种基于规则和统计的向量化方式，常用的方法有词集模型和词袋（BOW）模型。两类模型都以词之间保持独立性、没有关联为前提，将所有文本中的词形成一个字典，然后根据字典统计词的出现频数。这两类模型也存在不同之处。例如，词集模型采用独热表示（one-hot representation），只要单个文本中的单词出现在字典中，就将其置为 1，不管出现多少次；而在 BOW 模型中只要文本中的一个词出现在字典中，就将其向量值加 1，出现多少次就加多少次。文本离散表示的特点是忽略文本信息中的语序信息和语境信息，仅将其反映为若干维度的独立概念。由于这类模型本身无法解决某些问题，如主语和宾语的顺序问题，因此会无法理解诸如“我为你鼓掌”和“你为我鼓掌”两个语句之间的区别。

7.2.1 独热表示

独热表示用一个长的向量表示一个词，向量长度为字典的大小，每个向量只有一个维度的数值为 1，其余维度的数值全部为 0，为 1 的维度表示该词语在字典中的位置。

例如，有两句话“小张喜欢看电影，小王也喜欢。”和“小张也喜欢看足球比赛。”首先对这两句话分词后构造一个字典，字典的键是词语，值是 ID，即{"小张": 1, "喜欢": 2, "也": 3, "看": 4, "电影": 5, "足球": 6, "比赛": 7, "小王": 8 }。然后根据 ID 值对每个词语进行向量化，用 0 和 1 代表这个词是否出现，如“小张”和“小王”的独热表示分别为[1, 0, 0, 0, 0, 0, 0, 0]，[0, 0, 0, 0, 0, 0, 0, 1]。

独热表示词向量构造简单，但通常不是好的选择，它有明显的缺点，具体如下。

（1）维数过高。上例只有两句话，每个词是一个 8 维向量，随着语料的增加，维数会越来越大，最终导致维数灾难。

（2）矩阵稀疏。利用独热表示的每一个词向量只有一个维度的数值是 1，其他维度上的数值都为 0。

（3）不能保留语义。独热表示的结果不能保留词语在句子中的位置信息。

7.2.2 BOW 模型

BOW 模型用一个向量表示一句话或一个文档。BOW 模型忽略文档的词语顺序、语法、句法等要素，将文档看作若干个词汇的集合，文档中每个词都是独立的。

BOW 模型每个维度上的数值代表 ID 对应的词在句子中出现的频次。上例中两句话的 BOW 模型向量化表示分别为[1, 2, 1, 1, 1, 0, 0, 1]，[0, 1, 1, 1, 0, 1, 1, 1]。

BOW 模型也存在自己的缺点，具体如下。

（1）不能保留语义。不能保留词语在句子中的位置信息，如“我为你鼓掌”和“你为我鼓掌”的向量化结果没有区别。“我喜欢北京”和“我不喜欢北京”这两个文本语义相反，但 BOW 模型却认为它们是相似的文本。

（2）维数高和稀疏性。当语料增加时，维数也会增大，一个文本里不出现的词就会增多，导致矩阵稀疏。

7.2.3 TF-IDF 表示

TF-IDF 表示是用一个向量表示一句话或一个文档，它是在 BOW 模型的基础上对词出现的频次赋予 TF-IDF 权值，对 BOW 模型进行修正，进而表示该词在文档集合中的重要程度。

7.3 文本分布式表示

文本分布式表示是将每个词根据上下文从高维空间映射到一个低维度、稠密的向量上。文本分布式表示的思想是词的语义根据上下文信息确定，即相同语境中的词语义相近。分布式表示的优点是考虑到了词之间存在的相似关系，降低了词向量的维度。常用的方法有基于矩阵的分布表示、基于聚类的分布表示和基于神经网络的分布表示，如 LSA 矩阵分解模型、PLSA 潜在语义分析概率模型、LDA 文档生成模型和 Word2Vec 模型。

分布式表示与独热表示相比，在形式上，独热表示的词向量是一种稀疏词向量，其长度就是字典长度，而分布式表示是一种固定长度的稠密词向量；在功能上，分布式表示最大的特点是相关或相似的词在距离上比独热表示更接近。

7.3.1 Word2Vec 模型

Word2Vec 模型其实就是简单化的神经网络模型。随着深度学习技术的广泛应用，基于神经网络的文本向量化成为 NLP 领域的研究热点。2013 年，一款用于词向量建模的工具 Word2Vec 出现了，它引起了工业界和学术界的广泛关注。首先，Word2Vec 可以在百万数量级的字典和上亿的数据集上进行高效的训练；其次，利用该工具得到的训练结果可以很好地度量词与词之间的相似性。

Word2Vec 模型的输入是独热向量，根据输入和输出模式不同，Word2Vec 模型分为连续词袋（Continuous Bag-of-Words，CBOW）模型和跳字（Skip-Gram）模型。CBOW 模型的训练输入是某一个特定词的上下文对应的独热向量，而输出是这个特定词的概率分布。Skip-Gram 模型和 CBOW 模型的思路相反，输入是一个特定词的独热词向量，而输出是这个特定词的上下文的概率分布。CBOW 模型对小型语料较适用，而 Skip-Gram 模型在大型语料中的表现更好。

Word2Vec 模型特点是：当模型训练好后，并不会使用训练好的模型处理新的任务，真正需要的是模型通过训练数据所得的参数，如隐藏层的权重矩阵。

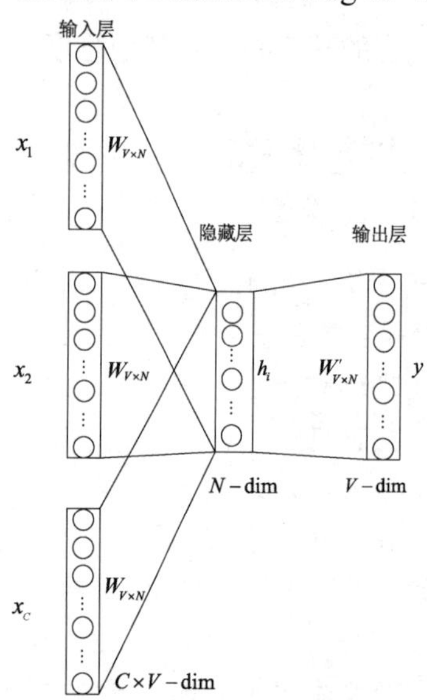

图 7-1 CBOW 模型的结构

1. CBOW 模型

CBOW 模型根据上下文的词语预测目标词出现的概率，其结构如图 7-1 所示。CBOW 模型的神经网络包含输入层、隐藏层和输出层。输入层输入的是某一个特定词上下文的独热向量，输出层的输出是在给定上下文的条件下特定词的概率分布。

（1）CBOW 模型的网络结构。假设某个特定词的上下文含 C 个词，词汇表中词汇量的大小为 V，每个词都用独热向量表示，神经网络相邻层的神经元是全连接的。CBOW 模型的网络结构如下。

① 输入层含有 C 个单元，每个单元含有 V 个神经元，用于输入 V 维独热向量。

② 隐藏层的神经元个数为 N，在输入层中，每个单元到隐藏层连接权重值共享一个 $V\times N$ 维的权重矩阵 $\boldsymbol{W}$，如式（7-1）所示。

$$\boldsymbol{W}=\begin{pmatrix} v_{11} & v_{12} & \cdots & v_{1N} \\ v_{21} & v_{22} & \cdots & v_{2N} \\ \vdots & \vdots & & \vdots \\ v_{V1} & v_{V2} & \cdots & v_{VN} \end{pmatrix} \tag{7-1}$$

③ 输出层含有 V 个神经元，隐藏层到输出层连接权重为 $N\times V$ 维的权重矩阵 $\boldsymbol{W}'$，如式（7-2）所示。

$$\boldsymbol{W}'=\begin{pmatrix} v'_{11} & v'_{12} & \cdots & v'_{1V} \\ v'_{21} & v'_{22} & \cdots & v'_{2V} \\ \vdots & \vdots & & \vdots \\ v'_{N1} & v'_{N2} & \cdots & v'_{NV} \end{pmatrix} \tag{7-2}$$

④ 输出层神经元的输出值表示词汇表中每个词的概率分布，可以利用 softmax 函数计算每个词出现的概率。

（2）CBOW 模型的数学形式如下。

① CBOW 模型的简单形式。

假定预测目标词的上下文只有一个词，也就是说模型是在只有一个上下文的情况下预测一个目标词，此时 CBOW 模型的结构如图 7-2 所示。

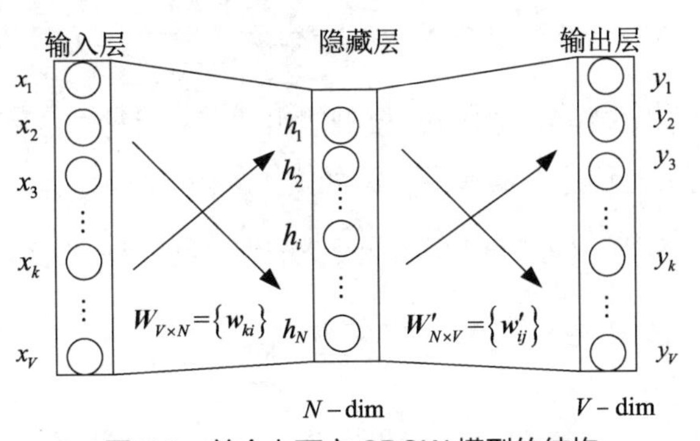

图 7-2　单个上下文 CBOW 模型的结构

模型的输入为一个 V 维独热词向量，输出也是一个 V 维向量，它包含 V 个词的概率，每个概率代表输入一个词的条件下输出词的概率。

假设给定了一个输入 $\boldsymbol{x}$（独热向量），则隐藏层的输出如式（7-3）所示。

$$h=\boldsymbol{x}^{\mathrm{T}}\boldsymbol{W} \tag{7-3}$$

输出层每个神经元的输入如式（7-4）所示。

$$u_j=\boldsymbol{w}'^{\mathrm{T}}_j\cdot h \tag{7-4}$$

其中，$\boldsymbol{w}'_j$是矩阵$\boldsymbol{W}'$的第j列向量。

词汇表中的词用$\boldsymbol{w}$表示，$\boldsymbol{w}_I$表示实际输入的词，$\boldsymbol{w}_O$表示目标词，词汇表中第j个词用$\boldsymbol{w}_j$表示，条件概率$p(\boldsymbol{w}_o=\boldsymbol{w}_j|\boldsymbol{w}_I)$表示输入词为$\boldsymbol{w}_I$、目标词为$\boldsymbol{w}_j$的概率。输出层每个神经元的输出值用 softmax 函数计算，当输入词为$\boldsymbol{w}_I$，词汇表中每个词为目标词的概率如式（7-5）所示。

$$y_j=p(\boldsymbol{w}_O=\boldsymbol{w}_j|\boldsymbol{w}_I)=\frac{\exp(\boldsymbol{u}_j)}{\sum_{j'=1}^{V}\exp(\boldsymbol{u}_{j'})},\quad j=1,2,\cdots,V \tag{7-5}$$

② CBOW 模型的一般形式。

在实际问题中，一个特定词的上下文往往有许多词，需要在给定多个词的条件下，预测特定词出现的概率。这种情况下，利用上述简单形式的 CBOW 模型的思路，先将多个输入做平均，然后将平均值看作隐藏层的输入，如式（7-6）所示。

$$h=\frac{1}{C}(\boldsymbol{x}_1+\boldsymbol{x}_2+\cdots+\boldsymbol{x}_C)^{\mathrm{T}}\boldsymbol{W} \tag{7-6}$$

因为每个输入$\boldsymbol{x}_i(i=1,2,\cdots,C)$是独热词向量，所以式（7-6）可以简化为式（7-7）。

$$h=\frac{1}{C}(v_1+v_2+\cdots+v_C) \tag{7-7}$$

其中，$v_i=\boldsymbol{x}_i^{\mathrm{T}}\boldsymbol{W}$。

输出层每个神经元的输入如式（7-8）所示。

$$\boldsymbol{u}_j=\boldsymbol{w}_j'^{\mathrm{T}}\cdot h \tag{7-8}$$

在输入为$\boldsymbol{w}_1,\boldsymbol{w}_2,\cdots,\boldsymbol{w}_C$的条件下，词汇表中第$j$个词$\boldsymbol{w}_j$的条件概率记为$p(\boldsymbol{w}_O=\boldsymbol{w}_j|\boldsymbol{w}_1,\boldsymbol{w}_2,\cdots,\boldsymbol{w}_C)$。一般形式 CBOW 模型的输出值与式（7-5）形式相同，如式（7-9）所示。

$$\boldsymbol{y}_j=p(\boldsymbol{w}_O=\boldsymbol{w}_j|\boldsymbol{w}_1,\boldsymbol{w}_2,\cdots,\boldsymbol{w}_C)=\frac{\exp(\boldsymbol{u}_j)}{\sum_{i=1}^{V}\exp(\boldsymbol{u}_i)},\quad j=1,2,\cdots,V \tag{7-9}$$

（3）CBOW 模型的损失函数。CBOW 模型输出的真实目标词的概率记为$p(\boldsymbol{w}_O|\boldsymbol{w}_{I_1},\boldsymbol{w}_{I_2},\cdots,\boldsymbol{w}_{I_C})$，训练的目的就是使这个概率最大，如式（7-10）所示。

$$\begin{aligned}\max p(\boldsymbol{w}_O|\boldsymbol{w}_{I_1},\boldsymbol{w}_{I_2},\cdots,\boldsymbol{w}_{I_C})&=\max\log p(\boldsymbol{w}_O|\boldsymbol{w}_{I_1},\boldsymbol{w}_{I_2},\cdots,\boldsymbol{w}_{I_C})\\&=\max\log\frac{\exp(\boldsymbol{u}_{j^*})}{\sum_{j'=1}^{V}\exp(\boldsymbol{u}_{j'})}\\&=\max(\boldsymbol{u}_{j^*}-\log\sum_{j'=1}^{V}\exp(\boldsymbol{u}_{j'}))\end{aligned} \tag{7-10}$$

其中，j^*表示真实目标词在词汇表中的下标。

在实际求解过程中，习惯求解目标函数的最小值，因此，定义损失函数如式（7-11）所示。

$$\begin{aligned}E&=-\log p(\boldsymbol{w}_O|\boldsymbol{w}_{I_1},\boldsymbol{w}_{I_2},\cdots,\boldsymbol{w}_{I_C})\\&=\log\sum_{j'=1}^{V}\exp(\boldsymbol{u}_{j'})-\boldsymbol{u}_{j^*}\end{aligned} \tag{7-11}$$

（4）CBOW 模型学习步骤。假设词向量空间维度为V，上下文词的个数为C，词汇表中的所有词都转化为独热向量，CBOW 模型的学习步骤如下。

① 初始化权重矩阵 $\boldsymbol{W}$（$V \times N$ 矩阵，N 为人为设定的隐藏层单元的数量），输入层的所有独热向量分别乘以共享的权重矩阵 $\boldsymbol{W}$，得到隐藏层的输入向量。

② 对隐藏层的输入向量求平均，将结果作为隐藏层的输出。

③ 隐藏层的输出向量乘以权重矩阵 $\boldsymbol{W}'$（$N \times V$ 矩阵），得到输出层的输入向量。

④ 输入向量通过激活函数处理得到输出层的概率分布。

⑤ 计算损失函数。

⑥ 更新权重矩阵。

CBOW 模型由权重矩阵 $\boldsymbol{W}$ 和 $\boldsymbol{W}'$ 确定，学习的过程就是确定权重矩阵 $\boldsymbol{W}$ 和 $\boldsymbol{W}'$ 的过程，权重矩阵可以通过随机梯度下降法确定。具体过程是先给权重赋一个随机值进行初始化，然后按顺序训练样本，计算损失函数及其梯度，再在梯度方向更新权重矩阵。

2. Skip-Gram 模型

Skip-Gram 模型与 CBOW 模型相反，是根据目标词预测上下文。Skip-Gram 模型的结构如图 7-3 所示。

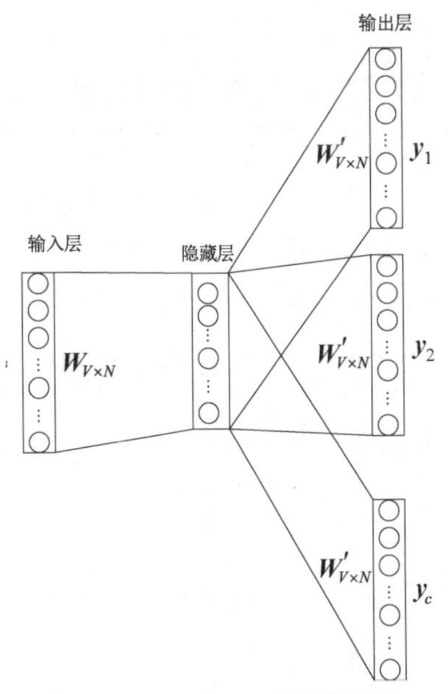

图 7-3 Skip-Gram 模型的结构

（1）Skip-Gram 模型的结构组成。假设词汇表中词汇量的大小为 V，隐藏层的大小为 N，相邻层的神经元是全连接的，Skip-Gram 模型的结构组成如下。

① 输入层含有 V 个神经元，输入是一个 V 维独热向量。

② 输入层到隐藏层连接权重是一个 $V \times N$ 维的权重矩阵 $\boldsymbol{W}$，如式（7-1）所示。

③ 输出层含有 C 个单元，每个单元含有 V 个神经元，隐藏层到输出层每个单元连接权重共享一个 $N \times V$ 维的权重矩阵 $\boldsymbol{W}'$，如式（7-2）所示。

④ 输出层每个单元使用 softmax 函数计算得到上下文的概率分布。

（2）Skip-Gram 模型的数学形式。假设给定一个输入 $\boldsymbol{x}$，则隐藏层的输出为一个 N 维向量，如式（7-12）所示。

$$h = \boldsymbol{x}^{\mathrm{T}}\boldsymbol{W} \tag{7-12}$$

输出层有 $C \times V$ 个输出神经元，每个神经元节点的净输入如式（7-13）所示。

$$\boldsymbol{u}_{c,j} = \boldsymbol{v}'^{\mathrm{T}}_{\boldsymbol{W}_j} \cdot h \tag{7-13}$$

其中，$\boldsymbol{u}_{c,j}$ 为输出层第 c 个单元的第 j 个神经元的净输入，$\boldsymbol{v}'_{\boldsymbol{W}_j}$ 是矩阵 $\boldsymbol{W}'$ 的第 j 列向量。

由于每个输出单元共享相同的 $\boldsymbol{W}'$，所以每个单元的第 j 个神经元的净输入相同，即 $\boldsymbol{u}_{c,j} = \boldsymbol{u}_j$。净输入经过 softmax 函数计算后，输出层第 c 个单元的第 j 个神经元的输出如式（7-14）所示。

$$\boldsymbol{y}_{c,j} = p(\boldsymbol{w}_{c,j} = \boldsymbol{w}_{o,c} | \boldsymbol{w}_I) = \frac{\exp(\boldsymbol{u}_{c,j})}{\sum_{j'=1}^{V}\exp(\boldsymbol{u}_{j'})}, \quad j = 1,2,\cdots,V \tag{7-14}$$

其中，$\boldsymbol{w}_{c,j}$ 表示输出层第 c 个单元的第 j 个神经元对应词汇表中的词；$\boldsymbol{w}_{o,c}$ 表示实际的第 c 个单元的词；$\boldsymbol{w}_I$ 表示输入的特定词；$\boldsymbol{y}_{c,j}$ 表示输出层第 c 个单元的第 j 个神经元的输出；$p(\boldsymbol{w}_{c,j} = \boldsymbol{w}_{o,c} | \boldsymbol{w}_I)$ 表示输入特定词时，输出的第 c 个单元上的词就是上下文第 c 个词的概率。

（3）Skip-Gram 模型的损失函数。模型训练的目标是：给定一个特定词，使输出的 C 个单元为实际的 C 个上下文的概率最大，即最大化条件概率，如式（7-15）所示。

$$p(\boldsymbol{w}_{o,1}, \boldsymbol{w}_{o,2}, \cdots, \boldsymbol{w}_{o,c} | \boldsymbol{w}_I) = p(\boldsymbol{w}_{o,1} | \boldsymbol{w}_I) p(\boldsymbol{w}_{o,2} | \boldsymbol{w}_I) \cdots p(\boldsymbol{w}_{o,c} | \boldsymbol{w}_I) \tag{7-15}$$

Skip-Gram 模型的损失函数定义如式（7-16）所示。

$$\begin{aligned} E &= -\log p(\boldsymbol{w}_{o,1}, \boldsymbol{w}_{o,2}, \cdots, \boldsymbol{w}_{o,c} | \boldsymbol{w}_I) \\ &= -\log p(\boldsymbol{w}_{o,1} | \boldsymbol{w}_I) p(\boldsymbol{w}_{o,2} | \boldsymbol{w}_I) \cdots p(\boldsymbol{w}_{o,c} | \boldsymbol{w}_I) \\ &= -\log \prod_{c=1}^{C} \frac{\exp(\boldsymbol{u}_{c,j_c^*})}{\sum_{j'=1}^{V}\exp(\boldsymbol{u}_{j'})} \\ &= \sum_{c=1}^{C} \boldsymbol{u}_{c,j_c^*} + C \cdot \log \sum_{j'=1}^{V} \exp(\boldsymbol{u}_{j'}) \end{aligned} \tag{7-16}$$

其中，j_c^* 是第 c 个单元上的词在词汇表中的索引。

7.3.2 Doc2Vec 模型

利用 Word2Vec 模型获取一段文本的向量时，一般做法是先对文本分词，提取文本的关键词，用 Word2Vec 模型获取这些关键词的词向量，然后计算这些关键词向量的平均值，或将这些词向量拼接起来，得到一个新的向量，将其看作这个文本的向量。然而，这种方法只保留了句子或文本中词的信息，丢失了文本中的主题信息。为此，有研究者在 Word2Vec 模型的基础上提出了文本向量化 Doc2Vec 模型。

Doc2Vec 模型与 Word2Vec 模型类似，只是在 Word2Vec 模型输入层增添了一个与词向量同维度的段落向量，可以将这个段落向量看作另一个词向量。

Doc2Vec 技术存在两种模型，它们分别是分布式记忆（Distributed Memory，DM）模型和分布式词袋（Distributed Bag of Words，DBOW）模型，分别对应 Word2Vec 模型里的 CBOW 模型和 Skip-Gram 模型。

1. DM 模型

DM 模型与 CBOW 模型类似，在给定上下文的前提下，试图预测目标词出现的概率，只不过 DM 模型的输入不仅包括上下文，还包括相应的段落。

假设词汇表中词汇量的大小为 V，每个词都用独热向量表示，神经网络相邻层的神经元是全连接的，则 DM 模型的网络结构如下。

① 输入层含一个段落单元、C 个上下文单元，每个单元有 V 个神经元，用于输入 V 维独热向量。

② 隐藏层的神经元个数为 N，段落单元到隐藏层连接权重为 $V \times N$ 维矩阵 $\boldsymbol{D}$，每个上下文单元到隐藏层连接权重是一个 $V \times N$ 维的权重矩阵 $\boldsymbol{W}$，如式（7-1）所示。

③ 输出层含有 V 个神经元，隐藏层到输出层连接权重为 $N \times V$ 维的权重矩阵 $\boldsymbol{W}'$，如式（7-2）所示。

④ 利用 softmax 函数计算输出层的神经元输出值。

DM 模型增加了一个与词向量长度相等的段落向量，即 Paragraph ID，从输入到输出的计算过程如下，其结构如图 7-4 所示。

① Paragraph ID 通过矩阵 $\boldsymbol{D}$ 映射为段落向量。段落向量和词向量的维数虽然一样，但是分别代表两个不同的向量空间。每个段落或句子被映射到向量空间中时，都可以用矩阵 $\boldsymbol{D}$ 的一列表示。

② 上下文通过矩阵 $\boldsymbol{W}$ 映射到向量空间，用矩阵 $\boldsymbol{W}$ 的一列表示。

③ 对段落向量和词向量求平均值或按顺序拼接后输入 softmax 层。

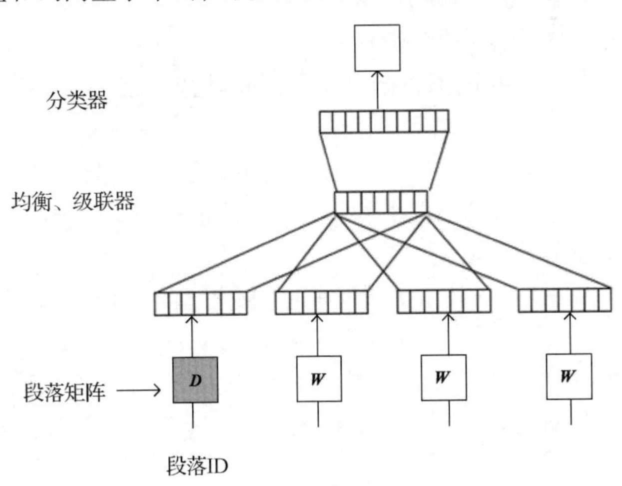

图 7-4　DM 模型的结构

在句子或文档的训练过程中，Paragraph ID 始终保持不变，共享同一个段落向量，相当于每次在预测单词的概率时，都利用了整个句子的语义。这个段落向量也可以认为是一个词，它的作用相当于上下文的记忆单元或这个段落的主题。

在预测阶段，预测的句子新分配一个 Paragraph ID，词向量和输出层的参数保持不变，重新利用随机梯度下降法训练预测的句子，待误差收敛后即可得到预测句子的段落向量。

2. DBOW 模型

与 Skip-Gram 模型只给定一个词语预测上下文概率分布类似，DBOW 模型的输入只有段落向量，其结构如图 7-5 所示。DBOW 模型通过一个段落向量预测段落中随机词的概率分布。

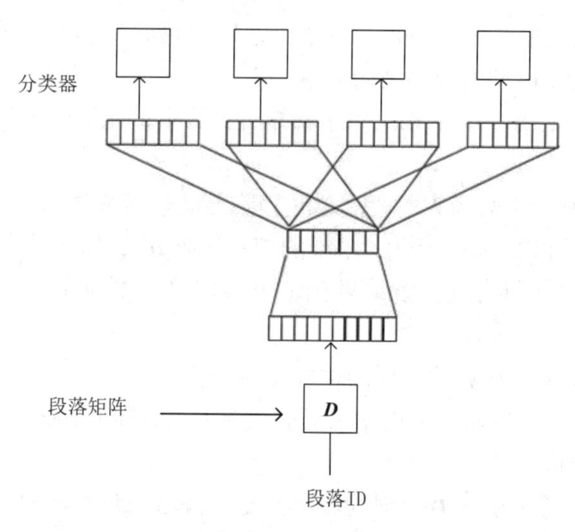

图 7-5　DBOW 模型的结构

DBOW 模型的训练方法为忽略输入的上下文，让模型去预测段落中随机的一个词，在每次迭代的时候从文本中采样得到一个窗口，再从这个窗口中随机采样一个词作为预测任务，并让模型去预测，输入就是段落向量。

Doc2Vec 模型主要包括以下两个步骤。

（1）训练模型。在已知的训练数据中得到词向量 $\boldsymbol{W}$ 、各参数项和段落向量或句子向量 $\boldsymbol{D}$ 。

（2）推断过程。对于新的段落，需要得到它的向量表达。具体做法是：在矩阵 $\boldsymbol{D}$ 中添加更多的列，并且在固定参数的情况下利用上述方法进行训练，使用随机梯度下降法得到新的 $\boldsymbol{D}$ ，从而得到新段落的向量表达。

Doc2Vec 技术从 Word2Vec 技术扩展而来，DM 模型与 CBOW 模型相对应，所以 DM 模型可以根据上下文词向量和段落向量预测目标词的概率分布；DBOW 模型与 Skip-Gram 模型对应，所以只输入段落向量，DBOW 模型可预测从段落中随机抽取的词组的概率分布。总而言之，Doc2Vec 是 Word2Vec 的升级，Doc2Vec 不仅提取文本的语义信息，还提取文本的语序信息。

7.4 任务：文本相似度计算

在实际应用中，虽然文本向量化应用的场景常有不同，如文本分类、文本聚类、情感分析等，但是文本向量化的训练和使用方式却类似。本节将对两篇论文进行向量化，计算两篇论文之间的相似度，并为读者介绍 Word2Vec 模型和 Doc2Vec 模型具体的训练和应用流程。本节使用 gensim 库进行具体的代码实现，内容主要包括词向量的训练、段落向量的训练和文本相似度计算。

7.4.1　Word2Vec 词向量的训练

NLP 的任务离不开语料数据的支持，词向量的训练也不例外。词向量的训练分两个步骤完成，先对中文语料进行预处理，然后利用 gensim 库训练词向量。

1. 中文语料预处理

训练词向量需要有一个包含大量数据的语料库，本书第 2 章介绍过国内外一些著名的语料库，本小节使用某网站的中文网页数据作为训练语料库。

中文语料预处理主要包含以下 3 个步骤。

（1）将 XML 格式的语料文件读入后存储为 TXT 格式。

（2）将繁体字转换为简体字。

（3）利用 jieba 库对语料库中的句子进行分词。

中文语料预处理的具体过程如代码 7-1 所示。

代码 7-1　中文语料预处理的具体过程

```
from gensim.corpora import WikiCorpus
import os
import jieba
import gensim  # 加载gensim库自动提取文档语义主题
from langconv import Converter  # 加载Converter库转化繁体字
from gensim.models import Word2Vec  # 加载Word2Vec模块训练词向量
# 加载LineSentence库将类别加入向量的训练中
from gensim.models.word2vec import LineSentence
def reduce_zh():
    space = ' '
    i = 0
    l = []
    zh_name = '../data/zh-latest-pages-articles.xml.bz2'
    f = open('../data/reduce_zh.txt', 'w', encoding='utf-8')  # 读取语料
    wkc = WikiCorpus(zh_name, lemmatize=False,
                     dictionary={})  # 从XML文件中读出的训练语料
    for text in wkc.get_texts():
        for temp_sentence in text:
            temp_sentence = Converter('zh-hans').convert(temp_sentence)
# 将繁体字转换成简体字
            seg_list = list(
                jieba.cut(temp_sentence))  # 利用jieba库对语料库中的句子进行分词
            for temp_term in seg_list:
                l.append(temp_term)
        f.write(space.join(l) + '\n')  # 将处理完的语料存入TXT文档
        l = []
        i = i + 1
        if (i % 200 == 0):
            print('Saved ' + str(i) + 'articles')
    f.close()
```

代码 7-1 中的 reduce_zh 函数的功能包括格式、字体的转换和分词的操作。其中，WikiCorpus 函数处理从 XML 文件中读出的训练语料，Converter 函数用于将繁体字转换为简体字，jieba.cut 函数用于对语料库中的句子进行分词，最后将处理完的语料存入 TXT 文档。

2. 词向量训练

当中文语料预处理完成后，使用 gensim 库训练词向量，如代码 7-2 所示。

代码 7-2 使用 gensim 库训练词向量

```
def train():
      wk_news = open('../data/reduce_zh.txt', 'r', encoding='utf-8')
      model = Word2Vec(LineSentence(wk_news), sg=0, size=192, window=5,
min_count=5,
                    workers=9)  # 使用 Word2Vec 函数训练词向量
      model.save('../tmp/zhwk_news.word2vec')

if __name__ == '__main__':
     if os.path.exists('../tmp/zhwk_news.word2vec') == False:
          print('开始训练模型')
          train()
          print('模型训练完毕')
```

代码 7-2 中的 train 函数使用 gensim.models 中的 Word2Vec 函数训练词向量。Word2Vec 函数的第一个参数表示预处理后的训练语料库；sg=0 表示使用 CBOW 模型训练词向量，sg=1 则表示使用 Skip-Gram 模型训练词向量；参数 size 表示词向量的维度；参数 window 表示目标词与预测词的最大距离，参数值越大所需枚举的预测词就越多，计算时间也就越长；参数 min_count 表示词语出现的最小次数，如果一个词语出现的次数小于 min_count，则直接忽略该词语；参数 workers 表示训练词向量时使用的线程数。

由于语料较多，所以进行数据预处理和训练需要等待较长的时间。因此，代码 7-2 的最后设置了判断语句，如果检测到训练好的模型已存在则不需要再次训练网络。

训练完成后得到的词向量模型即可用于做一些应用，如计算“番茄”与“西红柿”，以及“卡车”与“货车”的相似度，如代码 7-3 所示。

代码 7-3 计算“番茄”与“西红柿”，以及“卡车”与“货车”的相似度

```
model = gensim.models.Word2Vec.load('../tmp/zhwk_news.word2vec')
print(model.similarity('番茄', '西红柿'))  # 相似度为 0.59
print(model.similarity('卡车', '货车'))  # 相似度为 0.76
```

7.4.2 Doc2Vec 段落向量的训练

与训练词向量类似，Doc2Vec 段落向量的训练同样分为数据预处理和利用 gensim 库训练段落向量两个步骤。

1. 数据预处理

定义 LabeledLineSentence 类对数据进行预处理，预处理过程与 Word2Vec 基本类似，如代码 7-4 所示。

代码 7-4　定义 LabeledLineSentence 类对数据进行预处理

```
import os
import jieba
import gensim
from langconv import Converter
from gensim.corpora import WikiCorpus

# 定义 LabeledLineSentence 类
class LabeledLineSentence(object):
    def __init__(self, wkc):
        self.wkc = wkc
        self.wkc.metadata = True

    def __iter__(self):
        for content, (page_id, title) in self.wkc.get_texts():
            yield gensim.models.doc2vec.TaggedDocument(
                words=[w for c in content for w in jieba.cut(
                    Converter('zh-hans').convert(c))], tags=[title])
```

代码 7-4 中定义的 LabeledLineSentence 类包含繁体字与简体字的转换操作和利用 jieba 库进行分词的操作。此外，gensim 库里的 Doc2Vec 提供的 LabeledSentence 函数还可以将文档标签（如类别）加入文档向量的训练中，因此 Doc2Vec 在训练时能够采用标签（tags）信息进行更好的辅助训练。相对于 Word2Vec 模型，这里的输入文档多了一个 tags 属性，如代码 7-4 的最后一行所示。

2. 段落向量训练

当数据预处理完成后，使用 gensim 库训练段落向量，如代码 7-5 所示。

代码 7-5　使用 gensim 库训练段落向量

```
def train():
    zh_name = '../data/zh-latest-pages-articles.xml.bz2'
    wkc = WikiCorpus(zh_name, lemmatize=False, dictionary={})
    documents = LabeledLineSentence(wkc)
    model = gensim.models.Doc2Vec(documents, dm=0, dbow_words=1,
                                  size=192, window=8, min_count=19,
                                   iter=5, workers=8)# 使用 Doc2Vec 函数训练段落向量
    model.save('../tmp/zhwk_news.doc2vec')

if __name__ == '__main__':
    if os.path.exists('../tmp/zhwk_news.doc2vec') == False:
        print('开始训练模型')
        train()
        print('模型训练完毕')
```

在代码 7-5 中，使用 Doc2Vec 函数训练段落向量，第一个参数 documents 表示预处理后用于训练的语料；dm=0 表示使用 DBOW 模型训练段落向量，dm=1 则表示使用 DM 模型训练段落向量；参数 size 表示段落向量的维度，参数 window、min_count、workers 的含义与 Word2Vec 函数相同。

当模型训练完成后，计算词语“番茄”与“西红柿”，以及“卡车”与“货车”的相似

度，如代码 7-6 所示。

代码 7-6 计算词语“番茄”与“西红柿”，以及“卡车”与“货车”的相似度

```
model = gensim.models.Doc2Vec.load('../tmp/zhwk_news.doc2vec')
print(model.similarity('番茄', '西红柿'))  # 相似度为 0.55
print(model.similarity('卡车', '货车'))  # 相似度为 0.78
```

7.4.3 计算文本的相似度

本小节分别使用 Word2Vec 模型和 Doc2Vec 模型计算两份文本的相似度。

1. 使用 Word2Vec 模型计算文本相似度

使用 Word2Vec 模型计算文本相似度包括以下 3 个步骤。

（1）提取文本中的关键词。

（2）使用 Word2Vec 模型将关键词向量化，并将所有关键词的词向量相加，得到文本的向量化表示。

（3）利用文本的向量化表示计算文本的相似度。

关键词提取算法在第 6 章有详细的介绍，本小节使用 jieba 库里的 tfidf 函数提取关键词，如代码 7-7 所示。

代码 7-7 使用 tfidf 函数提取关键词

```
import sys
import codecs  # 加载 codecs 库进行编码转换
import gensim
import numpy as np
import pandas as pd
from jieba import analyse
# 使用 TF-IDF 算法提取句子的关键词
def keyword_extract(data):
    tfidf = analyse.extract_tags
    keywords = tfidf(data)
    return keywords

# 对文档中的每句话进行关键词提取并保存
def segment(file, keyfile):
    with open(file, 'r', encoding='utf-8') as f, open(
            keyfile, 'w', encoding='utf-8') as k:
        for doc in f:
            keywords = keyword_extract(doc[:len(doc)-1])
            for word in keywords:
                k.write(word + ' ')
            k.write('\n')

# 获取字符串中某字符的位置和出现的总次数
def get_char_pos(string, char):
    chPos = []
    try:
        chPos = list(((pos) for pos, val in enumerate(string) if(val == char)))
    except:
```

```
        pass
    return chPos
```

在代码 7-7 中，keyword_extract 函数的功能是提取句子的关键词，使用的算法是 TF-IDF 算法；segment 函数用于对文档中的每句话进行关键词提取；get_char_pos 函数用于进行有关空格的操作。

利用训练好的词向量模型获取关键词的词向量，如代码 7-8 所示。

代码 7-8　获取关键词的词向量

```
def word2vec(file_name, model):
    wordvec_size = 192  # 词向量的维度
    with codecs.open(file_name, 'r', encoding='utf-8') as f:
        word_vec_all = np.zeros(wordvec_size)  # 生成包含 192 个元素的零矩阵
        for data in f:
            space_pos = get_char_pos(data, ' ')
            first_word = data[0: space_pos[0]]
            if model.__contains__(first_word):
                word_vec_all = word_vec_all + model[first_word]
            for i in range(len(space_pos) - 1):
                word = data[space_pos[i]: space_pos[i + 1]]
                if model.__contains__(word):  # 判断模型是否包含该词语
                    word_vec_all = word_vec_all + model[word]
        return word_vec_all
```

代码 7-8 中自定义的 word2vec 函数从文件中读取关键词，并利用训练好的词向量模型获取关键词的词向量。由于本书用于训练词向量的语料并不是特别多，没有囊括所有的汉语词语。因此，在获取一个词的词向量时应该判断模型是否包含该词语，如代码 7-8 的倒数第 3 行所示。

当得到文本中关键词的词向量后，计算两份文本的相似度，如代码 7-9 所示。

代码 7-9　计算两份文本的相似度

```
# 计算两个向量余弦值
def similarity(a_vect, b_vect):
    dot_val = 0.0
    a_norm = 0.0
    b_norm = 0.0
    cos = None
    for a, b in zip(a_vect, b_vect):
        dot_val += a * b
        a_norm += a ** 2
        b_norm += b ** 2
    if a_norm == 0.0 or b_norm == 0.0:
        cos = -1
    else:
        cos = dot_val / ((a_norm * b_norm) ** 0.5)
    return cos

def test_model(keyfile1, keyfile2):
    print('导入模型')
    model_path = '../tmp/zhwk_news.word2vec'
```

```
    model = gensim.models.Word2Vec.load(model_path)  # 加载模型
    vect1 = word2vcc(kcyfilc1, model)
    vect2 = word2vec(keyfile2, model)
    print(sys.getsizeof(vect1))  # 查看变量占用的空间大小
    print(sys.getsizeof(vect2))
    cos = similarity(vect1, vect2)
    print('相似度: %0.2f%%' % (cos * 100))

if __name__ == '__main__':
    file1 = '../data/corpus_test/t1.txt'
    file2 = '../data/corpus_test/t2.txt'
    keyfile1 = '../data/corpus_test/t1_key.txt'
    keyfile2 = '../data/corpus_test/t2_key.txt'
    segment(file1, keyfile1)
    segment(file2, keyfile2)
    test_model(keyfile1, keyfile2)
    file1 = '../data/corpus_test/t1_key.txt''
```

在代码 7-9 中，自定义的 similarity 函数用于计算向量间余弦值，该余弦值用于表示两个向量的相似度。运行该代码后可得出两份文本的相似度为 92.04%。

2. 使用 Doc2Vec 模型计算文本相似度

使用 Doc2Vec 模型计算文本相似度与使用 Word2Vec 模型计算文本相似度的操作类似，主要包括 3 个步骤，即首先对数据预处理，然后将文档向量化，最后计算文本相似度。使用 Doc2Vec 模型计算文本相似度，如代码 7-10 所示。

代码 7-10 使用 Doc2Vec 模型计算文本相似度

```
import sys
import re
import jieba
import codecs
import gensim
import numpy as np
import pandas as pd

def segment(doc: str):
    stop_words = pd.read_csv('../data/stopwords.txt', index_col=False, 
quoting=3,
                             names=['stopword'], sep='\n', encoding='utf-8')
    stop_words = list(stop_words.stopword)
    reg_html = re.compile(r'<[^>]+>', re.S)  # 去除 HTML 标签数字等
    doc = reg_html.sub('', doc)
    doc = re.sub('[0-9]', '', doc)
    doc = re.sub('\s', '', doc)
    word_list = list(jieba.cut(doc))
    out_str = ''
    for word in word_list:
        if word not in stop_words:
            out_str += word
            out_str += ' '
```

```
    segments = out_str.split(sep=' ')
    return segments

def doc2vec(file_name, model):
    start_alpha = 0.01
    infer_epoch = 1000
    doc = segment(codecs.open(file_name, 'r', 'utf-8').read())
    doc_vec_all = model.infer_vector(doc, alpha=start_alpha, steps=infer_epoch)
    return doc_vec_all

# 计算两个向量余弦值
def similarity(a_vect, b_vect):
    dot_val = 0.0
    a_norm = 0.0
    b_norm = 0.0
    cos = None
    for a, b in zip(a_vect, b_vect):
        dot_val += a * b
        a_norm += a ** 2
        b_norm += b ** 2
    if a_norm == 0.0 or b_norm == 0.0:
        cos = -1
    else:
        cos = dot_val / ((a_norm * b_norm) ** 0.5)
    return cos

def test_model(file1, file2):
    print('导入模型')
    model_path = '../tmp/zhwk_news.doc2vec'
    model = gensim.models.Doc2Vec.load(model_path)
    vect1 = doc2vec(file1, model)  # 转成句子向量
    vect2 = doc2vec(file2, model)
    print(sys.getsizeof(vect1))  # 查看变量占用的空间大小
    print(sys.getsizeof(vect2))
    cos = similarity(vect1, vect2)
    print('相似度: %0.2f%%' % (cos * 100))

if __name__ == '__main__':
    file1 = '../data/corpus_test/t1.txt'
    file2 = '../data/corpus_test/t2.txt'
    test_model(file1, file2)
```

在代码 7-10 中，segment 函数用于去停用词和其他的数据预处理操作；doc2vec 函数中的第 5 行为句子的向量化操作，通过加载训练好的模型迭代找出合适的向量代表并输入文档；similarity 函数使用余弦值计算两个向量的相似度。运行该代码后可得出两份文本的相似度为 74.99%。

3. 两种相似度计算方法分析

使用 Word2Vec 和 Doc2Vec 两种模型计算文本相似度的结果显示，利用 Word2Vec 模型

计算的相似度为 92.04%，高于 Doc2Vec 模型得到的 74.99%。查看这两份文本可以发现，它们之间相似度确实较高，因此得到的这两个结果都是较为合理的。但是这并不能说明 Word2Vec 模型更胜一筹。通常情况下，Doc2Vec 模型的效果可能会更加准确，这是因为 Doc2Vec 模型除了利用词语的语义信息外，还综合了上下文的语序信息，而 Word2Vec 模型在训练时会丢失语序信息。查看 Word2Vec 模型提取的两份文本的关键词可以发现它们的多数词语相同，可能因为这两份文本本身较为相似。另外，Word2Vec 模型中的关键词提取算法准确率达到了较高的水平，保留了许多关键信息。

小结

本章主要介绍了文本向量化的基本概念和两种表示方法。首先介绍了文本向量化的基本概念。接着分别介绍了文本向量化的离散表示和分布式表示，其中离散表示介绍了独热表示、BOW 模型和 TF-IDF 表示 3 种表示方法，分布式表示介绍了 Word2Vec 模型和 Doc2Vec 模型两个模型。最后结合代码详细介绍了利用 gensim 库进行文本向量化的模型训练和应用。

实训

实训 1　实现基于 Word2Vec 模型的新闻语料词向量训练

1. 训练要点

（1）掌握对新闻语料进行预处理的方法。

（2）掌握使用 Word2Vec 模型进行词向量训练的方法。

2. 需求说明

对 2019 年《人民日报》每日新闻的语料库中的语料进行预处理，并通过 Word2Vec 模型实现文本向量化。

3. 实现思路与步骤

（1）读取 TXT 文件形式的新闻语料库。

（2）提取新闻文本内容并进行预处理，查看数据是否存在缺失值，并对其进行去重操作。

（3）使用 jieba 分词默认字典切分新闻内容。

（4）对分词后的结果去停用词，并处理数据中的一些无意义的“\u3000”\和“\xa0”形式的空格。

（5）保存处理后的数据集。

（6）获取保存后的训练数据集，并使用 gensim 库中的 word2vec 函数训练词向量。

实训 2　实现基于 Doc2Vec 模型的新闻语料段落向量训练

1. 训练要点

掌握使用 Doc2Vec 模型进行段落向量训练的方法。

2. 需求说明

针对实训 1 中已经处理好的新闻文本语料，使用 Doc2Vec 模型实现文本向量化。

3. 实现思路与步骤

（1）读取实训 1 中已保存的训练数据集。

（2）将每个标签或编号与训练语料库中对应的 document 相关联。

（3）使用 gensim 库中的 Doc2Vec 函数训练段落向量。

实训 3　使用 Word2Vec 模型和 Doc2Vec 模型计算新闻文本的相似度

1. 训练要点

（1）掌握使用 Word2Vec 模型计算文本相似度的方法。

（2）掌握使用 Doc2Vec 模型计算文本相似度的方法。

2. 需求说明

分别使用 Word2Vec 模型和 Doc2Vec 模型计算两个新闻文本的相似度。

3. 实现思路与步骤

使用 Word2Vec 模型计算文本相似度包括以下 3 个步骤。

（1）提取新闻文本中的关键词。

（2）使用 Word2Vec 模型将关键词向量化，并将所有关键词的词向量相加，得到文本的向量化表示。

（3）利用文本的向量化表示计算文本的相似度。

使用 Doc2Vec 模型计算文本相似度主要包括 3 个步骤。

（1）对新闻文本进行去停用词等数据预处理。

（2）将句子向量化，通过加载训练好的模型迭代找出合适的向量代表并输入文档。

（3）使用余弦值计算文本相似度。

课后习题

1. 选择题

（1）独热表示的缺点不包括（　　）。

A. 构造简单　　B. 维数过高　　C. 不可以保留语义　　D. 矩阵稀疏

（2）BOW 模型其中的一个缺点是（　　）。

A. 可以保留语义　　B. 维数低

C. 没有忽略文档的词语顺序　　D. 矩阵稀疏

（3）不属于分布式表示模型的是（　　）。

A. 分类模型　　B. LSA 矩阵分解模型

C. PLSA 潜在语义分析概率模型　　D. Word2Vec 模型

（4）下列关于 Word2Vec 模型说法正确的是（　　）。

A. 得到的训练结果不能度量词与词之间的相似性

B. 当这个模型训练好以后，需要用这个训练好的模型处理新的任务

C. 真正需要的是这个模型通过训练数据所得的参数

D. Word2Vec 模型其实就是简化的遗传算法模型

（5）DM 模型与 CBOW 模型的区别为（　　）。

A. DM 模型的输入包括上下文

B. DM 模型预测目标词出现的概率

C. DM 模型输入不仅包括上下文，而且还包括相应的段落

D. CBOW 模型输入包括上下文

2. 操作题

（1）调整 gensim 库中 word2vec 函数的参数，并训练模型，利用训练好的模型计算词语“番茄”与“西红柿”，以及“卡车”与“货车”的相似度。

（2）调整 gensim 库中 doc2vec 函数的参数，并训练模型，利用训练好的模型计算词语“番茄”与“西红柿”，以及“卡车”与“货车”的相似度。

（3）另找两份文本，利用调整参数后训练好的模型，计算文本的相似度。

第 8 章 文本分类与文本聚类

文本分类和文本聚类是 NLP 任务中的基础性工作，其目的是对文本资源进行整理和归类，是解决文本信息过载问题的关键环节。文本分类常采用机器学习中的朴素贝叶斯、决策树、逻辑回归和支持向量机等算法，文本聚类则常采用 K-means 算法。本章首先介绍文本挖掘的基本概念，然后介绍文本分类和文本聚类的常用算法与步骤，最后通过实例演示文本分类算法和文本聚类算法在 NLP 中的实际应用。

学习目标

（1）了解文本挖掘的基本概念。
（2）熟悉常用的文本分类和文本聚类算法。
（3）掌握实现文本分类和文本聚类的步骤。

8.1 文本挖掘简介

随着网络时代的到来，用户可获得的信息包含从技术资料、商业信息到新闻报道、娱乐资讯等多种类别和形式的文档，这些文档构成了一个异常庞大的具有异构性、开放性特点的分布式数据库，这个数据库中存放的是非结构化的文本数据。结合人工智能研究领域中的 NLP 技术，数据挖掘派生出了文本挖掘这个新兴的研究领域。

文本挖掘是提取有效、新颖、有用、可理解的，散布在文本文件中的有价值知识，并且利用这些知识更好地组织信息的过程。文本挖掘是 NLP 中的重要内容。

文本挖掘的基本技术有 6 大类，包括文本信息提取、文本分类、文本聚类、摘要抽取、文本数据压缩、文本数据处理。

文本挖掘从数据挖掘发展而来，但并不是说简单地将数据挖掘技术运用到包含大量文本的集合上即可实现文本挖掘，还需要做很多准备工作。文本挖掘的准备工作由文本收集、文本分析和特征修剪 3 个步骤组成。准备工作完成后，就可以开展文本挖掘工作。文本挖掘的工作流程如图 8-1 所示。

从目前文本挖掘技术的研究和应用状况来看，从语义的角度实现文本挖掘的还很少，目前应用最多的几种文本挖掘技术有文本分类、文本聚类和摘要抽取。

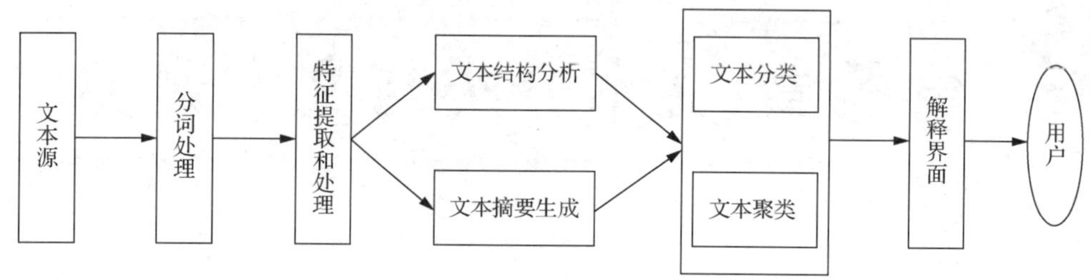

图 8-1　文本挖掘的工作流程

（1）文本分类将带有类别的文本集合按照每一类的文本子集合共有的特性，归纳出分类模型，再按照该模型将其他文档迁移到已有类中，最终实现文本的自动分类。这样既可以方便用户查找信息，又可以缩小查找文本的范围。

（2）文本聚类将文本集合分为若干个簇，要求同簇内的文本尽量相似度高，而不同簇的文本尽量相似度低，从而挖掘整个数据集的综合布局。例如，用户浏览的相关的内容一般挨得比较近，而与用户浏览的无关的内容往往会离得比较远。因此，用户可运用聚类算法将需要筛选的文本内容聚成若干簇，将与用户浏览内容相关性不高的簇去除，只保留与用户浏览内容相关性高的簇，从而提高浏览文本的效率。

（3）摘要抽取利用计算机自动从原始文档中提取出能够准确地反映该文档中心内容的简单连贯的短文。摘要抽取能够生成简短的关于文档内容的指示性信息，将文档的主要内容呈现给用户，以便用户决定是否要阅读文档的原文，这样能够节省用户大量的浏览时间。

利用文本挖掘技术处理大量的文本数据，无疑能够给企业带来巨大的便利。文本挖掘在商业智能、信息检索、生物信息处理等领域都有广泛的应用，如客户关系管理、邮件自动回复、垃圾邮件过滤、简历自动评审、搜索引擎等。因此，目前企业对文本挖掘的需求非常高，文本挖掘技术的应用前景很广阔。

8.2 文本分类常用算法

文本分类是指按照一定的分类体系或规则实现让文本自动划归类别的过程，文本分类在信息索引、数字图书管理、情报过滤等领域有广泛的应用。文本分类一般分为基于知识工程的分类方法和基于机器学习的分类方法。基于知识工程的分类方法是指通过专家经验，依靠人工提取规则进行的分类。基于机器学习的分类方法是指通过计算机自主学习提取规则进行的分类。最早应用于文本分类的机器学习算法是朴素贝叶斯算法，之后几乎所有重要的机器学习算法在文本分类领域都得到了应用，如支持向量机算法、神经网络算法、决策树算法和 K 最近邻算法等。各分类算法的优缺点如表 8-1 所示。

表 8-1　各分类算法的优缺点

算法	优点	缺点
朴素贝叶斯算法	算法简单，分类效果稳定；适用于小规模数据的训练；所需估算的参数少，对缺失数据不敏感	算法假设属性之间相互独立，而实际中往往难以成立；属性过多或属性之间相关性较大时，分类效果不好；分类效果依赖于先验概率；对输入数据的表达形式很敏感

续表

算法	优点	缺点
支持向量机算法	可用于小样本数据学习；具有较高的泛化能力；可用于高维数据的计算；可以解决非线性问题；可以避免神经网络结构选择和局部极小点问题	对缺失数据敏感;对非线性问题没有通用解决方案
神经网络算法	并行处理能力强；学习能力强、分类准确度高；对数据噪声有较强的顽健性和容错能力；能解决复杂的非线性关系，具有记忆功能	神经网络训练过程中有大量的参数需要确定;不能观察网络之间的学习过程，输出结果难以解释；学习时间长，且效果不可保证
决策树算法	易于理解，逻辑表达式生成较简单；数据预处理要求低；能够处理不相关的特征；可通过静态测试对模型进行评测；能够在短时间内对大规模数据进行处理；能同时处理数据型和常规型属性，可构造多属性决策树	易倾向于具有更多数值的特征;处理缺失数据时存在困难；易出现过拟合；易忽略数据集属性的相关性
K 最近邻算法	训练代价低，易处理类域交叉或重叠较多的样本集；适用于样本容量较大的文本集合	时空复杂度高,样本容量较小或数据集偏斜时容易误分,K 值的选择会影响分类性能

在文本挖掘中，文本分类有着广泛的应用场景，常见的应用场景如下。

（1）Web 文档自动分类。随着互联网的发展，Web 已成为拥有庞大信息资源的分布式信息空间，拥有各式各样海量的 Web 文档。为了有效地组合和处理 Web 文档，人们希望按照 Web 文档的内容对其进行分类，网页自动分类技术也随之诞生。

（2）新闻分类。新闻网站中涵盖大量的新闻报道，随着电子传播手段在新闻报道中的广泛运用，新闻体裁的分类趋于多样化，各类新闻都有其定位和表现内容需要的体裁。为此需要根据新闻内容对新闻网站中的新闻按照一定的分类标准进行分类，如政治、军事、经济、娱乐和体育等。

（3）情感分析。情感分析是对带有主观感情色彩的文本内容进行分析和处理的过程，它挖掘人们针对不同的人物、产品或事件的观点、态度和情绪。互联网中有大量用户参与并发表评论的平台，如淘宝、京东和微博等，这些评论表达了用户的喜、怒、哀、乐等情绪。当需要对这些评论进行情感分析时，文本分类可以按照不同情感将其划分为若干类。

（4）信息检索。信息检索是指用户采用一定的方法，借助搜索引擎从中查找所需信息的过程。信息检索同样采用了文本分类方法，先判断用户查找内容的所属类别，然后从该类别的信息集合中再做进一步检索。

8.3 文本聚类常用算法

文本聚类主要是从杂乱的文本集合中挖掘对用户有价值的信息，这些蕴含在文本集中的未被发现的信息能够用于更合理地组织文本集合。文本聚类的主要思想是对无类别标示的文本文档集合进行分析，通过对文本特性的分析探索其应有的信息，再对集合中的文本按照特性分析的结果进行标识类别，发现文本内容中潜在的信息。文本聚类是对文本数据进行组织、过滤的有效手段，广泛应用于主题发现、社团发现、网络舆情监测、网络信息内容安全监测等领域。

传统的文本聚类方法使用 TF-IDF 技术对文本进行向量化，然后使用 K-means 等聚类手段对文本进行聚类处理。文本向量化表示和聚类算法是提升文本聚类精度的重要环节，选择恰当的文本向量化表示和聚类算法是文本聚类的关键。

聚类算法是机器学习中的一种无监督学习算法，它不需要对数据进行标记，也不需要训练过程，通过数据内在的相似性将数据点划分为多个子集，每个子集称为一个簇，对应着潜在的类别，而同一类别中的数据相似性较高，不同类别之间的数据相似性较低。聚类实质上就是将相似度高的样本聚为一类，并且期望同类别样本之间的相似度尽可能高，不同类别样本之间的相似度尽可能低。

聚类算法主要分为基于划分的聚类算法、基于层次的聚类算法、基于密度的聚类算法、基于网格的聚类算法、基于模型的聚类算法和基于模糊的聚类算法，具体介绍如下。

（1）基于划分的聚类算法。这种算法是聚类算法中原理最为简单的算法，划分法的基本思想为给定一个有 n 个记录的数据集合，将数据集划分为 K 个组，每一个组称为一个簇。对于给定的 K 个组，同一个组内的数据记录距离越近越好，不同组之间的距离则越远越好。以划分法为基本思想的算法包括 K-means 算法、Single-Pass 增量聚类算法、K-medoids 算法和 CLARANS 算法等，其中最为经典、应用最多的是 K-means 算法。

（2）基于层次的聚类算法。这种算法的主要思想是将样本集合合并成凝聚度更高或分割成更细的子样本集合，最终样本集合形成一棵层次树。层次聚类算法不需要预先设定聚类数，只需要样本集合通过不断迭代达到聚类条件或迭代次数即可。基于层次的经典聚类算法有变色龙算法、凝聚层次聚类（Agglomerative Nesting，AGNES）算法、基于代表的聚类（Clustering Using Representatives，CURE）算法等。

（3）基于密度的聚类算法。这种算法的主要思想是首先找出密度较高的点，然后将周围相近的密度较高的样本点连成一片，最后形成各类簇。基于密度的聚类算法中比较具有代表性的 3 种算法为 DBSCAN 算法、OPTICS 算法和 DENCLUE 算法。此类算法的优点是鲁棒性强，对任意形状的聚类都适用，但是结果的精度与参数设置关系密切，实用性不强。

（4）基于网格的聚类算法。这种算法的出发点不再是平面，而是空间，空间中的有限个网格代表数据，聚类过程就是按一定的规则将网格合并。由于该算法在处理数据时是独立的，仅依赖网格结构中每一维的单位数，因此处理速度很快。但是此算法对参数十分敏感，速度快的代价是精确度不高，通常需要与其他聚类算法结合使用。

（5）基于模型的聚类算法。这种算法的思路是假设每个类为一个模型，然后再寻找与该模型拟合最好的数据，通常有基于概率模型和基于神经网络模型的算法。概率模型即概率生成模型，假设数据是由潜在的概率分布产生的，典型的算法是高斯混合模型。这类聚类算法在样本数据量大的时候执行率较低，不适合大规模聚类场合。

（6）基于模糊的聚类算法。这种算法的主要思想是以模糊集合论作为数学基础，用模糊数学的方法进行聚类分析。此算法的优点是对于满足正态分布的样本数据而言效果会很好。但是此算法过于依赖初始聚类中心，为确定初始聚类中心需要多次迭代以寻找最佳点，遇到大规模数据样本时会大大增加时间复杂度。

上述的聚类算法各有优缺点，在面对不同的数据集时会得到不同的效果。其中部分聚类算法在性能方面的差异如表 8-2 所示。

表 8-2 部分聚类算法在性能方面的差异

聚类算法	处理大规模数据的能力	处理高维数据的能力	发现任意形状簇的能力	数据顺序敏感度	处理噪声的能力
基于层次的聚类算法	弱	较强	强	不敏感	较弱
基于划分的聚类算法	较弱	强	较强	不敏感	弱
基于密度的聚类算法	较强	弱	强	不敏感	强

8.4 文本分类与文本聚类的步骤

利用机器学习算法进行文本分类或文本聚类时，一般包含数据准备、特征提取、模型选择与训练、模型测试、模型融合等步骤，具体介绍如下。

（1）数据准备。文本数据一般是非结构化的数据，这些数据或多或少存在数据缺失、数据异常、数据格式不规范等情况，这时需要对其进行预处理，包括数据清洗、数据转换、数据标准化、缺失值和异常值处理等。

（2）特征提取。特征提取是进行文本分类前要做的工作之一，有几种经典的特征提取方法，分别是 BOW 模型、TF、TF-IDF、n-gram 和 Word2Vec。BOW 模型拥有过大的特征维度，数据过于稀疏。TF 和 TF-IDF 运用统计的方法将词汇的统计特征作为特征集，但效果与 BOW 模型相差不大。

（3）模型选择与训练。指对处理好的数据进行分析，判断适合用于训练的模型。先判断数据是否属于监督学习，即数据中是否存在类标签；如果存在，那么将该数据归为监督学习问题，否则划分为无监督学习问题。在模型的训练过程中，通常会将数据划分为训练集和测试集，训练集用于训练模型，测试集用于后续验证模型效果。

（4）模型测试。测试数据可以对模型进行验证，分析产生误差的原因，包括数据来源、特征、算法等。进行模型测试可以找出测试数据中的错误样本，发现特征或规律，从而找到提升算法性能、减少误差的方法。

（5）模型融合。模型融合是指同时训练多个模型，综合考虑不同模型得到的结果，再根据一定的方法集成模型，从而得到更好的结果。模型融合是提升算法准确率的一种方法，当模型效果不太理想时，可以考虑使用模型融合的方式进行改善。单个机器学习算法的准确率不一定比多个模型集成的准确率高。

8.5 任务：垃圾短信分类

在微信、微博、QQ 等社交软件盛行的今天，短信依旧是信息沟通的常用方式，因运营商技术缺陷、商家的不良使用手段等原因造成的垃圾短信也日益增多。目前，某运营商积累了大量的垃圾短信数据，数据已经过加工处理，共 80 万条。数据包括标签列和内容，标签列中 0 表示非垃圾短信、1 表示垃圾短信，部分垃圾短信的信息如表 8-3 所示。

表 8-3　部分垃圾短信的信息

短信 ID	审核结果	短信文本内容
1	0	商业秘密的秘密性那是维系其商业价值和垄断地位的前提条件之一
2	1	南口新春第一批限量春装到店啦！春暖花开淑女裙、冰蓝色公……
3	0	带给我们大常州一场壮观的视觉盛宴
4	0	有原因不明的泌尿系统结石等
5	0	23 年从盐城拉回来的妈妈的嫁妆
6	0	感到自减肥、跳减肥健美操
7	1	感谢致电源华利烧烤店，本店位于金城路×××号。韩式……
8	0	这款 UVe 智能杀菌机器人是扫地机器人的最佳伴侣
9	1	一次价值×××元王牌项目；可充值×××元店内项目卡一张；可以参与……
10	0	此类皮肤特别容易产生粉刺、黑头等

本小节将运用朴素贝叶斯模型，分别采用自定义函数和调用 Python 内置函数这两种方法对垃圾短信进行分类。垃圾短信分类的流程包括以下步骤。

（1）数据读取。读取原始短信数据，共有 80 万条。

（2）文本预处理。对原始数据进行预处理，包括去重、脱敏和分词等操作，最后进行词频统计。分别统计垃圾短信与非垃圾短信的词频，随后绘制相应的词云图。由于原始数据量较大，需要对数据进行采样，共抽取 2 万条数据进行模型训练与分类。

（3）分类。分别采用两种方式对短信内容进行分类，第一种方式是自定义朴素贝叶斯函数，第二种方式是调用 Python 内置函数实现朴素贝叶斯分类，两种方式的实现步骤基本一致，将最终结果与测试集进行比较，得到模型的分类情况和准确率。

（4）模型评价。使用处理好的测试集进行预测，对比真实值与预测值，获得准确率并进行结果分析。

1. 数据读取

加载库并读取数据，如代码 8-1 所示。统计可知，数据中的垃圾短信有 8 万条，非垃圾短信有 72 万条。

代码 8-1　加载库并读取数据

```
import os
import re
```

```
import jieba
import numpy as np
import pandas as pd
import imageio
import matplotlib.pyplot as plt
from wordcloud import WordCloud
from sklearn.naive_bayes import MultinomialNB
from sklearn.model_selection import train_test_split
from sklearn.feature_extraction.text import CountVectorizer
from sklearn.metrics import confusion_matrix, classification_report
# 读取数据
data = pd.read_csv('../data/message80W.csv', encoding='utf-8', index_col=0,
header=None)
data.columns = ['类别', '短信']
data.类别.value_counts()
```

2. 文本预处理

文本预处理包括以下几个步骤。

（1）单独提取短信内容进行预处理，对其进行去重和脱敏操作。

（2）由于原始数据中的敏感信息已用统一字符替换，因此进行脱敏时只需减去相应的字符即可，脱敏后共减少了899271个字符。

（3）采用jieba分词切分短信内容，由于分词的过程中会切分部分有用信息，需要加载自定义词典newdic1.txt以避免过度分词，文件中包含了短信内容的几个重要词汇。

（4）对分词后的结果去停用词，去停用词后共减少了22824034个字符。

（5）此时数据中还存在一些无意义的空列表，需要对其进行删除。其中，lambda函数是自定义函数，可以借助apply函数实现并返回相应的结果。

（6）使用自定义函数统计词频，其中非垃圾短信仅留下词频大于30的词，垃圾短信则留下词频大于5的词。分别对垃圾短信与非垃圾短信绘制词云图，查看短信内容分布情况。

进行文本预处理，如代码8-2所示。

代码8-2 文本预处理

```
temp = data.短信
temp.isnull().sum()
# 去重
data_dup = temp.drop_duplicates()
# 脱敏
l1 = data_dup.astype('str').apply(lambda x: len(x)).sum()
data_qumin = data_dup.astype('str').apply(lambda x: re.sub('x', '', x))
l2 = data_qumin.astype('str').apply(lambda x: len(x)).sum()
print('减少了' + str(l1-l2) + '个字符')
# 加载自定义词典
jieba.load_userdict('../data/newdic1.txt')
# 分词
data_cut = data_qumin.astype('str').apply(lambda x: list(jieba.cut(x)))
# 去停用词
stopword = pd.read_csv('../data/stopword.txt', sep='ooo', encoding='gbk',
```

```
                            header=None, engine='python')
stopword = [' '] + list(stopword[0])
l3 = data_cut.astype('str').apply(lambda x: len(x)).sum()
data_qustop = data_cut.apply(lambda x: [i for i in x if i not in stopword])
l4 = data_qustop.astype('str').apply(lambda x: len(x)).sum()
print('减少了' + str(l3-l4) + '个字符')
data_qustop = data_qustop.loc[[i for i in data_qustop.index if data_qustop[i] !=
[]]]

# 词频统计
lab = [data.loc[i, '类别'] for i in data_qustop.index]
lab1 = pd.Series(lab, index=data_qustop.index)

def cipin(data_qustop, num=10):
    temp = [' '.join(x) for x in data_qustop]
    temp1 = ' '.join(temp)
    temp2 = pd.Series(temp1.split()).value_counts()
    return temp2[temp2 > num]

data_gar = data_qustop.loc[lab1 == 1]
data_nor = data_qustop.loc[lab1 == 0]
data_gar1 = cipin(data_gar, num=5)
data_nor1 = cipin(data_nor, num=30)

# 绘制垃圾短信词云图
back_pic = imageio.imread('../data/background.jpg')
wc = WordCloud(font_path='C:/Windows/Fonts/simkai.ttf',  # 字体
               background_color='white',    # 背景颜色
               max_words=2000,   # 最大词数
               mask=back_pic,   # 背景图片
               max_font_size=200,  # 字体大小
               random_state=1234)  # 设置随机配色方案的数量
gar_wordcloud = wc.fit_words(data_gar1)
plt.figure(figsize=(16, 8))
plt.imshow(gar_wordcloud)
plt.axis('off')
plt.savefig('../tmp/spam.jpg')
plt.show()

# 绘制非垃圾短信词云图
nor_wordcloud = wc.fit_words(data_nor1)
plt.figure(figsize=(16, 8))
plt.imshow(nor_wordcloud)
plt.axis('off')
plt.savefig('../tmp/non-spam.jpg')
plt.show()
```

运行代码 8-2 后，得到的垃圾短信和非垃圾短信的词云图分别如图 8-2、图 8-3 所示。

图 8-2　垃圾短信词云图

图 8-3　非垃圾短信词云图

从图 8-2、图 8-3 中可以看出，垃圾短信内容中的“活动”“您好”“优惠”“电话”等词出现频次很高，非垃圾短信内容中的“手机”“电脑”“南京”“飞机”等词出现频次很高。因此可以认为，绝大多数垃圾短信内容是与推销、诈骗等有关的内容，通过介绍优惠活动吸引用户，达到推销或其他目的。而非垃圾短信则与生活息息相关，内容包括常见的电子设备，如手机、电脑，它们是生活中不可或缺的一部分，还有外出旅游、办公等方面的词，这些词在非垃圾短信中出现频次较高。

由于原始数据量过大，为了方便后续建模与分类，这里采用简单随机抽样，对垃圾短信与非垃圾短信信息各采样一万条，如代码 8-3 所示。

代码 8-3　数据采样

```
num = 10000
adata = data_gar.sample(num, random_state=123)
bdata = data_nor.sample(num, random_state=123)
data_sample = pd.concat([adata, bdata])
cdata = data_sample.apply(lambda x: ' '.join(x))
lab = pd.DataFrame([1] * num + [0] * num, index=cdata.index)
my_data = pd.concat([cdata, lab], axis=1)
my_data.columns = ['message', 'label']
```

其中，sample 函数为简单随机抽样，这里设置了随机状态，每次运行程序时的抽样方式与上一次相同。

3. 分类

朴素贝叶斯分类可以通过调用 MultinomialNB 函数实现。首先划分训练集和测试集，分别输入数据集的短信内容与标签、测试集所占比例和随机状态，然后利用训练集生成词库，分别构建训练集和测试集的向量矩阵，最后利用内置朴素贝叶斯函数预测分类。调用 MultinomialNB 函数进行分类和预测，如代码 8-4 所示。

代码 8-4 调用 MultinomialNB 函数进行分类和预测

```
# 划分训练集和测试集
x_train, x_test, y_train, y_test = train_test_split(
    my_data.message, my_data.label, test_size=0.2, random_state=123)  # 构建
词频向量矩阵
# 训练集
cv = CountVectorizer()  # 将文本中的词语转化为词频矩阵
train_cv = cv.fit_transform(x_train)  # 拟合数据，将数据转化为标准化格式
train_cv.toarray()
train_cv.shape  # 查看数据大小
cv.vocabulary_  # 查看词库内容
# 测试集
cv1 = CountVectorizer(vocabulary=cv.vocabulary_)
test_cv = cv1.fit_transform(x_test)
test_cv.shape
# 朴素贝叶斯
nb = MultinomialNB()  # 朴素贝叶斯分类器
nb.fit(train_cv, y_train)  # 训练分类器
pre = nb.predict(test_cv)  # 预测
```

4. 模型评价

分类和预测完成后，需要对模型进行评价，如代码 8-5 所示。

代码 8-5 模型评价

```
# 评价
cm = confusion_matrix(y_test, pre)
cr = classification_report(y_test, pre)
print(cm)
print(cr)
```

代码 8-5 的运行结果如下。

```
[[1784  231]
 [  37 1948]]
              precision    recall  f1-score   support

           0       0.98      0.89      0.93      2015
           1       0.89      0.98      0.94      1985

    accuracy                           0.93      4000
   macro avg       0.94      0.93      0.93      4000
weighted avg       0.94      0.93      0.93      4000
```

结果显示，测试集中正确分类的数据共有 3732 条，错误分类的数据共有 268 条。其中，非垃圾短信和垃圾短信被正确分类的数据分别有 1784 条和 1948 条，垃圾短信被预测为非垃圾短信的有 37 条，非垃圾短信被预测为垃圾短信的有 231 条，模型的分类准确率为 0.93，分类效果较好。非垃圾短信的预测精确度高于垃圾短信，而垃圾短信的召回率要高于非垃圾短信，*F*1 值基本一致。精确度和召回率分别表示模型对垃圾短信、非垃圾短信的识别能力，*F*1 值是两者的综合，值越高说明模型越稳健，这里模型总体的精确度、召回率和 *F*1 值大致为 0.93，模型较为稳健。

8.6 任务：新闻文本聚类

数据来自新闻网站的新闻数据合集，该数据总共有 15 个类别标签，分别为政治、国际、经济、体育、房产、观点、健康、教育、旅游、汽车、社会、数码、文娱、消费和反腐前沿，每个标签分别有 500 条新闻数据。新闻文本聚类的具体流程如下。

（1）数据读取。读取文件列表中的新闻文本并给定标签，划分训练集与测试集，读入的每条新闻作为一行，以便后续数据处理和词频矩阵的转化。

（2）文本预处理。对每个新闻文本进行 jieba 分词和去停用词处理，去掉文本中无用的停用词，降低处理维度，加快计算速度。

（3）特征提取。使用 sklearn 库调用 CountVectorizer 和 TfidfTransformer 函数计算 TF-IDF 值，将文本转化为词频矩阵。

（4）聚类。根据导入数据类型标签个数定义分类个数，导入训练数据集后调用 sklearn.cluster 训练模型，并保存聚类模型。

（5）模型评价。使用处理好的测试集进行预测，对比真实值与预测值，获得准确率并进行结果分析。

1. 数据读取

为了方便计算和考虑计算机内存及运算速度的问题，仅采用其中的 4 个数据集进行运算，分别为政治、国际、经济和体育。

获取文件列表信息，逐一读取数据，在获得文本内容的同时去除文本中的换行符、制表符等特殊符号，最后对每个类别的新闻文本进行划分，将 80%的数据作为训练集、20%的数据作为测试集。读取数据并划分数据集，如代码 8-6 所示。

代码 8-6　读取数据并划分数据集

```
import re
import os
import json
import jieba
import pandas as pd
from sklearn.cluster import KMeans
import joblib
from sklearn.feature_extraction.text import TfidfTransformer
from sklearn.feature_extraction.text import CountVectorizer

# 读取数据
files = os.listdir('../data/json/')  # 读取文件列表
train_data = pd.DataFrame()
test_data = pd.DataFrame()
for file in files:
    with open('../data/json/' + file, 'r', encoding='utf-8') as load_f:
        content = []
        while True:
            load_f1 = load_f.readline()
            if load_f1:
                load_dict = json.loads(load_f1)
```

```
                content.append(re.sub('[\t\r\n]', '', load_dict
['contentClean']))
            else:
                break
        contents = pd.DataFrame(content)
        contents[1] = file[:len(file) - 5]
    # 划分训练集与测试集
    train_data = train_data.append(contents[:400])
    test_data = test_data.append(contents[400:])
```

2. 文本预处理

使用自定义函数 seg_word 对预处理后的内容进行封装，以便对训练集与测试集进行相关的处理。由于使用 pandas 库的 read_csv 函数读取文件时会默认将空格符号去除，因此在加载停用词后需要加上空格符号。读取数据中的每个新闻文本，使用 jieba 库进行分词处理并去除停用词。本小节划分了训练集与测试集，在数据处理时要分别对其进行数据的预处理和后续的特征提取。定义自定义函数 seg_word，如代码 8-7 所示。

代码 8-7　定义自定义函数 seg_word

```
def seg_word(data):
    corpus = []  # 语料库
    stop = pd.read_csv('../data/stopwords.txt', sep='bucunzai', encoding =
'utf-8', header=None)
    stopwords = [' '] + list(stop[0])  # 加上空格符号
    for i in range(len(data)):
        string = data.iloc[i, 0].strip()
        seg_list = jieba.cut(string, cut_all=False)  # jieba 分词
        corpu = []
        # 去停用词
        for word in seg_list:
            if word not in stopwords:
                corpu.append(word)
        corpus.append(' '.join(corpu))
    return corpus
train_corpus = seg_word(train_data)  # 训练语料
test_corpus = seg_word(test_data)  # 测试语料
```

3. 特征提取

特征提取环节调用 CountVectorizer 函数将文本中的词语转化为词频矩阵，矩阵元素 a[*i*][*j*]表示 *j* 词在 *i* 类文本下的词频；调用 TfidfTransformer 函数计算 TF-IDF 权值并转化为矩阵，矩阵元素 w[*i*][*j*]表示 *j* 词在 *i* 类文本中的 TF-IDF 权重。特征提取的过程如代码 8-8 所示。

代码 8-8　特征提取的过程

```
# 将文本中的词语转化为词频矩阵，矩阵元素 a[i][j]表示 j 词在 i 类文本下的词频
vectorizer = CountVectorizer()
# 计算每个词语的 TF-IDF 权值
transformer = TfidfTransformer()
# 第一个 fit_transform 用于计算 TF-IDF 权值，第二个 fit_transform 用于将文本转化为词频矩阵
```

```
train_tfidf = transformer.fit_transform(vectorizer.fit_transform
(train_corpus))
test_tfidf = transformer.fit_transform(vectorizer.fit_transform(test_corpus))
# 将TF-IDF矩阵抽取出来，元素w[i][j]表示j词在i类文本中的TF-IDF权重
train_weight = train_tfidf.toarray()
test_weight = test_tfidf.toarray()
```

4. 聚类

本小节选取了4个数据集，因此这里选用4个中心点，随后进行模型的训练。调用fit函数将数据输入分类器中，训练完成后保存模型，并查看训练集的准确率。训练聚类模型并查看模型准确率，如代码8-9所示。

代码8-9 训练聚类模型并查看模型准确率

```
# K-means聚类
clf = KMeans(n_clusters=4, random_states=4)  # 选用4个中心点
# clf.fit(X)可以用于将数据输入分类器中
clf.fit(train_weight)
# 4个中心点
print('4个中心点为:' + str(clf.cluster_centers_))
# 保存模型
joblib.dump(clf, 'km.pkl')
train_res = pd.Series(clf.labels_).value_counts()
s = 0
for i in range(len(train_res)):
      s += abs(train_res[i] - 400)
acc_train = (len(train_res) * 400 - s) / (len(train_res) * 400)
print('\n训练集准确率为: ' + str(acc_train))
print('\n每个样本所属的簇为', i + 1, ' ', clf.labels_[i])
for i in range(len(clf.labels_)):
      print(i + 1, ' ', clf.labels_[i])
```

运行代码8-9后，输出结果如下。

```
4个中心点为: [[ 4.26568354e-04  2.18643869e-04  5.92569357e-05 ...
6.13747494e-05
   1.13111287e-04  4.12786514e-05]
 [ 8.13992632e-04 -5.42101086e-20  8.13151629e-20 ...  1.35525272e-20
  -1.01643954e-19 -7.79270311e-20]
 [ 3.25260652e-19 -4.06575815e-20  3.38813179e-20 ... -5.42101086e-20
  -7.45388994e-20 -6.09863722e-20]
 [ 1.23950005e-03 -4.06575815e-20  1.01643954e-19 ...  4.74338450e-20
  -1.15196481e-19 -8.47032947e-20]]

训练集准确率为: 0.43125

每个样本所属的簇为 1    0
2    0
3    0
4    3
5    3
6    0
```

```
7   3
8   0
9   3
10   3
…
1   0
2   0
3   0
4   3
5   3
6   0
7   3
8   0
9   3
10   3
```

第一个输出结果为聚类的中心点，表示 4 个类别的聚类中心点；第二个输出结果表示模型训练集的准确率为 0.43125；第三个输出结果为每个数据样本的簇，即类别标签。

5. 模型评价

输入测试数据进行模型评价，查看测试集的准确率，如代码 8-10 所示。

代码 8-10　查看测试集的准确率

```
test_res = pd.Series(clf.fit_predict(test_weight)).value_counts()
s = 0
for i in range(len(test_res)):
    s += abs(test_res[i] - 100)
acc_test = (len(test_res) * 100 - s) / (len(test_res) * 100)
print('测试集准确率为: ' + str(acc_test))
```

运行代码 8-10 后，输出结果如下。

```
测试集准确率为: 0.35
```

使用 K-means 聚类时，由于每次的起始点是随机选取的，因此可能存在多次运行程序后得到的准确率不一致的情况。本节模型的训练集与测试集的准确率不是很高，读者可以尝试通过不同的特征提取方式提高准确率。

小结

本章主要介绍了文本分类与文本聚类的基本概念，以及相应的 Python 实现方法。首先介绍了文本挖掘的基本概念和应用场景。接着介绍文本分类和文本聚类的常用算法。随后介绍了文本分类与文本聚类的步骤。最后实现了文本分类与文本聚类对应的 Python 案例，分别为垃圾短信的分类和新闻文本的聚类。

实训

实训 1　基于朴素贝叶斯的新闻分类

1. 训练要点

（1）掌握词频统计方法。

（2）掌握自定义朴素贝叶斯函数。

（3）掌握分类和预测完成后模型的评价方法。

2. 需求说明

每一条新闻都包含一个主题类别，可通过分析主题进行新闻分类。目前有一个通过收集新闻网站上的新闻得到的新闻文本数据集，已知网站上的新闻共有 46 类，该新闻文本数据集包含一万多条新闻，需要对已经过脱敏处理的新闻数据进行分类。

3. 实现思路与步骤

（1）读取数据并进行文本预处理。

（2）调用内置的朴素贝叶斯函数对新闻文本进行分类。

（3）对完成分类和预测的模型进行评价。

实训 2 食品种类安全问题聚类分析

1. 训练要点

（1）掌握文本预处理的方法，划分训练集与测试集。

（2）掌握特征提取的方法。

（3）掌握 K-means 聚类算法。

（4）掌握计算测试集准确率的方法。

2. 需求说明

关于食品安全的网络新闻蕴含着大量的食品安全信息，这是食品药品监督管理局设置各类食品监督方向的重要参考。然而，网络新闻数据虽丰富但杂乱无章。目前从某新闻网站上收集了一份包含有食品种类安全问题的文本，需要对收集的包含有食品种类安全问题的文本进行聚类分析。

3. 实现思路与步骤

（1）使用自定义函数 seg_word 对预处理的内容进行封装，并划分训练集与测试集。

（2）调用 CountVectorizer 函数将文本中的词语转换为词频矩阵。

（3）调用 TfidfTransformer 函数计算 TF-IDF 权值并转化为数组。

（4）训练聚类模型并查看模型准确率。

（5）输入测试数据进行模型评价，计算测试集的准确率。

课后习题

1. 选择题

（1）不属于文本挖掘的基本技术分类的是（　　）。

A. 文本信息抽取　　B. 文本分类

C. 文本聚类　　D. 文本数据挖掘

（2）适用于样本容量较大的文本集合的文本分类算法是（　　）。

A. 朴素贝叶斯算法　　B. 支持向量机算法

C. 神经网络算法　　　　D. K 最近邻

（3）决策树算法的缺点是（　　）。

A. 学习时间长，且效果不可保证

B. 易出现过拟合，易忽略数据集属性的相关性

C. 时空复杂度高，样本容量较小或数据集偏斜时容易误分

D. 对非线性问题没有通用解决方案

（4）对于满足正态分布的样本数据来说效果会很好，但是过于依赖初始聚类中心的算法是基于（　　）的聚类算法。

A. 模型　　B. 网格　　C. 模糊　　D. 密度

（5）属于特征提取方法的是（　　）。

A. BOW 模型　　B. 数据标准化　　C. 训练模型　　D. 模型融合

2. 操作题

（1）更改垃圾短信分类中 testingNB 函数的参数，查看运行结果。

（2）参考垃圾短信分类，选用机器学习中几个常用的分类算法实现垃圾短信分类，并对这几个算法进行比较。

（3）将新闻文本聚类原先采用的 4 个数据集改为房产、观点、健康、教育这 4 个新数据集，并给出运行结果。

第9章 文本情感分析

情感是人们对诸如产品、服务、组织等的态度，文本情感分析是对带有情感色彩的文本进行处理、分析、归纳和推理的过程。互联网中存在大量的用户对诸如事件、产品等有价值的评论信息，这些信息表达了各种情感色彩和情感倾向，反映了大众对某一事件或产品的看法。情感分析技术已经得到越来越多的应用。本章主要介绍情感分析的主要内容、常见应用和常用方法，并通过实例实现商品评论信息的情感分析。

学习目标

（1）了解文本情感分析的基本概念和主要内容。

（2）熟悉基于情感词典的方法、基于文本分类的方法和基于 LDA 主题模型的方法。

（3）掌握基于情感词典、基于文本分类和基于 LDA 主题模型的情感分析的实现过程。

9.1 文本情感分析简介

文本情感分析是指使用 NLP、文本挖掘和计算机语言等方法对带有情感色彩的主观性文本进行分析、处理、归纳和推理的过程。文本情感分析着眼于确定某个人或某些人对某些特定主题的态度，针对用户对某个主题的看法或评论进行文本挖掘，从而得到该看法或评论属于用户对该事物的积极态度还是消极态度。文本情感分析的快速发展得益于社交媒体，如论坛、微博、微信等的快速发展。2000 年以来，情感分析已经成为 NLP 中最活跃的研究领域之一，在数据挖掘、Web 挖掘、文本挖掘和信息检索领域有着广泛的应用。

9.1.1 文本情感分析的主要内容

文本情感分析的主要内容包括主客观分类、情感分类、情感极性判断等。主客观性文本是指用户对某一事物的观点和看法，情感分析的对象是含有情感倾向的文本，文本的情感分类是情感分析的基础性工作。情感分类是指将一份文本分为积极、消极、中性等类别。情感极性判断是指分析一份文本的总体态度是肯定还是否定，是褒义还是贬义。

1. 主客观分类

主观性文本是相对于客观性文本而言的一种文本表达形式，主要描述人们对事物的想法或看法。识别出有主观情感的句子之后，才能对主观句子进行极性判断，判断其为褒义或贬义。由于文本表现方式比较自由，主、客观文本的特征不明显，在很多情况下，文本的主客观识别比主观文本的情感分类更有难度。

文本的主客观分类能够有效提高文本情感分析的准确率，目前主要通过文本中是否出现情感词或短语模式简单地判断句子的主客观性，客观句子的识别准确率一般在 80%左右，而主观句子的识别准确率在 60%左右。

2. 情感分类

情感分类是一种特殊的文本分类问题。目前，情感分类主要有基于情感词典和基于机器学习两种方法。

基于情感词典的情感分类是利用已有语义词典资源构建领域词典，再通过比对文本中所包含的正向情感词、负向情感词，标记文本的标签为正、负整数值作为情感值，同时考虑一些特殊的词性规则、句法结构对情感判断的影响，如否定句、递进句、转折句等对情感值进行修正。这种方法需要规模较大的情感词典作为分析的基础。

基于机器学习的情感分类的关键在于特征选择、特征权重量化、分类器模型这 3 个要素。特征选择主要有基于信息增益、基于卡方统计、基于文档频率等方法。常见的特征权重量化方式包括布尔权重、词频（TF）、逆文档频率（IDF）、TF-IDF、熵权重等。分类器模型包括朴素贝叶斯、支持向量机、K 近邻、神经网络、决策树、逻辑回归等。

3. 情感极性判断

情感极性判断就是对文本内容反映的正面或负面、肯定或否定、褒义或贬义的色彩的判断。相对于情感分类，情感极性判断是二分类问题，而前者属于多分类问题。极性判断主要包括基于情感词典的方法和基于机器学习的方法。情感极性判断主要集中于情感词语极性判断和情感文本极性判断两个方面。

情感词语极性判断主要有两个研究方向，一个是基于语义词典进行判断，另一个是基于大规模语料库进行判断。情感文本极性判断类似于文本情感分类，但是文本情感分类还依赖于系统的情感分类体系，目前情感分类体系还没有一个权威的标准。相对于情感分类，情感极性判断在商业，尤其在舆情监控、商品评论分析、微博评论分析等方面有着更广泛的应用。

9.1.2 情感分析的常见应用

情感分析在信息检索、社交网络、舆情监控、语音识别、机器翻译、推荐系统中有着广泛的应用，以下以商品评论分析、舆情分析和信息预测为例进行介绍。

（1）商品评论分析是情感分析技术应用最频繁的一个领域。目前，电子商务发展迅速，越来越多的消费者选择在网上进行购物。因此，带有主观色彩的商品评论的文本数量正在迅速增长。这些文本里面蕴含着大量有商业价值的信息，人们可以从互联网上的商品主观性评论信息中提取出产品的特征或属性。消费者可以了解其他人对某种商品的态度倾向分布，优化购买决策。生产商和销售商可以了解消费者对其商品和服务的反馈信息，以及消费者对厂商和竞争对手的评价，从而改进产品和改善服务，获得竞争优势。

（2）舆情分析主要是分析民众对热点事件或新闻事件的看法。现在最具代表性的舆情平台是微博和微信。由于现在用户能更多地参与到信息的产生中去，越来越多的具有个人观点的内容出现微博和微信等网络平台上。这些内容对了解民众对新闻人物和新闻事件的总体评价，掌握当前的舆情信息，特别是热点事件的舆情信息，有着重要作用。当前网络舆情对社会的直接影响越来越大，直接关系到网络的信息安全。但通过人工手段难以处理网络中出现的海量信息，因此自动化的情感分析技术在该领域非常有实用价值。

（3）信息预测是指根据过去和现在已经掌握的有关某一事物的信息资料，运用科学的理论和技术，深入分析和认识事物演变的规律性，从已知信息推出未知信息，从现有信息导出未来信息，从而对事物的未来发展做出科学预测的方法。某一个新事件的发生或网络上对某个事件的热议都在很大程度上左右着人们的思维和行动。因此，信息预测变得非常必要。情感分析技术可以帮助用户通过对互联网上的新闻、帖子等信息源进行分析，预测某一事件的未来状况。

9.2 情感分析的常用方法

情感分析技术的核心问题是情感分类，判断一份文本中的情感取向是一种分类问题。情感类别的划分方式一般可以分为两种，一种是正面、负面二分类或正面、中立、负面三分类；另一种是多元分类，是指具有 4 种以上分类，如四分类有悲伤、忧愁、快乐和兴奋，七分类有高兴、悲伤、喜欢、生气、厌恶、恐惧和惊讶，可以根据实际需要划分情感种类和设置情感词。分类方法中的主要方法有基于情感词典的方法、基于文本分类的方法和基于 LDA 主题模型的方法等。

9.2.1 基于情感词典的方法

基于情感词典的方法是在文本中查找相应的情感词、否定词和程度副词，结合情感词典中情感词的得分情况、否定情况和程度级别进行相应的打分，最后得分的总和即为文本的情感分。该方法在较大程度上依赖于情感词典的内容，因此，词典的准确性和灵活度会对结果产生较大的影响。

情感词是主体对某一个客体表达带有情感色彩的内在评价的词语，具有极性和强度两种属性。极性是指情感词表达出的褒贬词义，即正负面情感，如“好吃”“喜欢”是褒义词，表示正面情感；“难吃”“讨厌”是贬义词，表达负面情感。强度是指情感的强弱，如“我感到害怕”和“我感到恐惧”，“恐惧”表达出的情感要比“害怕”强，通常使用数字表示情感的强度，数值越大，强度越大。

情感词典有多种不同的版本，人们可以根据自己的需求选择相应的情感词典。本小节使用的是 BosonNLP 情感词典，该词典基于微博、新闻、论坛等数据来源构建，其部分内容如表 9-1 所示，左边为情感词，右边为该情感词的情感分值。

表 9-1　BosonNLP 情感词典的部分内容

情感词	情感分值
疼爱	1.86843297836
美貌	1.86903161791
和睦相处	1.86909683411
小清新	1.87585892189

副词用于限制或修饰动词、形容词或整个句子，其中用于表示程度的副词称为程度副词。程度副词本身没有任何的情感倾向性，但能够增强或减弱情感强度。程度副词不一定能改变情感倾向性的结果，但能改变情感倾向的程度。例如，“非常开心”和“有点开心”，两个程度副词“非常”和“有点”都是表达“开心”的程度，但“非常开心”的情感倾向程度更强。

否定词用于表示否定意义。否定词本身没有任何的情感倾向性，但是它能够改变情感的极性。例如，“开心”和“不开心”，否定词“不”改变了情感的极性，将正面情感转变为了负面情感。

基于情感词典的情感分析流程如下。

（1）对文本进行分词和去停用词，去除与情感词无关的词语。

（2）对分词结果进行分类，找出其中的情感词、程度副词和否定词。

（3）计算情感词的得分，得分函数的公式如式（9-1）所示。

$$\text{score} = w \times \sum_{i=1}^{n}\left(s(i) \times p(i)\right) \tag{9-1}$$

其中 w 为权重，默认为 1；$s(i)$ 为情感词得分；$p(i)$ 为情感词对应的程度副词和否定词的乘积，程度副词和否定词默认为 1。

9.2.2　基于文本分类的方法

基于文本分类的方法采用标注了情感类别的文本进行训练，获得情感分类器，最后对情感分类器进行测试，输出结果为多个概率值（正面概率、负面概率或正面概率、中立概率、负面概率），选择概率最高的情感倾向作为分类结果。

基于文本分类的方法是情感分析中较常用的一种方法，具体有特征选取、文本转换为特征向量、划分训练集与测试集、构建分类器、验证分类器等步骤。由于分类器根据文本的特征进行分类，因此特征选取是影响分类器准确率的关键一步。

（1）特征选取。特征就是分类对象所展现的部分特点，是实现分类的依据。例如，人们在评价一道菜时，通常考虑的是“色”“香”“味”，如果有一道菜外观好看、香味足、味道好，那么这道菜无疑是一道美食。其中“外观好看”“香味足”“味道好”就是一道美食的特征。需要根据实际情况选择有助于判断的特征，有时还需要一定的人工参与。此外，当文本量较庞大时，特征量也会随之增大。这无疑会影响运行速度，因此需要对特征进行降维。可以采用统计词频、统计文档频率等方式进行特征降维。其中统计词频的方法是选择出现频率较高的词作为特征，统计文档频率的方法则是选择在不同文档中出现的频率较高的词作为特征。

（2）文本转换为特征向量。机器学习无法直接将中文文本作为输入数据，在使用分类算法时，需要将输入文本转换为特征向量的表示形式。例如，将"这道菜非常好吃!"转换为特征，结果为[{"这道": True, "菜": True, "非常": True, "好吃": True ，"!": True} ，positive]。True 表示该文本具有此特征，False 则表示不具有此特征。

（3）划分训练集与测试集。机器学习通常需要对数据划分训练集与测试集，训练集用于训练文本，测试集用于测试分类算法的效果。

（4）构建分类器。构建分类器是指运用机器学习的算法训练数据集，得到分类器。选用机器学习算法时，可以根据实际情况调用合适的算法构建分类器，也可以同时采用多种算法，然后选用准确率最高的算法构建分类器。一般情况下，不同的文本所需要采用的分类器有所不同，所以需要采用多种算法进行训练，然后选用效果最佳的算法进行下一步的测试。

（5）验证分类器。分类器构建完成后，需要进行分类器的验证。使用测试集对分类器进行测试，比对测试结果，获得测试集的准确率，分析测试结果，给出改进建议。

9.2.3 基于 LDA 主题模型的方法

鉴于 LDA 主题模型在文本挖掘领域的优势，基于主题的文本情感分析技术也成为人们关注的热点。基于主题的文本情感分析主要通过挖掘用户评论所蕴含的主题，以及用户对这些主题的情感偏好来提高文本情感分析的准确率。

基于 LDA 主题模型的文本情感分析主要包括以下几个部分。

（1）评论信息采集与预处理（如网页爬取、中文分词、停用词处理等）。

（2）主题提取、情感词提取（可能涉及情感词典的构建）。

（3）主题的情感分类或评分。

（4）主题情感摘要生成（方便用户直接了解主题）。

（5）系统评测。

9.3 任务：基于情感词典的情感分析

基于情感词典的情感分析是最简单的情感分析方法。该方法首先对文档分词，找出文档中的情感词、否定词和程度副词；然后判断每个情感词的前面是否存在否定词和程度副词，将否定词和程度副词划分为一个组，如果有否定词那么就将情感词的情感权值乘以-1，如果有程度副词则乘以程度副词的程度值；最后对所有组的得分求和，大于 0 的归于正向，小于 0 的归于负向。

基于情感词典的情感分析的过程如代码 9-1 所示。首先定义 seg_word 函数对句子进行分词并去停用词，仅保存重要的词语。接着定义 sort_word 函数加载情感词典、否定词词典、程度副词词典，将分词结果分到 3 种词典中，并计算各词的得分情况。最后结合各词的得分情况定义 socre_sentiment 函数，汇总情感词的总得分。

代码 9-1 基于情感词典的情感分析的过程

```
import re
import jieba
```

```
import codecs
from collections import defaultdict  # 导入collections用于构建空白词典

def seg_word(sentence):
     seg_list = jieba.cut(sentence)
     seg_result = []
     for word in seg_list:
          seg_result.append(word)
          stopwords = set()
          stopword = codecs.open('../data/stopwords.txt', 'r',
                                 encoding='utf-8')  # 加载停用词
     for word in stopword:
          stopwords.add(word.strip())
     stopword.close()
     return list(filter(lambda x: x not in stopwords, seg_result))

def sort_word(word_dict):
     sen_file = open('../data/BosonNLP_sentiment_score.txt', 'r+',
                     encoding='utf-8')  # 加载Boson情感词典
     sen_list = sen_file.readlines()
     sen_dict = defaultdict()  # 构建词典
     for s in sen_list:
          s = re.sub('\n', '', s)  # 去除每行最后的换行符
          if s:
               # 构建以key为情感词、以value为对应分值的词典
               sen_dict[s.split(' ')[0]] = s.split(' ')[1]
     not_file = open('../data/否定词.txt', 'r+',
                     encoding='utf-8')  # 加载否定词词典
     not_list = not_file.readlines()
     for i in range(len(not_list)):
          not_list[i] = re.sub('\n', '', not_list[i])
     degree_file = open('../data/程度副词（中文）.txt', 'r+',
                        encoding='utf-8')  # 加载程度副词词典
     degree_list = degree_file.readlines()
     degree_dic = defaultdict()
     for d in degree_list:
          d = re.sub('\n', '', d)
          if d:
               degree_dic[d.split(' ')[0]] = d.split(' ')[1]
     sen_file.close()
     degree_file.close()
     not_file.close()
     sen_word = dict()
     not_word = dict()
     degree_word = dict()
     # 分类
     for word in word_dict.keys():
         if word in sen_dict.keys() and word not in not_list and word not in
degree_dic.keys():
```

```
        sen_word[word_dict[word]] = sen_dict[word]  # 情感词典中的包含分词结果
的词
        elif word in not_list and word not in degree_dic.keys():
            not_word[word_dict[word]] = -1  # 程度副词词典中的包含分词结果的词
        elif word in degree_dic.keys():
            # 否定词词典中的包含分词结果的词
            degree_word[word_dict[word]] = degree_dic[word]
    return sen_word, not_word, degree_word  # 返回分类结果

def list_to_dict(word_list):
    data = {}
    for x in range(0, len(word_list)):
        data[word_list[x]] = x
    return data

def socre_sentiment(sen_word, not_word, degree_word, seg_result):
    W = 1  # 初始化权重
    score = 0
    sentiment_index = -1  # 情感词下标初始化
    for i in range(0, len(seg_result)):
        if i in sen_word.keys():
            score += W * float(sen_word[i])
            sentiment_index += 1  # 下一个情感词
            for j in range(len(seg_result)):
                if j in not_word.keys():
                    score *= -1  # 否定词反转情感
                elif j in degree_word.keys():
                    score *= float(degree_word[j])  # 乘以程度副词
    return score

def setiment(sentence):
    # 对文本进行分词和去停用词，去除跟情感词无关的词语
    seg_list = seg_word(sentence)
    # 对分词结果进行分类，找出其中的情感词、程度副词和否定词
    sen_word, not_word, degree_word = sort_word(list_to_dict(seg_list))
    # 计算并汇总情感词的得分
    score = socre_sentiment(sen_word, not_word, degree_word, seg_list)
    return seg_list, sen_word, not_word, degree_word, score

if __name__ == '__main__':
    print(setiment('我今天特别开心'))
    print(setiment('我今天很开心、非常兴奋'))
    print(setiment('我昨天开心，今天不开心'))
```

运行代码 9-1 后，输出的结果如下。

```
(['特别', '开心'], {1: '2.61234173173'}, {}, {0: '1.5'}, 3.918512597595)
(['开心', '兴奋'], {0: '2.61234173173', 1: '0.865173758618'}, {}, {},
3.477515490348)
```

```
(['昨天', '开心', '不', '开心'], {0: '-0.521545427605', 3: '2.61234173173'}, {2: -1}, {}, -3.133887159335)
```

从运行结果可以看出，这种情感分析方法对情感词、程度副词和否定词的识别较为准确，大致上能够将情感词的正负面区别开。“我今天特别开心”句子中“开心”的情感得分约为 2.612，“特别”是程度副词，赋予的程度级别为 1.5，句中没有否定词，最终相乘结果约为 3.919。

在实际应用中，基于情感词典的情感分析方法对情感词典的依赖较大，对程度副词和否定词的依赖也是如此。读者在实际应用中时，可以寻找词典内容更为完善的情感词典进行情感分析，使情感分析的情感分更准确。

9.4 任务：基于文本分类的情感分析

9.1.2 小节介绍了情感分析的一种常见应用，即对消费者的评论文本数据进行情感分析。本节以某平板电脑的评论数据为语料库，对情感分析做了一个简单的实现。

9.4.1 基于朴素贝叶斯分类的情感分析

首先将文本转换为特征并进行特征提取，读取积极和消极文本数据，并进行分词，对积极词与消极词赋予标签作为特征。然后划分 80%的数据作为训练集，剩余 20%的数据作为测试集。接着构建朴素贝叶斯分类器，使用训练集进行训练，同时使用测试集进行测试并验证其准确率，输出信息量较大的 10 个特征。最后输入评论数据对分类器进行验证。基于朴素贝叶斯分类的情感分析的过程如代码 9-2 所示。

代码 9-2　基于朴素贝叶斯分类的情感分析的过程

```
import nltk.classify as cf
import nltk.classify.util as cu
import jieba
def setiment(sentences):
    # 文本转换为特征和特征提取
    pos_data = []
    with open('../data/pos.txt', 'r+', encoding='utf-8') as pos:  # 读取积极评论
        while True:
            words = pos.readline()
            if words:
                positive = {}  # 创建积极评论的词典
                words = jieba.cut(words)  # 对评论数据进行 jieba 分词
                for word in words:
                    positive[word] = True
                pos_data.append((positive, 'POSITIVE')) # 对积极词赋予 POSITIVE 标签
            else:
                break
    neg_data = []
    with open('../data/neg.txt', 'r+', encoding='utf-8') as neg:  # 读取消极评论
        while True:
            words = neg.readline()
            if words:
```

```
                negative = {}  # 创建消极评论的词典
                words = jieba.cut(words)  # 对评论数据进行jieba分词
                for word in words:
                    negative[word] = True
                neg_data.append((negative, 'NEGATIVE'))  # 对消极词赋予
NEGATIVE标签
            else:
                break
    # 划分训练集(80%的数据)与测试集(20%的数据)
    pos_num, neg_num = int(len(pos_data) * 0.8), int(len(neg_data) * 0.8)
    train_data = pos_data[: pos_num] + neg_data[: neg_num]  # 抽取80%的数据
    test_data = pos_data[pos_num: ] + neg_data[neg_num: ]  # 剩余20%的数据
    # 构建分类器(朴素贝叶斯)
    model = cf.NaiveBayesClassifier.train(train_data)
    ac = cu.accuracy(model, test_data)
    print('准确率为: ' + str(ac))
    tops = model.most_informative_features()  # 信息量较大的特征
    print('\n信息量较大的前10个特征为: ')
    for top in tops[: 10]:
         print(top[0])
    for sentence in sentences:
        feature = {}
        words = jieba.cut(sentence)
        for word in words:
            feature[word] = True
        pcls = model.prob_classify(feature)
        sent = pcls.max()  # 情绪面标签(POSITIVE或NEGATIVE)
        prob = pcls.prob(sent)  # 情绪程度
        print('\n','' ',sentence,'' ', '的情绪面标签为', sent, '的概率为
','%.2f%%' % round(prob * 100, 2))
if __name__ == '__main__':
    # 测试
    sentences = ['破烂平板', '手感不错, 推荐购买', '刚开始还不错, 但是后面越来越卡,
差评', '哈哈哈哈, 我很喜欢', '今天很开心']
    setiment(sentences)
```

运行代码9-2后，输出结果如下。

```
准确率为: 0.8432956381260097

信息量较大的前10个特征为:
刚买
月
差评
退
失望
联系
不卡
结果
```

```
坑
不想

 ‘破烂平板’ 的情绪面标签为 NEGATIVE 的概率为 68.37%

‘手感不错，推荐购买’ 的情绪面标签为 POSITIVE 的概率为 97.11%

‘刚开始还不错，但是后面越来越卡，差评’ 的情绪面标签为 NEGATIVE 的概率为 100.00%

‘哈哈哈哈，我很喜欢’ 的情绪面标签为 POSITIVE 的概率为 97.98%

‘今天很开心’ 的情绪面标签为 NEGATIVE 的概率为 92.67%
```

输出结果分别为准确率、信息量较大的前 10 个特征、文本情感正负面情绪判断和概率值。结果显示，测试数据的准确率约为 84.33%，从信息量较大的前 10 个特征中发现大众对产品的评价不高，分类器的分类结果较好。由于语料是来自只对某个产品的评价，因此适用的范围也限制于相关内容的文本。如果采用书评评论进行测试，判断正负面情绪时可能会发生错判，这也是基于机器学习的缺点。由于机器学习的方法依赖于语料库，因此，训练数据时应尽量使用较为全面的语料库。

9.4.2 基于 SnowNLP 库的情感分析

SnowNLP 库是一个用 Python 编写的类库，可以方便地处理中文文本内容。由于现在大部分的 NLP 库是针对英文的，SnowNLP 库的作者编写了一个方便处理中文的类库，没有使用 NLTK，并且所有的算法都是作者自己编写和实现的，还自带了一些训练好的字典。

SnowNLP 库的主要功能有中文分词、词性标注（原理是 3-gram）、情感分析、文本分类（原理是朴素贝叶斯）、转换拼音、繁体转简体、提取文本关键词（原理是 TextRank）、提取摘要（原理是 TextRank）、分割句子和文本相似等。

SnowNLP 库中的情感分析选用的语料是购物类评论的数据，对购物类评论的情感分析准确率较高，也可以自己构建相关领域的语料库去替换 SnowNLP 库中原来的语料库。SnowNLP 库中分类器算法选用了朴素贝叶斯算法，有兴趣的读者可以到 SnowNLP 库的官网进行了解。在 SnowNLP 库中调用函数进行情感分析非常简单，如代码 9-3 所示。

代码 9-3 在 SnowNLP 库中调用函数进行情感分析

```
from snownlp import SnowNLP  # 调用情感分析函数
# 创建 SnowNLP 对象，设置要测试的语句
s1 = SnowNLP('这东西真的挺不错的')
s2 = SnowNLP('垃圾东西')
print('调用 sentiments 函数获取 s1 的积极情感概率为:',s1.sentiments)
print('调用 sentiments 函数获取 s2 的积极情感概率为:',s2.sentiments)
```

运行代码 9-3 后，输出结果如下。

```
调用 sentiments 函数获取 s1 的积极情感概率为: 0.9416659685976113
调用 sentiments 函数获取 s2 的积极情感概率为: 0.12801944104374163
```

返回值为正、负面情绪的概率，越接近于 0 表示越强的负面情绪，越接近于 1 表示越强的正面情绪。

9.5 任务：基于 LDA 主题模型的情感分析

9.4 节使用了文本分类进行情感分析，本节使用 LDA 主题模型对电商商品的评论进行情感分析，具体步骤如下。

9.5.1 数据处理

本小节使用的数据是京东某品牌热水器的商品评论，数据量是 9669 条。在获取数据后，需要对数据进行一定的处理，如文本去重、语料压缩、短句删除，如代码 9-4 所示。

代码 9-4 数据处理

```
import pandas as pd
from snownlp import SnowNLP
data = pd.read_csv('../data/comment.csv', sep=',', encoding='utf-8', header=0)
comment_data = data.loc[: , ['评论']]  # 只提取评论数据
# 去除重复值
comment_data = comment_data.drop_duplicates()
# 短句删除
comments_data = comment_data.iloc[: , 0]
comments = comments_data[comments_data.apply(len) >= 4]  # 剔除字数少于 4 的数据
# 语料压缩，句子中常出现重复语句，需要进行压缩
def yasuo(string):
    for i in [1, 2]:
        j = 0
        while j < len(string) - 2 * i:
            if string[j: j + i] == string[j + i: j + 2 * i] and (
                        string[j + i: j + 2 * i] == string[j + i: j + 3 * i]):
                k = j + 2 * i
                while k + i < len(string) and string[j: j + i] == string[j: j + 2 * i]:
                    k += i
                string = string[: j + i] + string[k + i:]
            j += 1
    for i in [3, 4, 5]:
        j = 0
        while j < len(string) - 2 * i:
            if string[j: j + i] == string[j + i: j + 2 * i]:
                k = j + 2 * i
                while k + i < len(string) and string[j: j + i] == string[j: j + 2 * i]:
                    k += i
                string = string[: j + i] + string[k + i:]
            j += 1
    if string[: int(len(string) / 2)] == string[int(len(string) / 2):]:
        string = string[: int(len(string) / 2)]
    return string
```

```
comments = comments.astype('str').apply(lambda x: yasuo(x))
```

经过数据处理后，数据量由原来的 9669 条变为 9344 条。

9.5.2 模型训练

虽然 LDA 主题模型可以直接对文本做主题分析，但是文本的正面评价和负面评价混淆在一起，并且由于分词粒度的影响（否定词、程度副词等），可能在一个主题下会生成一些令人迷惑的词语。因此，将文本分为正面评价和负面评价两个数据集，再分别进行 LDA 主题分析。

在将数据集分为正面评价和负面评价两个数据集后，还需要对数据集分别进行分词和去停用词处理，然后才可以作为 LDA 主题分析的输入数据。

在利用 LDA 主题模型进行情感分析时，首先对语句进行 SnowNLP 情感分析，划分语句的正负面情感倾向。然后对句子分别进行分词、去停用词处理。最后对正负面情感分别建立 LDA 主题模型并输入数据进行训练，分别输出 3 个主题。利用 LDA 主题模型进行模型训练，如代码 9-5 所示。

代码 9-5 模型训练

```
from gensim import corpora, models, similarities
# 情感分析
coms = []
coms = comments.apply(lambda x: SnowNLP(x).sentiments)
# 情感分析，coms 在 0～1 之间，以 0.5 分界，大于 0.5 则为正面情感
pos_data = comments[coms >= 0.6]  # 正面情感数据集，取 0.6 是为了加强情感
neg_data = comments[coms < 0.4]  # 负面情感数据集
# 分词
mycut = lambda x: ' '.join(jieba.cut(x))  # 自定义简单分词函数
pos_data = pos_data.apply(mycut)
neg_data = neg_data.apply(mycut)
pos_data.head(5)
neg_data.tail(5)
print(len(pos_data))
print(len(neg_data))
# 去停用词
stop = pd.read_csv('../data/stopwords.txt', sep='bucunzai', encoding='utf-8',
header=None)
stop = ['', ''] + list(stop[0])  # 添加空格符号，pandas 过滤了空格符号
pos = pd.DataFrame(pos_data)
neg = pd.DataFrame(neg_data)
pos[1] = pos['评论'].apply(lambda s: s.split(' '))  # 空格分词
pos[2] = pos[1].apply(lambda x: [i for i in x if i not in stop])  # 去停用词
neg[1] = neg['评论'].apply(lambda s: s.split(' '))
neg[2] = neg[1].apply(lambda x: [i for i in x if i not in stop])
# 正面主题分析
pos_dict = corpora.Dictionary(pos[2])  # 建立词典
pos_corpus = [pos_dict.doc2bow(i) for i in pos[2]]  # 建立语料库
pos_lda = models.LdaModel(pos_corpus, num_topics=3, id2word=pos_dict)  # LDA
```

```
主题模型训练
for i in range(3):
      print('pos_topic' + str(i))
      print(pos_lda.print_topic(i))  # 输出每个主题
# 负面主题分析
neg_dict = corpora.Dictionary(neg[2])  # 建立词典
neg_corpus = [neg_dict.doc2bow(i) for i in neg[2]]  # 建立语料库
neg_lda = models.LdaModel(neg_corpus, num_topics=3, id2word=neg_dict)  # LDA
主题模型训练
for i in range(3):
      print('neg_topic' + str(i))
      print(neg_lda.print_topic(i))  # 输出每个主题
```

运行代码 9-5 后，正面评价和负面评价的 3 个主题输出如下。

```
pos_topic0
0.050*"安装" + 0.032*"不错" + 0.032*"史密斯" + 0.028*"买" + 0.022*"热水器" + 0.022*
"很快" + 0.021*"师傅" + 0.020*"价格" + 0.016*"送货" + 0.013*"品牌"
pos_topic1
0.095*"不错" + 0.030*"安装" + 0.024*"热水器" + 0.017*"服务" + 0.015*"速度" + 0.012*
"很快" + 0.011*"买" + 0.010*"满意" + 0.010*"加热" + 0.010*"挺"
pos_topic2
0.053*"不错" + 0.051*"安装" + 0.043*"品牌" + 0.030*"值得" + 0.027*"信赖" + 0.024*
"东西" + 0.022*"送货" + 0.020*"服务" + 0.019*"京东" + 0.016*"满意"
neg_topic0
0.045*"安装" + 0.021*"史密斯" + 0.019*"热水器" + 0.015*"京东" + 0.015*"师傅" + 0.015*
"说" + 0.015*"不" + 0.014*"不错" + 0.012*"买" + 0.009*"服务"
neg_topic1
0.038*"安装" + 0.024*"师傅" + 0.016*"买" + 0.015*"热水器" + 0.014*"史密斯" + 0.013*
"送货" + 0.007*"服务态度" + 0.007*"上门" + 0.007*"满意" + 0.006*"客服"
neg_topic2
0.078*"安装" + 0.031*"师傅" + 0.022*"热水器" + 0.012*"不" + 0.009*"不错" + 0.008*
"说" + 0.008*"元" + 0.008*"服务" + 0.008*"买" + 0.008*"态度"
```

9.5.3 结果分析

根据输出结果，可以得到正面评价每个主题的含义。

在主题 0 中，关键词有“安装”“不错”“史密斯”“买”“热水器”“很快”“师傅”“价格”“品牌”等关键词，说明主题 0 主要反映该品牌的热水器有安装师傅在安装、性价比高。

在主题 1 中，关键词有“不错”“安装”“热水器”“服务”“速度”“很快”“买”“满意”“加热”“挺”等词语，说明主题 1 主要反映该品牌热水器送货快、加热快。

在主题 2 中，关键字有“不错”“安装”“品牌”“值得”“信赖”“东西”“送货”“服务”“京东”“满意”，说明主题 2 主要反映该品牌热水器品牌值得信赖、服务不错。

综合以上正面评价的主题关键词可以看出，该品牌的热水器具有安装师傅安装、性价比高、送货快、加热快、品牌值得信赖、服务不错等优点。而从负面评价的主题关键字可以看出，该品牌的热水器安装费用较高、售后服务欠佳等。

结合该品牌的主题分析结果，可以对该商家提出一些长远性的建议。例如，在保证热水器质量好、性能强的同时，适当提高上门安装服务人员和售后客服的整体素质，适当降低零配件材料和上门安装的费用，对上门安装师傅乱收费等违规现象要及时发现并做出处理等。

小结

本章主要介绍了情感分析的基本概念、常用的情感分析方法和电商评论的情感分析。首先介绍了情感分析的主要内容和常见应用，然后介绍了基于情感词典、基于文本分类和基于 LDA 主题模型的情感分析方法，并分别通过实例介绍这 3 种情感分析方法的使用。

实训

实训 1　基于词典的豆瓣评论文本情感分析

1. 训练要点

掌握基于词典对文本进行情感分析的方法。

2. 需求说明

根据《流浪地球》的两条影评“电影比预期要更恢宏磅礴”“煽情显得太尴尬”，基于词典对文本进行情感分析。

3. 实现思路与步骤

（1）定义 seg_word 函数对句子进行分词，仅保存重要词语。

（2）定义 sort_word 函数加载词典，计算各词的得分情况。

（3）结合各词的得分情况定义 socre_sentiment 函数，汇总情感词的总得分。

实训 2　基于朴素贝叶斯算法的豆瓣评论文本情感分析

1. 训练要点

（1）掌握将文本转换为特征和提取特征的方法。

（2）掌握构建朴素贝叶斯分类器的方法。

2. 需求说明

根据《流浪地球》的积极和消极影评文本数据，基于朴素贝叶斯算法对豆瓣影评文本进行情感分析。

3. 实现思路与步骤

（1）读取文本数据并分词，对积极词与消极词赋予标签作为特征。

（2）划分测试集与训练集。

（3）构建朴素贝叶斯分类器。

（4）输入评论数据对分类器进行验证。

实训 3 基于 SnowNLP 的豆瓣评论文本情感分析

1. 训练要点

掌握在 SnowNLP 中调用函数进行情感分析的方法。

2. 需求说明

根据《流浪地球》的两条影评“电影比预期要更恢宏磅礴”“华语真正意义上的第一部科幻大片”，在 SnowNLP 中调用函数对影评进行情感分析。

3. 实现思路与步骤

（1）创建 SnowNLP 对象，设置要测试的语句。

（2）调用 sentiments 函数获取积极情感概率。

实训 4 基于 LDA 主题模型的豆瓣评论文本情感分析

1. 训练要点

掌握使用 LDA 主题模型对电商商品的评论进行情感分析的方法。

2. 需求说明

根据《流浪地球》的两条影评“电影比预期要更恢宏磅礴”“华语真正意义上的第一部科幻大片”，基于 LDA 主题模型对文本进行情感分析。

3. 实现思路与步骤

（1）对文本数据进行文本去重、语料压缩、短句删除处理。

（2）进行 SnowNLP 情感分析，划分语句的正负面情感倾向。

（3）对句子分别进行分词、去停用词处理。

（4）对正负面情感分别建立 LDA 主题模型并输入数据进行训练，再分别输出 3 个主题。

课后习题

1. 选择题

（1）情感分析的基础性工作是（　　）。

A. 文本信息抽取　　B. 文本的主客观分类

C. 情感分类　　D. 情感极性判断

（2）基于机器学习的情感分类，关键在于特征选择、（　　）、分类模型。

A. 标记词性　　B. 特征提取　　C. 特征权重量化　　D. 情感极性判断

（3）不属于情感分析应用的是（　　）。

A. 信息检索　　B. 远程通信　　C. 机器翻译　　D. 语音识别

（4）情感分析技术的核心问题是（　　）。

A. 情感分类　　B. 信息预测　　C. 舆情分析　　D. 文本抽取

（5）基于 LDA 主题模型的文本情感分析不包括（　　）。

A. 文本转换　　B. 主题提取和情感词提取

C. 主题情感摘要生成　　D. 系统评测

2. 操作题

（1）尝试更换基于情感词典的情感得分的计算公式，计算相似的情感得分，并给出程序和运行结果。

（2）参考文本分类的情感分析，选用机器学习中几个常用的分类算法，并对这几个算法的结果进行比较。

第10章 NLP中的深度学习技术

随着近几年深度学习的兴起，许多国内外的学者将深度学习技术应用于自然语言生成和自然语言理解方面的研究，并取得了一些突破性的成果。其中比较有代表性的是 Sequence to Sequence（Seq2Seq）模型，它是目前自然语言处理技术中一种重要且流行的模型。该技术突破了循环神经网络的限制，将经典的循环神经网络模型运用于机器翻译、智能问答这一类序列型任务，有着非常突出的表现。本章主要介绍循环神经网络模型、长短期记忆网络模型、Seq2Seq 模型和常见的深度学习工具，以及使用它们实现文本分类、情感分析和机器翻译的案例。

学习目标

（1）了解循环神经网络的基本概念。

（2）熟悉循环神经网络模型、长短期记忆网络模型和 Seq2Seq 模型的结构。

（3）了解常用的深度学习工具。

（4）掌握使用本章介绍的工具实现文本分类、情感分析和机器翻译的方法。

10.1 循环神经网络概述

在传统的神经网络模型中，从输入层到隐含层再到输出层，层与层之间是全连接的，每层内部的节点是无连接的，这种神经网络处理时间序列问题的效果很差。在 NLP 中，有时需要预测句子的下一个词语是什么，由于句子中的前后词语并不是独立的，传统的神经网络模型处理这种预测问题就比较困难。

循环神经网络（Recurrent Neural Network，RNN）是一种特殊的神经网络结构，它是根据“人的认知基于过往的经验和记忆”这一观点提出的。RNN 不仅考虑前一时刻的输入，而且赋予网络对以往内容的一种“记忆”功能。RNN 是一类以序列数据为输入，在序列的演进方向进行递归，并且所有节点按链式连接的递归神经网络。在 RNN 中，神经元不但可以接收其他神经元的信息，还可以接收自身的信息，形成具有环路的网络结构。

RNN 的研究始于 20 世纪 80 年代，并在 21 世纪初发展为深度学习算法之一，其中常见的 RNN 有双向循环神经网络（Bi-directional RNN，Bi-RNN）和长短期记忆网络（Long Short-Term Memory Network，LSTM 网络）。

RNN 适合用于处理视频、语音、文本等与时序相关的问题。常见的应用领域有文本生成、语言模型、图像处理、机器翻译、语音识别、图像描述生成、文本相似度计算、音乐推荐和商品推荐等。

10.2 RNN 结构

RNN 结构按输入和输出的序列长度可划分为多对一、等长的多对多和非等长 3 种结构。

10.2.1 多对一结构

RNN 的多对一结构是指输入是一个序列，输出是一个单独的值而不是序列，如图 10-1 所示。这种结构通常用于处理序列分类问题，如输入一段文字判别它所属的类别，输入一个句子判断其情感倾向等。

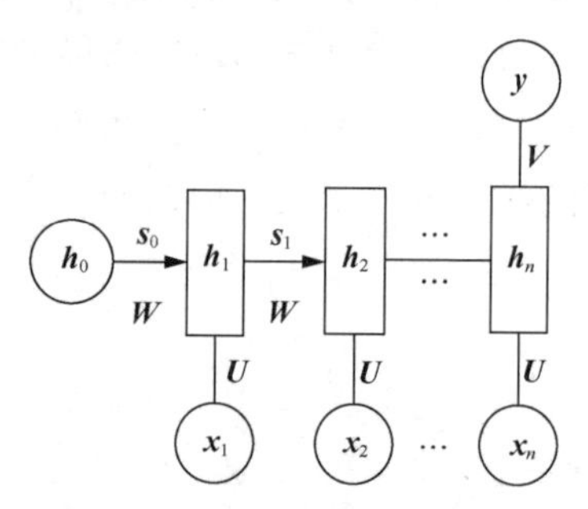

图 10-1 RNN 的多对一结构

图 10-1 中变量和符号的含义如下。

（1）$\boldsymbol{x}_1,\boldsymbol{x}_2,\cdots,\boldsymbol{x}_n$ 为输入，$\boldsymbol{y}$ 为输出。

（2）结构图中圆圈和方块表示的是向量。

（3）不同步骤中的网络连接的权重矩阵 $\boldsymbol{U}$ 、$\boldsymbol{W}$ 、$\boldsymbol{V}$ 都是一样的，即每个步骤的参数都是共享的。

10.2.2 等长的多对多结构

输入和输出序列等长的多对多结构是 RNN 的经典结构，可以用于生成文章、诗歌，甚至代码。等长的多对多结构如图 10-2 所示。序列当前的输出只与序列上一时刻的输出有关，具体的表现形式为网络对上一时刻的信息进行记忆并应用于当前输出的计算中。隐藏层之间的节点是单向连接，隐藏层的输入包括输入层的输出和上一时刻隐藏层的输出。

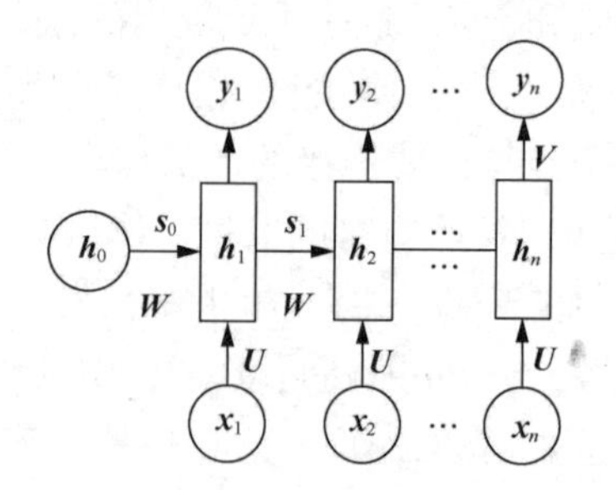

图 10-2 等长的多对多结构

图 10-2 中变量和符号的含义如下。

（1）$x_1, x_2, \cdots, x_n$ 为输入，$y_1, y_2, \cdots, y_n$ 为输出，输入和输出序列必须要是等长的。

（2）一个箭头表示对该向量做一次变换。例如，h_0 和 x_1 分别有一个箭头连接，表示对 h_0 和 x_1 各做一次变换。

1. RNN 语言模型

将等长的多对多结构应用于语言模型时，需要将词依次输入网络中，每输入一个词，RNN 语言模型将输出目前下一个最可能的词。例如，当依次输入“我”“想”“外出”“旅游”时，RNN 语言模型的输入与输出如图 10-3 所示，其中 S 和 E 是两个特殊的词，分别表示序列的开始与结束。

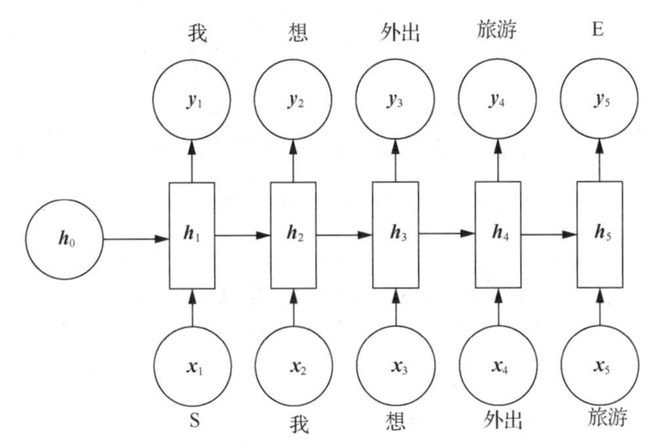

图 10-3 RNN 语言模型的输入与输出

RNN 语言模型可以描述为给定词序列 $x_1, x_2, \cdots, x_t$，通过计算式（10-1），预测序列下一个词 x_{t+1} 的概率。

$$p(x_{t+1} = v_j \mid x_t, \cdots, x_1) \tag{10-1}$$

由于 RNN 只能接收数字向量，无法直接接收语言文本，因此需要将词表达为向量的形式。为了将词向量化，需要执行下面的步骤。

（1）建立一个包含所有词的词典，每个词在词典中具有唯一的编号。

（2）使用 K 维的独热向量表示词典中的每一个词，其中 K 为词典中包含词的个数。

设 RNN 的每个输入单元的输入是长度为 K 的向量，输入的序列长度为 T，隐藏层神经元的个数为 H，输出向量的长度为 K，则 RNN 的输入、输出和隐藏层如图 10-4 所示。

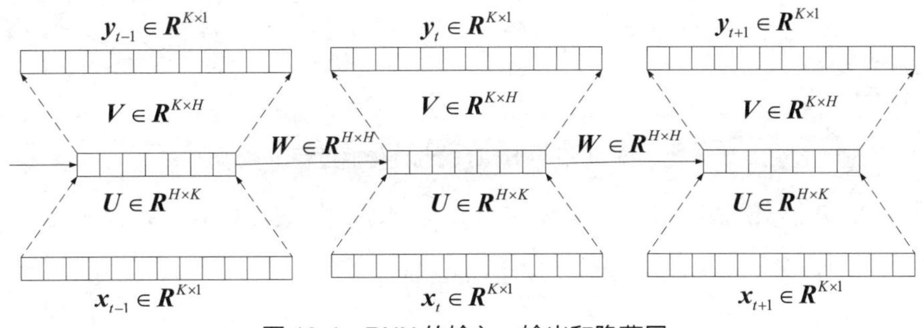

图 10-4 RNN 的输入、输出和隐藏层

RNN 参数和变量之间的关系如下。

（1）t 时刻输入的 $\boldsymbol{x}_t$ 为独热向量，$\boldsymbol{x}_t \in \boldsymbol{R}^{K\times 1}$。

（2）输入层与隐藏层之间的共享权重矩阵为 $\boldsymbol{U}$（$\boldsymbol{U} \in \boldsymbol{R}^{H\times K}$）。

（3）上一个时刻隐藏层与当前时刻隐藏层之间的共享权重矩阵为 $\boldsymbol{W}$（$\boldsymbol{W} \in \boldsymbol{R}^{H\times H}$）。

（4）隐藏层与输出层之间的共享权重矩阵为 $\boldsymbol{V}$（$\boldsymbol{V} \in \boldsymbol{R}^{K\times H}$）。

（5）t 时刻隐藏层输入为 $\boldsymbol{s}_t$（$\boldsymbol{s}_t \in \boldsymbol{R}^{H\times 1}$），如式（10-2）所示。

$$\boldsymbol{s}_t = \boldsymbol{W}\boldsymbol{h}_{t-1} + \boldsymbol{U}\boldsymbol{x}_t + b \tag{10-2}$$

（6）t 时刻隐藏层的输出为 $\boldsymbol{h}_t$（$\boldsymbol{h}_t \in \boldsymbol{R}^{K\times 1}$），如式（10-3）所示。其中，$\sigma$ 为 sigmoid 函数。

$$\boldsymbol{h}_t = \sigma(\boldsymbol{s}_t) \tag{10-3}$$

（7）输出层的输入为 $\boldsymbol{o}_t$（$\boldsymbol{o}_t \in \boldsymbol{R}^{K\times 1}$），如式（10-4）所示。

$$\boldsymbol{o}_t = \boldsymbol{V}\boldsymbol{h}_t + c \tag{10-4}$$

（8）t 时刻经过 softmax 层的输出为 $\boldsymbol{y}_t$（$\boldsymbol{y}_t \in \boldsymbol{R}^{K\times 1}$），如式（10-5）所示。

$$\boldsymbol{y}_t = g(\boldsymbol{o}_t) \tag{10-5}$$

2. 模型的训练

设 t 时刻经过 softmax 层的输出为 $\boldsymbol{y}_t$，实际样本对应的词向量为 $\hat{\boldsymbol{y}}_t$（$\hat{\boldsymbol{y}}_t \in \boldsymbol{R}^{K\times 1}$）。RNN 的前向传播过程如图 10-5 所示。

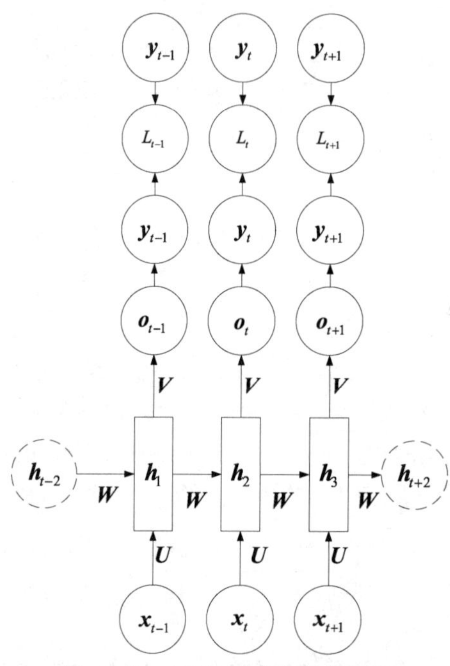

图 10-5　RNN 的前向传播过程

使用交叉熵计算模型输出 $\boldsymbol{y}_t$ 与实际样本 $\hat{\boldsymbol{y}}_t$ 的误差，如式（10-6）所示。

$$L_t(\theta) = -\sum_{i=1}^{K} \hat{\boldsymbol{y}}_i^{(t)} \log(\boldsymbol{y}_i^{(t)}) \tag{10-6}$$

总的损失函数定义为所有交叉熵的均值，如式（10-7）所示。

$$L(\theta)=\frac{1}{T}\sum_{t=1}^{T}L_t(\theta) \tag{10-7}$$

RNN 中的权重矩阵 $\boldsymbol{U}$、$\boldsymbol{W}$、$\boldsymbol{V}$ 是未知参数，这几个参数需要通过模型训练获得。模型训练的过程如下。

（1）加载一个大的文本语料库。

（2）把语料库放到 RNN 语言模型中，计算每个时刻 t 的输出。

（3）计算损失函数。

（4）将反向传播应用于 RNN，计算函数的导数。

由于在整个语料库上计算需要花费大量的时间，在实际中常采用随机梯度下降法批量计算损失和梯度然后进行更新。

这些年研究者们又提出了多种复杂的 RNN 去改进 RNN 模型的性能，常见的有 Bi-RNN 和 LSTM 模型。

3. 双向 RNN 结构

基本的 RNN 只考虑了预测词前面的词，即只考虑了上下文中的“上文”，并没有考虑该词后面的内容。这可能会错过一些重要的信息，使预测的内容不够准确。双向 RNN 不仅从前往后保留该词前面的词的信息，而且还从后往前保留该词后面的词的信息，然后基于这些信息预测该词。例如，如果预测一个语句中缺失的词语，那么需要根据上下文来进行预测。双向 RNN 是由两个 RNN 上下叠加在一起组成的，输出由这两个 RNN 的隐藏层的状态决定。双向 RNN 的结构如图 10-6 所示。

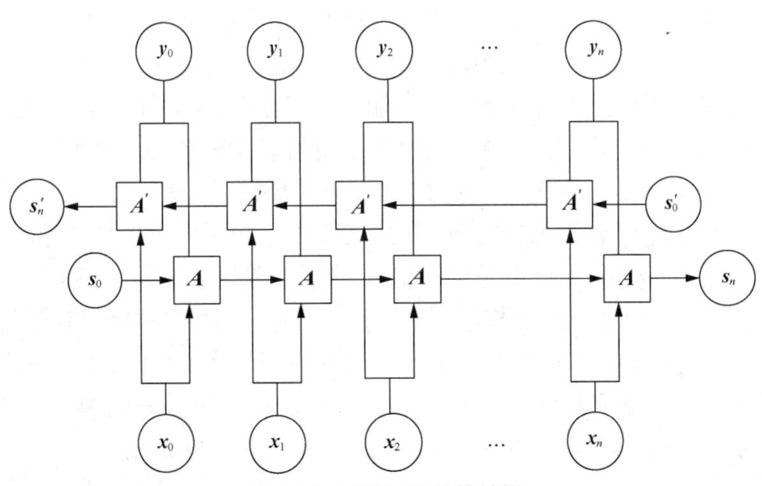

图 10-6　双向 RNN 的结构

4. 多层 RNN 结构

RNN 的另一种改进是多层 RNN，其结构和双向 RNN 类似，只是对每一步的输入增加了多层网络。该网络有更强大的表达与学习能力，但是复杂性也提高了，同时需要更多的训练数据。三层 RNN 结构示例如图 10-7 所示。

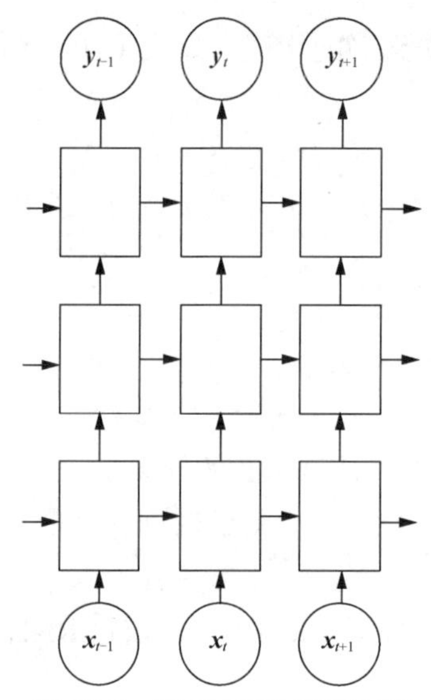

图 10-7　三层 RNN 结构示例

多层 RNN 每一层的参数和基本的 RNN 结构一样，参数共享且不同层的参数一般不共享。与经典的 RNN 结构相比，多层 RNN 的泛化能力更强，但是训练的时间复杂度和空间复杂度也更高。

5. LSTM 结构

基本的 RNN 参数通过基于时间的反向传播（Back Propagation Through Time，BPTT）算法实现，也就是将输出端的误差值反向传递，运用梯度下降法进行更新。需要注意的是，在训练中，因为 BPTT 算法会带来梯度消失或梯度爆炸问题，所以 BPTT 算法无法解决长距离依赖问题。RNN 结构面对“长距离依赖”时性能就开始变差，虽然理论上可以通过细调参数来解决，但是在实践中这个问题很难克服，RNN 很难学习到长距离依赖的信息。LSTM 是 RNN 的一种变形，是为了克服 RNN 无法很好处理长距离依赖而提出的。

LSTM 对 RNN 结构进行了改进，使 RNN 具备避免梯度消失的特性，从而让 RNN 自身具备处理长期序列依赖的能力。LSTM 网络对梯度消失采用了特殊的方式存储“记忆”，以前梯度比较大的“记忆”不会像简单的 RNN 那样马上被抹除，可以在一定程度上克服梯度消失问题。LSTM 网络通过梯度剪裁技术克服梯度爆炸问题，当计算的梯度超过阈值 c 或者小于阈值 $-c$ 的时候，便把此时的梯度设置成 c 或 $-c$。3 个神经网络的 LSTM 内部结构如图 10-8 所示，图中×表示乘法，+表示加法，tanh 表示 tanh 函数，σ 表示 sigmoid 函数；把数据压缩到 0 到 1 的范围内，0 表示信息无法通过该层，1 表示信息可以全部通过。

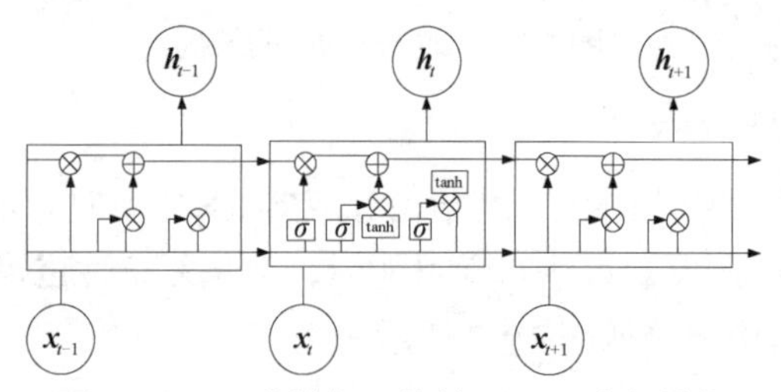

图 10-8　3 个神经网络的 LSTM 内部结构

由于 LSTM 神经网络模型使用门结构实现了对序列数据中的遗忘与记忆，它不仅能够刻画出输入数据中的短距离的相关信息，还能够捕捉到具有较长时间间隔的依赖关系，因此能够很好地应用于文本数据的处理。使用大量的文本序列数据对 LSTM 模型训练后，可以捕捉文本间的依赖关系，训练好的模型就可以根据指定的文本生成后续的内容。

10.2.3 非等长结构（Seq2Seq 模型）

Seq2Seq 模型是由谷歌大脑团队和约书亚·本吉奥所在的团队在 2014 年各自独立提出的模型结构，主要用于解决机器翻译问题。最基础的 Seq2Seq 模型包含 3 个部分，分别为编码器（Encoder）、解码器（Decoder）和连接两者的中间状态向量 C，如图 10-9 所示。Encoder 通过学习输入，将其编码成一个固定大小的状态向量 C，继而传给 Decoder，Decoder 再通过对向量 C 的学习进行输出。

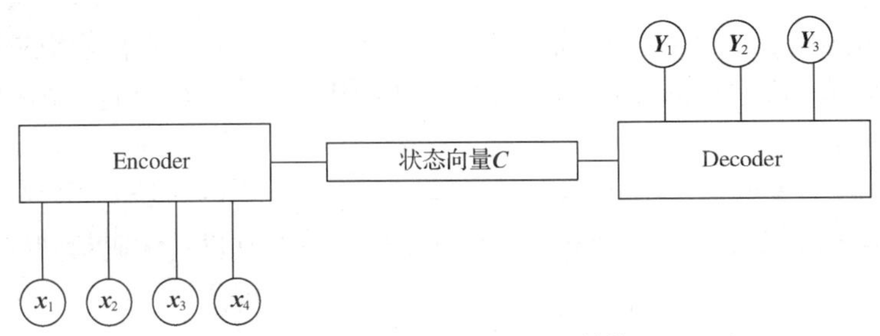

图 10-9 Encoder-Decoder 结构 1

经典的 RNN 结构要求序列等长，然而大部分问题序列是不等长的。例如，在机器翻译中，源语言和目标语言的句子往往没有相同的长度。Seq2Seq 模型的 Encoder 和 Decoder 分别由两个 RNN 构成，其中 Encoder 的结构如图 10-10 所示，模型先将输入数据通过第一个 RNN 编码成一个上下文向量 C。

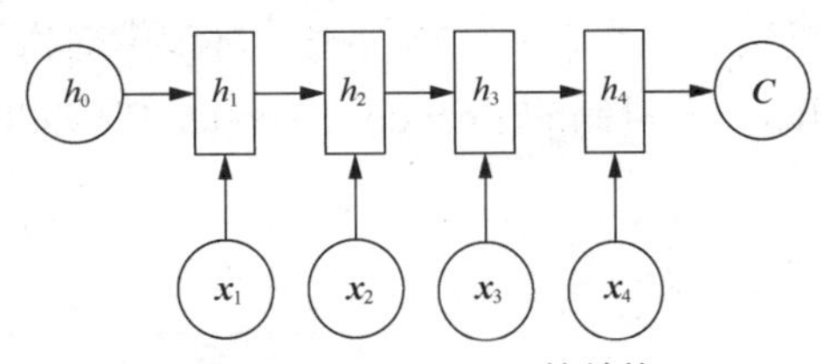

图 10-10 Encoder 的结构

得到 C 之后，用另一个 RNN 对其进行解码，这部分 RNN 被称为 Decoder。一种做法是将 C 当作初始状态输入 Decoder 中，此时 Encoder-Decoder 的结构如图 10-11 所示。

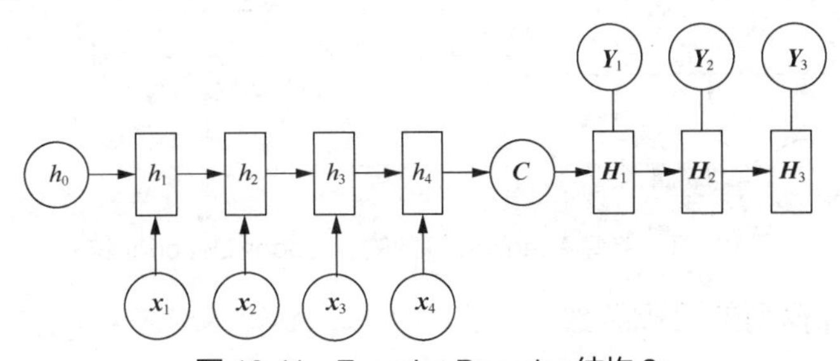

图 10-11 Encoder-Decoder 结构 2

另一种做法是将 $\boldsymbol{C}$ 当作每一步的输入，此时 Encoder-Decoder 的结构如图 10-12 所示。

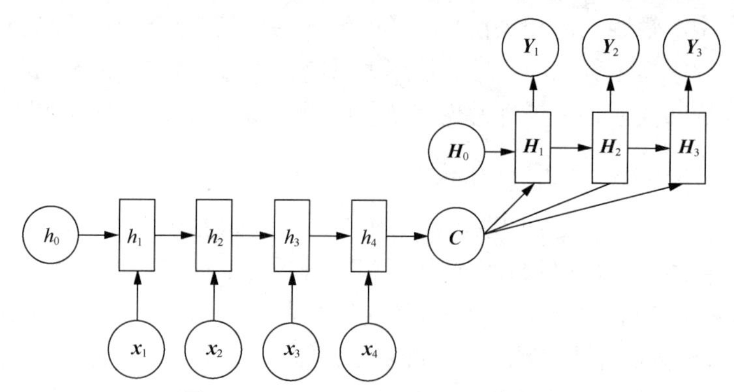

图 10-12　Encoder-Decoder 结构 3

由于 Encoder-Decoder 结构没有输入和输出要等长的限制，因此应用的范围非常广泛。

（1）机器翻译。这是 Encoder-Decoder 的经典应用之一，事实上这一结构就是在机器翻译领域最先提出的。

（2）文本摘要。输入是一段文本序列，输出是这段文本序列的摘要序列。

（3）阅读理解。将输入的文章和问题分别编码，再对其进行解码得到问题的答案。

（4）语音识别。输入是语音信号序列，输出是文字序列。

1. Attention 机制

在 Encoder-Decoder 结构中，Encoder 把所有的输入序列都编码成一个统一的语义特征向量 $\boldsymbol{C}$ 再解码。因此，向量 $\boldsymbol{C}$ 中必须包含原始序列中的所有信息，它的长度就成了限制模型性能的瓶颈。例如，在机器翻译问题中，当翻译的句子较长时，一个向量 $\boldsymbol{C}$ 可能存不下那么多信息，就会造成翻译精度的下降。

注意力（Attention）机制通过在解码（Decode）过程中对每个节点输入不同的向量 $\boldsymbol{C}$ 来解决这个问题，带有 Attention 机制的 Encoder-Decoder 结构如图 10-13 所示。

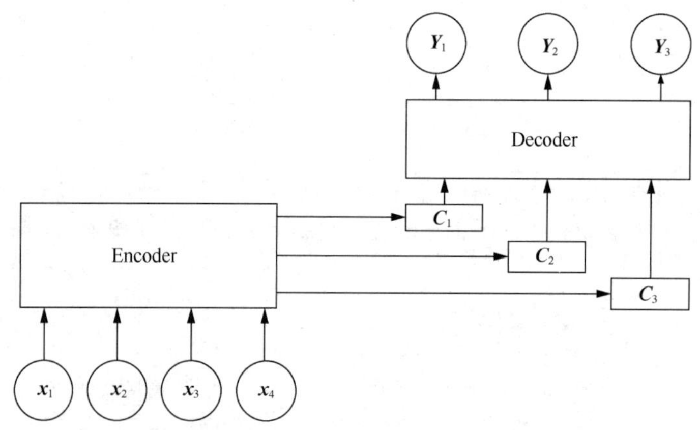

图 10-13　带有 Attention 机制的 Encoder-Decoder 结构

2. Seq2Seq 模型的目标函数

用 $\boldsymbol{x}=\{\boldsymbol{x}_1,\boldsymbol{x}_2,\cdots,\boldsymbol{x}_n\}$ 代表输入的语句，$\boldsymbol{y}=\{\boldsymbol{y}_1,\boldsymbol{y}_2,\cdots,\boldsymbol{y}_m\}$ 代表输出的语句，$\boldsymbol{y}_t$ 代表当

前输出词。Seq2Seq 模型的目标函数如式（10-8）所示。

$$p(\boldsymbol{y}|\boldsymbol{x})=\prod_{t=1}^{m}p(\boldsymbol{y}_t|\boldsymbol{y}_1,\boldsymbol{y}_2,\cdots,\boldsymbol{y}_{t-1},\boldsymbol{x}) \tag{10-8}$$

即输出的 $\boldsymbol{y}_t$ 不仅依赖之前的输出 $\{\boldsymbol{y}_1,\boldsymbol{y}_2,\cdots,\boldsymbol{y}_{t-1}\}$，还依赖输入语句 $\boldsymbol{x}$。

式（10-8）存在数值下溢问题，原因是式（10-8）中每一项 $p(\boldsymbol{y}_t|\boldsymbol{y}_1,\boldsymbol{y}_2,\cdots,\boldsymbol{y}_{t-1},\boldsymbol{x})$ 都小于 1，甚至远远小于 1，乘起来会得到很小的数字。因此，在实际中一般取 log 值，求其概率的对数和而不是概率的乘积。Seq2Seq 模型最大化目标函数如式（10-9）所示。

$$P(\boldsymbol{y}|\boldsymbol{x})=\sum_{t=1}^{m}\log P(\boldsymbol{y}_t|\boldsymbol{y}_1,\boldsymbol{y}_2,\cdots,\boldsymbol{y}_{t-1},\boldsymbol{x}) \tag{10-9}$$

10.3 深度学习工具

在深度学习初始阶段，每个深度学习研究者都需要编写大量的重复代码。为了提高工作效率，有些研究者就将这些代码写成了一个框架放到互联网供研究者使用。于是，网上就出现了不同版本的深度学习框架，使用率较高的几个框架从而流行了起来。目前，最为流行的深度学习框架有 Paddle、TensorFlow、Caffe、Theano、MXNet、Torch 和 PyTorch。

深度学习框架提供了一系列的深度学习的组件，降低了入门的门槛，不需要从复杂的神经网络开始编写代码。可以根据需要选择已有的模型，通过训练得到模型参数；也可以选择自己需要的分类器和优化算法，然后调用深度学习框架的函数接口使用用户自定义的新算法。

10.3.1 TensorFlow 简介

TensorFlow 是一个使用数据流图进行数值计算的开源软件库，是谷歌公司研发的第二代人工智能学习系统，名称源于其本身的运行原理。Tensor（张量）表示 N 维数组，Flow（流）表示基于数据流图的计算，TensorFlow 为张量从数据流图的一端流动到另一端的计算过程。TensorFlow 将复杂的数据结构传输至人工智能神经网络进行分析和处理。

TensorFlow 是全世界使用人数最多、社区最为庞大的一个框架，其维护与更新比较频繁，并且有着 Python 和 C++的接口。TensorFlow 的学习资料也非常完善，很多论文和项目也是基于 TensorFlow 编写的。

1. TensorFlow 的特点

TensorFlow 的特点如下。

（1）高度的灵活性。TensorFlow 是一个“神经网络”库，用户可以自己用 Python 描绘计算图，然后放到计算核心之中。

（2）可移植性。TensorFlow 可以在 CPU、GPU 上运行，如台式计算机、服务器、集群和移动设备。可以在单机上简单地验证想法，而在需要大规模计算的时候可以将其简单地扩展到集群上，最后将训练好的模型放到移动设备上。

（3）综合了科研和产品。以往的机器学习算法的研究中往往需要编写大量代码，而现在可以通过 TensorFlow 简单地验证想法，并直接输出产品。

（4）自动计算梯度导数。TensorFlow 可以自动计算函数导数，用户不必纠结于具体的求解细节，只需关心模型的定义与验证。

（5）性能最优化。TensorFlow 底层为线程、队列、异步操作给予了良好的支持，使其可以很好地发挥出硬件的全部性能。而在多计算单元控制上，可以将不同的计算任务分配到不同的单元之中。

（6）多语言支持。TensorFlow 支持 C++、Python、Java、Go、JavaScript API。

2. Windows 环境下 TensorFlow 的安装

TensorFlow 既支持 CPU，又支持 CPU+GPU。前者的环境需求简单，后者需要额外的支持。TensorFlow 是基于 VC++2015 开发的，所以需要下载并安装 Visual C++ Redistributable for Visual Studio 2015 获取 MSVCP140.DLL 的支持。

在 Windows 环境下安装 TensorFlow 的步骤如下。

（1）在“开始”菜单中找到“Anaconda Prompt”，单击运行。

（2）在安装 TensorFlow 之前，先将 TensorFlow 源更换为国内镜像（安装速度更快）。在终端输入如下命令。

```
conda config --add channels https://mirrors.tuna.tsinghua.edu.cn/
anaconda/pkgs/free/
conda config --set show_channel_urls yes
```

（3）使用“python --version”命令检查新环境中的 Python 版本。

（4）使用“pip install tensorflow==2.0.0-alpha0”命令安装 Python 版本对应的 TensorFlow 版本（Python 3.8 对应的版本为 TensorFlow 2.0 及以上）。

（5）等待安装完成后，验证一下 TensorFlow 是否安装成功。先在终端输入“python”命令，进入 Python 交互界面，然后输入“import tensorflow as tf”命令。若没有报错，则说明 TensorFlow 安装成功。

10.3.2 基于 TensorFlow 的深度学习库 Keras

Keras 是一个高层神经网络 API，是一个上层封装的工具库。Kears 由纯 Python 编写而成，是一个基于 TensorFlow、Theano、MXNet 和 CNTK 的框架。Keras 非常容易上手，适用于小型环境（实验室、数据竞赛）。Keras 具有简易和快速的原型设计、支持 CNN 与 RNN，以及能够无缝在 CPU 与 GPU 间切换的优点。

为了避免因版本升级带来的一些功能函数的变化的修改，可以选择安装指定版本的 Keras。如果安装的 Python 版本为 3.8，TensorFlow 版本为 2.0 及以上，则需要安装的 Keras 版本为 2.3.1 及以上，可使用“pip install keras==2.3.1”命令进行安装。

10.4 任务：基于 LSTM 的文本分类与情感分析

本节通过 LSTM 网络实现文本分类和情感分析，借助 Seq2Seq 模型实现机器翻译。

10.4.1 文本分类

文本分类模型采用两层 LSTM 网络，训练数据集为 THUCNews 的一个子集。文本分类主要包括以下 4 个步骤。

（1）语料预处理。读取 THUCNews 数据，并进行语料预处理的工作，包括统计词频、生成字库、根据字库将每个文字转化为一个向量。

（2）模型构建。定义LSTM网络框架，设置相关参数后查看模型结构。

（3）模型训练。对模型进行训练并保存。

（4）模型测试。使用训练好的模型对验证集进行测试和评价。

1. 语料预处理

训练集使用THUCNews数据中的10个分类，每个分类包含6500条数据。类别包括体育、财经、房产、家居、教育、科技、时尚、时政、游戏和娱乐。每个分类中，训练集包含5000条数据，验证集包含500条数据，测试集包含1000条数据。

语料预处理程序cnews_loader.py定义了7个函数：open_file函数用于打开一个文件；read_file函数用于读取文件数据；build_vocab函数用于构建词汇表；read_vocab函数用于读取上一步存储的词汇表，并将其转换为{词: id}表示；read_category函数用于将分类目录固定，并将其转换为{类别: id}表示；to_words函数用于将一条由id表示的数据重新转换为文字；process_file函数用于将数据集从文字转换为固定长度的id序列表示。自定义语料预处理函数，如代码10-1所示。

代码10-1 自定义语料预处理函数

```
from collections import Counter
from tensorflow import keras

# 打开文件
def open_file(filename, mode='r'):
    '''
    filename: 表示读取/写入的文件路径
    mode: 'r' or 'w'表示读取/写入文件
    '''
    return open(filename, mode, encoding='utf-8', errors='ignore')

# 读取文件数据
def read_file(filename):
    '''
    filename: 表示文件路径
    '''
    contents, labels = [], []
    with open_file(filename) as f:
        for line in f:
            try:
                label, content = line.strip().split('\t')  # 按照制表符分
割字符串
                if content:
                    contents.append(list(content))
                    labels.append(label)
            except:
                pass
    return contents, labels
```

```
# 构建词汇表
def build_vocab(train_dir, vocab_dir, vocab_size=5000):
    '''
    train_dir: 训练集文件的存放路径
    vocab_dir: 词汇表的存放路径
    vocab_size: 词汇表的大小
    '''
    data_train, lab = read_file(train_dir)

    all_data = []
    for content in data_train:
        all_data.extend(content)

    counter = Counter(all_data)  # 词袋
    count_pairs = counter.most_common(vocab_size - 1)
    words, temp = list(zip(*count_pairs))  # 获取 key
    words = ['<PAD>'] + list(words)  # 添加一个<PAD>将所有文本 pad 为同一长度
    open_file(vocab_dir, mode='w').write('\n'.join(words) + '\n')

# 读取词汇表
def read_vocab(vocab_dir):
    '''
    vocab_dir: 词汇表的存放路径
    '''
    with open_file(vocab_dir) as fp:
        words = [i.strip() for i in fp.readlines()]
    word_to_id = dict(zip(words, range(len(words))))
    return words, word_to_id

# 读取分类目录
def read_category():
    categories = ['体育', '财经', '房产', '家居', '教育', '科技', '时尚', '时政',
'游戏', '娱乐']
    # 得到类别与编号相对应的字典，编号从 0 到 9
    cat_to_id = dict(zip(categories, range(len(categories))))
    return categories, cat_to_id

# 将 id 表示的内容转换为文字
def to_words(content, words):
    '''
    content: id 表示的内容
    words: 文本内容
    '''
    return ''.join(words[x] for x in content)

# 将文件转换为 id 表示
def process_file(filename, word_to_id, cat_to_id, max_length=600):
    '''
    filename: 文件路径
```

```
    word_to_id: 词汇表
    cat_to_id: 类别对应的编号
    max_length: 词向量的最大长度
    '''
    contents, labels = read_file(filename)

    data_id, label_id = [], []
    for i in range(len(contents)):
        data_id.append([word_to_id[x] for x in contents[i] if x in word_to_id])
        label_id.append(cat_to_id[labels[i]])

    # 使用 Keras 提供的 pad_sequences 将文本 pad 为固定长度
    x_pad = keras.preprocessing.sequence.pad_sequences(data_id, max_length)

    # 将标签转为独热表示
    y_pad = keras.utils.to_categorical(label_id, num_classes=len(cat_to_id))
    return x_pad, y_pad
```

调用代码 10-1 中的自定义函数，加载训练数据、验证数据、测试数据并分别进行预处理，如代码 10-2 所示。

代码 10-2　加载数据并进行预处理

```
import os
# 设置数据读取路径和模型、结果保存路径
base_dir = '../data/'
train_dir = os.path.join(base_dir, 'cnews.train.txt')
test_dir = os.path.join(base_dir, 'cnews.test.txt')
val_dir = os.path.join(base_dir, 'cnews.val.txt')
vocab_dir = os.path.join(base_dir, 'cnews.vocab.txt')
save_dir = '../tmp/'
save_path = os.path.join(save_dir, 'best_validation')

# 若不存在词汇表，则重新建立词汇表
vocab_size = 5000
if not os.path.exists(vocab_dir):
    build_vocab(train_dir, vocab_dir, vocab_size)

# 读取分类目录
categories, cat_to_id = read_category()
# 读取词汇表
words, word_to_id = read_vocab(vocab_dir)
# 词汇表大小
vocab_size = len(words)

# 数据加载
seq_length = 600  # 序列长度

# 获取训练数据
x_train, y_train = process_file(train_dir, word_to_id, cat_to_id, seq_length)
# 获取验证数据
```

```
x_val, y_val = process_file(val_dir, word_to_id, cat_to_id, seq_length)
# 获取测试数据
x_test, y_test = process_file(test_dir, word_to_id, cat_to_id, seq_length)
```

2. 模型构建

训练过程中先对 LSTM 模型的参数进行了设置。词向量维度为 128，输入词序列长度为 600，类别数为 10，词汇表大小为 5000，隐藏层层数为 2，隐藏层神经元个数分别为 256 个和 128 个，学习率为 10^{-3}，每批训练数据个数为 64 个，总迭代轮次为 20 次。设置模型参数并构建模型，如代码 10-3 所示。

代码 10-3　设置模型参数并构建模型

```
import tensorflow as tf
from matplotlib.pyplot import MultipleLocator

# 构建 LSTM 模型
def TextRNN():
    model = tf.keras.Sequential()
    model.add(tf.keras.layers.Embedding(vocab_size+1, 128, input_length=600))
    # 使用 LSTM 的单向循环神经网络
    model.add(tf.keras.layers.LSTM(128))
    # 标准化处理
    model.add(tf.keras.layers.BatchNormalization(epsilon=1e-6, axis=1))
    #全连接层，激活函数为 relu
    model.add(tf.keras.layers.Dense(256, activation='relu'))
    # dropout 正则化，随机丢弃 30%的神经元，防止过拟合
    model.add(tf.keras.layers.Dropout(0.3))
    #全连接层，激活函数为 relu
    model.add(tf.keras.layers.Dense(128, activation='relu'))
    model.add(tf.keras.layers.Dropout(0.2))  # dropout 正则化，随机丢弃 20%的神经元
    # 全连接层，激活函数为 softmax
    model.add(tf.keras.layers.Dense(10, activation='softmax'))
    return model
# 模型实例化
model = TextRNN()
```

设置完模型参数后查看模型架构，并通过可视化方法将模型的输入与输出生成列表，如代码 10-4 所示。

代码 10-4　查看模型架构

```
# 查看模型架构
print('模型的架构为： \n', model.summary())
```

运行代码 10-4 后，输出结果如下。

```
模型的架构为：
Model: "sequential_1"
_________________________________________________________________
Layer (type)                 Output Shape              Param #
=================================================================
embedding (Embedding)        (None, 600, 128)          640128
_________________________________________________________________
```

```
lstm (LSTM)                                    (None, 128)          131584
_________________________________________________________________
batch_normalization (BatchNormalization)       (None, 128)          512
_________________________________________________________________
dense (Dense)                                  (None, 256)          33024
_________________________________________________________________
dropout (Dropout)                              (None, 256)          0
_________________________________________________________________
dense_1 (Dense)                                (None, 128)          32896
_________________________________________________________________
dropout_1 (Dropout)                            (None, 128)          0
_________________________________________________________________
dense_2 (Dense)                                (None, 10)           1290
=================================================================
Total params: 839,434
Trainable params: 839,178
Non-trainable params: 256
_________________________________________________________________
```

由结果可知，模型的第一层为嵌入层（Embedding），输入词向量的长度为 600，神经元个数为 128 个，参数的个数为 640128 个；第二层为长短期记忆（LSTM）网络，神经元个数为 128 个，参数个数为 131584 个；第三层为批处理标准化层（BatchNormalization），神经元个数为 128 个，参数个数为 512 个；第四层和第五层是全连接层（Dense）和 Dropout 正则化层，神经元个数分别为 256 个和 128 个，参数个数分别为 33024 个和 32896 个；最后一层是全连接层（Dense），输出的维度为 10，参数个数为 1290 个。

3. 模型训练

对构建好的模型进行训练参数的设置，设置损失值指标为 categorical_crossentropy，优化器为 RMSprop，评价指标为 categorical_accuracy。然后进行模型训练，设置训练次数为 20 次，如代码 10-5 所示。

代码 10-5　进行模型训练

```
import matplotlib.pyplot as plt
strategy = tf.distribute.experimental.MultiWorkerMirroredStrategy()
# 训练参数设置
with strategy.scope():
    model = TextRNN()
    model.compile(loss='categorical_crossentropy',
                  optimizer='rmsprop',
                  metrics=['categorical_accuracy'])
# 模型训练
history = model.fit(x_train, y_train, batch_size=64, epochs=20,
validation_data=(x_val, y_val))

# 设置绘图的字体
plt.rcParams['font.family'] = 'sans-serif'
plt.rcParams['font.sans-serif'] = 'SimHei'

# 绘制训练过程
```

```
def plot_acc_loss(history):
    '''
    history：模型训练的返回值
    '''
    plt.subplot(121)
    plt.title('准确率趋势图')
    plt.plot(range(1, 21), history.history['categorical_accuracy'],
linestyle='-', color=g', label='训练集')
    plt.plot(range(1, 21), history.history['val_categorical_accuracy'],
linestyle='-.', color='b', label='测试集')
    plt.legend(loc='best')  # 设置图例

    # x 轴按 1 刻度显示
    x_major_locator = MultipleLocator(1)
    ax = plt.gca()
    ax.xaxis.set_major_locator(x_major_locator)
    plt.tick_params(axis='both', which='major', labelsize=7)

    plt.xlabel('迭代次数（次）')
    plt.ylabel('准确率')

    plt.subplot(122)
    plt.title('损失趋势图')
    plt.plot(range(1, 21), history.history['loss'], linestyle='-', color='g',
label='训练集')
    plt.plot(range(1, 21), history.history['val_loss'], linestyle='-.',
color='b', label='测试集')
    plt.legend(loc='best')

    # x 轴按 1 刻度显示
    x_major_locator = MultipleLocator(1)
    ax = plt.gca()
    ax.xaxis.set_major_locator(x_major_locator)
    plt.tick_params(axis='both', which='major', labelsize=7)

    plt.xlabel('迭代次数（次）')
    plt.ylabel('损失值')
    plt.tight_layout()
    plt.show()

plot_acc_loss(history)
```

运行代码 10-5 后，得到的结果如图 10-14 所示。

由图 10-14 可以看出，在第 6 个周期时，模型在测试集上的效果产生较大的变化。随着迭代次数的上升，模型在训练集上的准确率逐渐上升，损失值逐渐下降，模型预测效果越来越好。保存训练好的模型，如代码 10-6 所示。

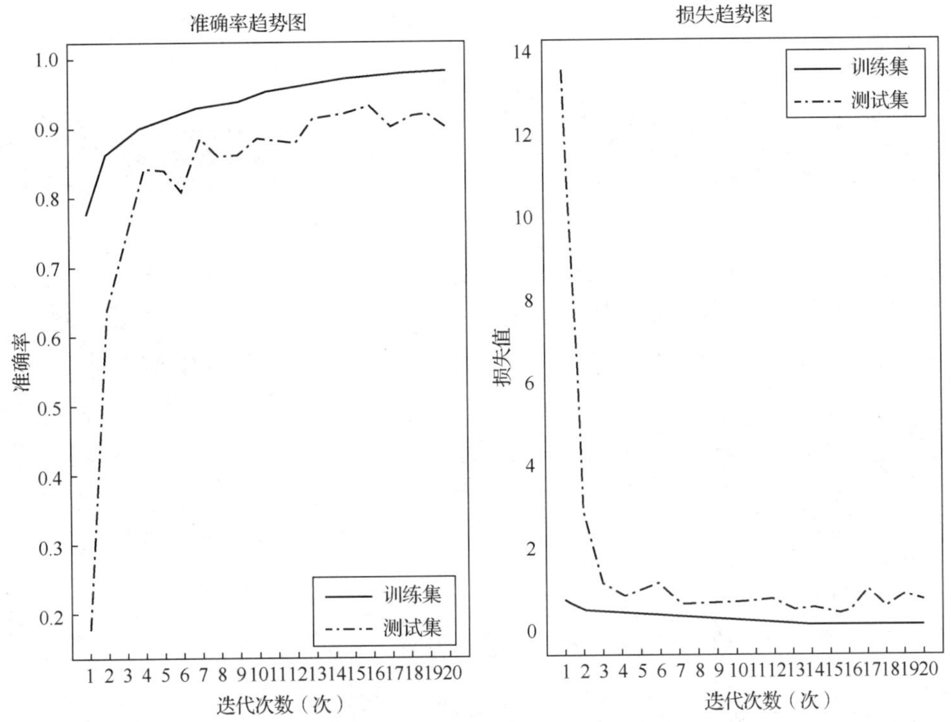

图 10-14 模型训练的结果

代码 10-6 模型保存

```
if not os.path.exists(save_dir):
    os.makedirs(save_dir)
model.save(os.path.join(save_dir, '../tmp/my_model.h5'))
del model
```

4. 模型测试

调用训练好的模型进行测试，如代码 10-7 所示。

代码 10-7 模型测试

```
import numpy as np
import seaborn as sns
from keras.models import load_model
from sklearn import metrics
# 导入已经训练好的模型
model1 = load_model('../tmp/my_model.h5')

# 对测试集进行预测
y_pre = model1.predict(x_test)
# 计算混淆矩阵
confm = confusion_matrix(np.argmax(y_pre, axis=1), np.argmax(y_test, axis=1))
# 输出模型评价
print(classification_report(np.argmax(y_pre, axis=1), np.argmax(y_testst,
axis=1)))

# 混淆矩阵可视化
```

```
plt.figure(figsize=(8, 8))
sns.heatmap(confm.T, square=True, annot=True,
            fmt='d', cbar=False, linewidths=.8,
            cmap='YlGnBu')
plt.xlabel('真实标签', size=14)
plt.ylabel('预测标签', size=14)
plt.xticks(np.arange(10)+0.5, categories, size=12)
plt.yticks(np.arange(10)+0.3, categories, size=12)
plt.show()
```

在代码 10-7 中，使用 sklearn 库下的 metrics 模型评价方法对模型的预测结果进行评价，包括详细的混淆矩阵，得到的模型评价结果如下，混淆矩阵如图 10-15 所示。

```
              precision    recall    f1-score  support
           0       0.99      1.00      0.99       990
           1       0.96      0.96      0.96      1000
           2       1.00      1.00      1.00       997
           3       0.86      0.97      0.91       887
           4       0.93      0.94      0.94       984
           5       0.97      0.94      0.96      1030
           6       0.97      0.92      0.95      1047
           7       0.94      0.93      0.94      1010
           8       0.98      0.95      0.96      1034
           9       0.98      0.96      0.97      1021
    accuracy                           0.96     10000
   macro avg       0.96      0.96      0.96     10000
weighted avg       0.96      0.96      0.96     10000
```

预测标签 \ 真实标签	体育	财经	房产	家居	教育	科技	时尚	时政	游戏	娱乐
体育	990	0	0	0	2	2	0	0	3	3
财经	0	965	1	2	5	3	3	19	1	1
房产	0	0	996	3	1	0	0	0	0	0
家居	0	16	0	856	17	15	53	32	6	5
教育	0	3	0	7	929	12	8	11	25	5
科技	0	2	0	3	1	972	5	4	12	1
时尚	0	0	0	7	6	1	968	1	1	16
时政	0	11	0	6	15	18	0	941	2	7
游戏	0	1	0	0	2	3	6	1	980	7
娱乐	0	2	0	3	6	4	4	1	4	976

图 10-15　混淆矩阵

由代码 10-7 得到的模型评价结果可以看出，模型在测试集上的准确率（accuracy）达到了 0.96，且各类的精确率（precision）、召回率（recall）和 $F1$ 值（f1-score），除了家居（编号为 3）的精确率，都超过了 0.9。

10.4.2 情感分析

数据来源于某电商平台的热水器评论数据，其中正面评论 10677 条，负面评论 10428 条。本案例的目的是通过构建模型识别各条评论的情感倾向，即进行情感分析，正面评论为 1，负面评论为 0。

情感分析步骤如下。

（1）读取正负情感语料。

（2）评论词语向量化。

（3）模型构建。设置 LSTM 模型的参数，嵌入层输入的维度为字典的长度加 1，输出维度为 256，输入词的序列长度为 50，类别数为 2，隐藏层的层数为 1，隐藏层的神经元个数为 128 个。

（4）模型训练。每批训练数据的个数为 16 个，总迭代轮次为 10。

（5）模型测试。

1. 读取正负情感语料

读取正负情感的语料库，由于情感分析的目的是将数据划分为正面和负面两类，故还需对正负语料的数据进行“贴标签”处理，正面评论的标签为 1，负面评论的标签为 0，读取语料数据如代码 10-8 所示。

代码 10-8 读取语料数据

```
import pandas as pd

# 读取正负情感语料
neg = pd.read_excel('../data/neg.xls', header=None, index_col=None)
pos = pd.read_excel('../data/pos.xls', header=None, index_col=None)

# 给训练语料贴标签
pos['mark'] = 1
neg['mark'] = 0
```

2. 评论词语向量化

数据为评论文本的形式，不能直接用于建模。因此先对评论数据进行分词处理，计算每个词语出现的频次，对分词结果进行向量化，变为模型可以识别的数据形式。因为每一串索引的长度并不相等，所以为了方便模型的训练，需要将索引的长度标准化。这里每条评论取 50 个词作为标准，再通过 sklearn 库的 sequence 函数进行标准化。最后将数据划分为训练集和测试集以便建模训练。将评论文本中的词语向量化，如代码 10-9 所示。

代码 10-9 词语向量化

```
from tensorflow.keras.preprocessing import sequence
import jieba
import pandas as pd
from sklearn.model_selection import train_test_split

# 分词
cut_word = lambda x: list(jieba.cut(x))  # 定义分词函数
pn_all = pd.concat([pos, neg], ignore_index=True)  # 合并正负情感语料
```

```
pn_all['words'] = pn_all[0].apply(cut_word)  # 对情感语料分词
comment = pd.read_excel('../data/sum.xls')  # 读入评论内容，增加语料
comment = comment[comment['rateContent'].notnull()]  # 仅读取非空评论
comment['words'] = comment['rateContent'].apply(cut_word)  # 对评论语料分词
pn_comment = pd.concat([pn_all['words'], comment['words']], ignore_index=True)
# 合并所有的数据

# 正负情感评论词语向量化
w = []
for i in pn_comment:
      w.extend(i)
dicts = pd.DataFrame(pd.Series(w).value_counts())  # 建立统计词典
del w, pn_comment  # 删除临时文件 w, pn_comment
dicts['id'] = list(range(1, len(dicts)+1))
get_sent = lambda x: list(dicts['id'][x])
pn_all['sent'] = pn_all['words'].apply(get_sent)

# 评论词语向量标准化，对样本进行 padding（填充）和 truncating（修剪）
maxlen = 50  # 设置评论词语最大长度
pn_all['sent'] = list(sequence.pad_sequences(pn_all['sent'], maxlen=maxlen))
# 正负情感评论词语向量化

# 训练集、测试集
x_all = np.array(list(pn_all['sent']))
y_all = np.array(list(pn_all['mark']))
x_train, x_test, y_train, y_test = train_test_split(x_all, y_all,
test_size=0.25)

print('训练集的特征数据形状为：', x_train.shape)
print('训练集的标签数据形状为：', y_train.shape)
print('测试集的特征数据形状为：', x_test.shape)
print('测试集的标签数据形状为：', y_test.shape)

print('训练集的特征数据为：\n', x_train)
```

运行代码 10-9 后，输出结果如下。

```
训练集的特征数据大小为：(15828, 50)
训练集的标签数据大小为：(15828,)
测试集的特征数据为：(5277, 50)
测试集的标签数据为：(5277,)

训练集的特征数据为：
[[    0     0     0 ...  1743 41045   206]
 [    1 14085 1004 ...     1   417     9]
 [    0 0     0 ...    58     4     3]
 ...
 [    0 0     0 ...  12592  2801   3]
 [    0 0     0 ...     3   317   3]
 [  550 416 426  ...   346    19  902]]
```

3. 模型构建

设置 LSTM 模型的参数，嵌入层输入的维度为字典的长度加 1，输出维度为 256，输入词的序列长度为 50，类别数为 2，隐藏层的层数为 1，隐藏层的神经元个数为 128 个。设置模型参数并构建 LSTM 模型，如代码 10-10 所示。

代码 10-10 设置模型参数并构建 LSTM 模型

```
from tensorflow.keras.models import Sequential
from tensorflow.keras.layers import Dense, Dropout, Activation
from tensorflow.keras.layers import Embedding
from tensorflow.keras.layers import LSTM

# 构建 LSTM 模型
model = Sequential()
model.add(Embedding(len(dicts)+1, 256, input_length=maxlen))
model.add(LSTM(128))
model.add(Dropout(0.5))
model.add(Dense(1))
model.add(Activation('sigmoid'))
model.summary()
```

查看到的模型结构如下。

```
Model: "sequential"
_________________________________________________________________
Layer (type)                 Output Shape              Param #
=================================================================
embedding (Embedding)        (None, 50, 256)           13572096
_________________________________________________________________
lstm (LSTM)                  (None, 128)               197120
_________________________________________________________________
dropout (Dropout)            (None, 128)               0
_________________________________________________________________
dense (Dense)                (None, 1)                 129
_________________________________________________________________
activation (Activation)      (None, 1)                 0
=================================================================
Total params: 13,769,345
Trainable params: 13,769,345
Non-trainable params: 0
_________________________________________________________________
```

由结果可知，模型的第一层为嵌入层（Embedding），输入词向量的长度为 50，神经元个数为 256 个，参数的个数为 13572096 个；第二层为长短期记忆（LSTM）网络，神经元个数为 128 个，参数个数为 197120 个；第三层为 dropout 正则化层，神经元个数为 128 个；第四层为全连接层（Dense）并采用 sigmoid 函数进行激活，神经元个数为 1 个，参数个数为 129 个。

4. 模型训练

搭建好的模型通过 compile 设置损失值为“binary_crossentropy”，优化器为“Adam”，评价指标为“accuracy”，每批训练数据个数为 16 个，总迭代轮次为 10。设置模型超参数并进行模型训练，如代码 10-11 所示。

代码 10-11　设置模型超参数并进行模型训练

```
import time

# 设置超参数
model.compile(loss='binary_crossentropy', optimizer='adam', metrics=
['accuracy'])

# 训练模型
timeA = time.time()
model.fit(x_train, y_train, batch_size=16, epochs=10)
timeB = time.time()
print('time cost: ', int(timeB-timeA))
```

运行代码 10-11 后，输出结果如下。

```
Train on 15828 samples
Epoch 1/10
15828/15828 [==============================] - 247s 16ms/sample - loss: 0.3951
- accuracy: 0.8255
Epoch 2/10
15828/15828 [==============================] - 244s 15ms/sample - loss: 0.1519
- accuracy: 0.9481
...
Epoch 9/10
15828/15828 [==============================] - 197s 12ms/sample - loss: 0.0063
- accuracy: 0.9977
Epoch 10/10
15828/15828 [==============================] - 197s 12ms/sample - loss: 0.0065
- accuracy: 0.9977
time cost: 2333
```

由代码 10-11 的运行结果可以看出，模型在测试集上的准确率（accuracy）达到了 99.77%，损失值（loss）随着模型的训练不断下降。

5. 模型测试

对训练好的模型使用测试数据进行测试，输出模型的评价结果，如代码 10-12 所示。

代码 10-12　模型测试

```
from sklearn import metrics

# 使用测试数据进行模型测试
y_pred = model.predict_classes(x_test)

# 模型评价
acc = metrics.accuracy_score(y_test, y_pred)
print('测试集的准确率为：', acc)
print('精确率、召回率、F1 值分别为：')
print(metrics.classification_report(y_test, y_pred))
print('混淆矩阵为：')
cm = metrics.confusion_matrix(y_test, y_pred)  # 混淆矩阵
print(cm)
```

在代码 10-12 中，通过 sklearn 库的模型评价输出模型的评价结果，运行结果如下。

```
测试集的准确率为：0.8921735834754595
精确率、召回率、F1 值分别为：
             precision    recall  f1-score   support
          0       0.90      0.88      0.89      2604
          1       0.89      0.90      0.89      2673
avg / total       0.89      0.89      0.89      5277

混淆矩阵为：
[[2296  308]
 [ 261 2412]]
```

模型在测试集上的准确率（accuracy）达到了 0.89，且各类的精确率（precision）、召回率（recall）和 *F*1 值（f1-score）的平均值都达到了 0.89，可以认为情感分析模型的效果较好。当然，之后可以通过调整模型的参数以达到更好的效果。

10.5 任务：基于 Seq2Seq 的机器翻译

本节采用 Seq2Seq 模型，借助 GPU 构建中英文机器翻译模型。模型构建和训练的环境配置如下。

（1）Linux 操作系统为 ubuntu 16.04。

（2）GPU 为 Nvidia GTX 1080Ti。

（3）Python 3.8.3。

（4）TensorFlow 2.3。

机器翻译包括以下 5 个步骤。

（1）语料预处理。读取原始数据并解析文件，分别对中英文内容进行分词，筛选规定词数的句子，保存至新文件中。

（2）构建模型。定义 LSTM 层，添加 Attention 机制，并配置模型的相关参数。

（3）定义优化器和损失函数。

（4）训练模型。待数据输入构建好的模型进行训练，并查看训练后的模型性能。

（5）翻译。配置测试用的参数，输入句子进行翻译，对模型进行测试。

10.5.1 语料预处理

原始数据以 TXT 格式存储数据，包含部分中英文句子互译的内容。语料预处理过程如下。

（1）利用 io 对原始数据文本内容进行读取，并在每个句子中添加一个开始和结束的标记。

（2）由于语料数据太多，从语料库选用一部分数据进行数据处理和建模即可。选用数据后，删除特殊字符以清理句子，并返回格式为[英语，中文]的单词对。

（3）创建一个单词索引和一个反向单词索引（从单词→id 和 id→单词到字典的映射），构造英语与中文的映射，即将单词转换为数字的字典；构造英语与中文的反向映射，即将数字转换为单词的字典。

（4）将每个句子填充到最大长度，并创建一个 tf.data 数据集，以提升运算速度。

对文本进行语料预处理，如代码 10-13 所示。其中，preprocess_sentence 函数用于处理句子标点符号和添加开始与结束的标记，create_dataset 函数用于删除特殊字符和返回单词对格式等。

代码 10-13　语料预处理

```
import re
import io
import tensorflow as tf
from sklearn.model_selection import train_test_split
# 准备数据集
def preprocess_sentence(w):
    '''
    w: 句子
    '''
    w = re.sub(r'([?.!,])', r' \1 ', w)  # 在句子中的标点符号的前后加空格
    w = re.sub(r"[' ']+", ' ', w)  # 将句子中的多空格去重
    w = '<start> ' + w + ' <end>'  # 给句子加上开始和结束的标记，以便进行模型预测
    return w

en_sentence = 'I like this book'
sp_sentence = '我喜欢这本书'
print('预处理前的输出为：', '\n', preprocess_sentence(en_sentence))
print('预处理前的输出为：', '\n', str(preprocess_sentence(sp_sentence)), 'utf-8',
'\n')

# 清理句子，删除特殊字符，返回格式为[英文，中文]的单词对
def create_dataset(path, num_examples):
    '''
    path: 文件路径
    num_examples: 选用的数据量
    '''
    lines = io.open(path, encoding='UTF-8').read().strip().split('\n')
    word_pairs = [[preprocess_sentence(w) for w in l.split('\t')]  for l in
lines[:num_examples]]
    return zip(*word_pairs)

path_to_file = '../data/en-ch.txt'  # 读取文件的路径
en, sp = create_dataset(path_to_file, None)  # 整合并读取数据

# 句子的最大长度
def max_length(tensor):
    '''
    tensor: 文本构成的张量
    '''
    return max(len(t) for t in tensor)

# tokenize 函数用于对文本中的词进行统计计数，生成文档词典，以支持基于词典位序生成文本的向
量表示
```

```
def tokenize(lang):
    '''
    lang: 待处理的文本
    '''
    lang_tokenizer = tf.keras.preprocessing.text.Tokenizer(filters='')
    lang_tokenizer.fit_on_texts(lang)
    tensor = lang_tokenizer.texts_to_sequences(lang)
    tensor = tf.keras.preprocessing.sequence.pad_sequences(tensor, padding=
'post')
    return tensor, lang_tokenizer

# 创建清理的输入输出对
def load_dataset(path, num_examples=None):
    '''
    path: 文件路径
    num_examples: 选用的数据量
    '''
    # 建立索引，并输入已经清洗过的词语，输出词语对
    targ_lang, inp_lang = create_dataset(path, num_examples)
    # 建立中文句子的词向量，对所有张量进行填充，使句子的维度一样
    input_tensor, inp_lang_tokenizer = tokenize(inp_lang)
    # 建立英文句子的词向量，对所有张量进行填充，使句子的维度一样
    target_tensor, targ_lang_tokenizer = tokenize(targ_lang)
    return input_tensor, target_tensor, inp_lang_tokenizer, targ_lang_tokenizer

num_examples = 2000  # 词表的大小（词量）
input_tensor, target_tensor, inp_lang, targ_lang = load_dataset(path_to_file,
 num_examples)
# 计算目标张量的最大长度（max_length）
max_length_targ, max_length_inp = max_length(target_tensor), max_length(
input_tensor)
# 采用 8：2 的比例切分训练集和验证集
input_tensor_train, input_tensor_val, target_tensor_train, target_tensor_val =
train_test_split(input_tensor, target_tensor, test_size=0.2)
# 验证数据正确性，也就是输出词与词语映射索引的表示
def convert(lang, tensor):
    '''
    lang: 待处理的文本
    tensor: 文本构成的张量
    '''
    for t in tensor:
        if t != 0:
            print ('%d ----> %s' % (t, lang.index_word[t]))

print('预处理前的输出为: ')
print('输入语言: 词映射索引')
convert(inp_lang, input_tensor_train[0])
print('目标语言: 词语映射索引')
convert(targ_lang, target_tensor_train[0])
```

```
# 创建 tf.data 数据集
BUFFER_SIZE = len(input_tensor_train)  # 将被加入缓冲器的元素的最大数
BATCH_SIZE = 64  # 每次训练所选取的样本数
steps_per_epoch = len(input_tensor_train)//BATCH_SIZE  #  训练一轮需要迭代的步数
embedding_dim = 256  # 词向量的维度
units = 1024  # 神经元数量
vocab_inp_size = len(inp_lang.word_index)+1  # 输入词表的大小
vocab_tar_size = len(targ_lang.word_index)+1  # 输出词表的大小
dataset = tf.data.Dataset.from_tensor_slices((
    input_tensor_train, target_tensor_train)).shuffle(BUFFER_SIZE)
dataset = dataset.batch(BATCH_SIZE, drop_remainder=True)  # 构建训练集
example_input_batch, example_target_batch = next(iter(dataset))
```

运行代码 10-13 后，输出结果如下。

```
预处理前的输出为:
 <start> I like this book <end>
预处理前的输出为:
 <start> 我喜欢这本书 <end> utf-8

预处理前的输出为:
输入语言: 词映射索引
1 ----> <start>
289 ----> 再一次。
2 ----> <end>
目标语言: 词语映射索引
1 ----> <start>
317 ----> once
138 ----> again
3 ----> .
2 ----> <end>
```

10.5.2 构建模型

构建模型包括以下 3 个步骤。

（1）定义编码器的输入，定义 LSTM 层，调用编码器，得到编码器的输出和状态信息；定义解码器的输入，将编码器输出的状态作为初始解码器的初始状态，添加全连接层，定义整个模型。

（2）添加 Attention 机制。由于原始编解码模型的编码过程会生成一个中间向量 $\boldsymbol{C}$，用于保存原序列的语义信息。但是这个向量长度是固定的，当输入原序列的长度比较长时，向量 $\boldsymbol{C}$ 无法保存全部的语义信息，上下文语义信息受到了限制，这也限制了模型的理解能力。所以需要使用 Attention 机制打破这种原始编解码模型对固定向量的限制。

（3）模型中相关参数的配置。设置训练次数为 10 次，每批数据量大小为 256，每次随机抽取 256 条内容。

构建基于 Seq2Seq 的机器翻译模型，如代码 10-14 所示。其中，Encoder 类编写编码器，BahdanauAttention 类添加 Attention 机制，Decoder 类编写解码器。

代码 10-14　构建基于 Seq2Seq 的机器翻译模型

```
# 编码器
class Encoder(tf.keras.Model):
    def __init__(self, vocab_size, embedding_dim, enc_units, batch_sz):
        super(Encoder, self).__init__()
        self.batch_sz = batch_sz  # 每次训练所选取的样本数
        self.enc_units = enc_units  # 神经元数量
        #输入层
        self.embedding = tf.keras.layers.Embedding(vocab_size, embedding_dim)
        self.gru = tf.keras.layers.GRU(self.enc_units,
                                       return_sequences=True,
                                       return_state=True,
                                       recurrent_initializer='glorot_uniform')
    def call(self, x, hidden):
        x = self.embedding(x)
        output, state = self.gru(x, initial_state=hidden)
        return output, state

    def initialize_hidden_state(self):
        return tf.zeros((self.batch_sz, self.enc_units))

# 构建编码器网络结构
encoder = Encoder(vocab_inp_size, embedding_dim, units, BATCH_SIZE)
sample_hidden = encoder.initialize_hidden_state()  # 输入隐藏样本
sample_output, sample_hidden = encoder(example_input_batch, sample_hidden)
print('编码器输出形状: ', '\n', ' (batch_size, sequence_length, units) {}'.format
(sample_output.shape))
print('编码器隐藏状态形状: ', '\n', ' (batch_size, units) {}'.format
(sample_hidden.shape))

# Attention 机制
class BahdanauAttention(tf.keras.layers.Layer):
    def __init__(self, units):
        super(BahdanauAttention, self).__init__()
        self.W1 = tf.keras.layers.Dense(units)
        self.W2 = tf.keras.layers.Dense(units)
        self.V = tf.keras.layers.Dense(1)

    def call(self, query, values):
        # query 为上次的 GRU 隐藏层
        # values 为编码器的编码结果（enc_output）
        # 在 Seq2Seq 模型中，St 是后面的 query 向量，而编码过程的隐藏状态 hi 是 values
        hidden_with_time_axis = tf.expand_dims(query, 1)
        # 计算注意力权重值
        score = self.V(tf.nn.tanh(
            self.W1(values) + self.W2(hidden_with_time_axis)))
        # 注意力权重（attention_weights）的形状为(批大小,最大长度,1)
        attention_weights = tf.nn.softmax(score, axis=1)
        # 上下文向量（context_vector）求和之后的形状为(批大小,隐藏层大小)
```

```
        context_vector = attention_weights * values
        context_vector = tf.reduce_sum(context_vector, axis=1)
        return context_vector, attention_weights

attention_layer = BahdanauAttention(10)  # 构建注意力网络结构
attention_result, attention_weights = attention_layer(sample_hidden,
sample_output)
print('注意力结果形状: ', '\n', ' (batch_size, units) {}'.format(attention_
result.shape))
print('注意力权重形状: ', '\n', ' (batch_size, sequence_length, 1) {}'.format
(attention_weights.shape))

# 解码器
class Decoder(tf.keras.Model):
    def __init__(self, vocab_size, embedding_dim, dec_units, batch_sz):
        super(Decoder, self).__init__()
        self.batch_sz = batch_sz  # 每次训练所选取的样本数
        self.dec_units = dec_units  #神经元数量
        # 输入层
        self.embedding = tf.keras.layers.Embedding(vocab_size, embedding_dim)
        self.gru = tf.keras.layers.GRU(self.dec_units,
                                       return_sequences=True,
                                       return_state=True,
                                       recurrent_initializer='glorot_
uniform')
        self.fc = tf.keras.layers.Dense(vocab_size)
        # 调用注意力模型
        self.attention = BahdanauAttention(self.dec_units)
    def call(self, x, hidden, enc_output):
        # 编码器输出（enc_output）的形状为(批大小,最大长度,隐藏层大小)
        context_vector, attention_weights = self.attention(hidden, enc_output)
        # x 在通过嵌入层后的形状为(批大小,1,嵌入维度)
        x = self.embedding(x)
        # x 在拼接（concatenation）后的形状为(批大小,1,嵌入维度 + 隐藏层大小)
        x = tf.concat([tf.expand_dims(context_vector, 1), x], axis=-1)
        # 将合并后的向量传送到 GRU
        output, state = self.gru(x)
        # 输出的形状为(批大小 * 1,隐藏层大小)
        output = tf.reshape(output, (-1, output.shape[2]))
        # 输出的形状为(批大小,词表大小)
        x = self.fc(output)
        return x, state, attention_weights

# 构建解码器网络结构
decoder = Decoder(vocab_tar_size, embedding_dim, units, BATCH_SIZE)
sample_decoder_output, states, attention_weight = decoder(
    tf.random.uniform((64, 1)), sample_hidden, sample_output)
print('解码器输出形状: ', '\n', ' (batch_size, vocab_size) {}'.format(sample_
decoder_output.shape))
```

运行代码 10-14 后，输出结果如下。

```
编码器输出形状:
 (batch_size, sequence_length, units) (64, 6, 1024)
编码器隐藏状态形状:
 (batch_size, units) (64, 1024)
注意力结果形状:
 (batch_size, units) (64, 1024)
注意力权重形状:
  (batch_size, sequence_length, 1) (64, 6, 1)
解码器输出状态:
  (batch_size, vocab_size) (64, 1191)
```

10.5.3 定义优化器和损失函数

定义优化器和损失函数包括以下步骤。

（1）选择 Adam 优化器，它是一种可以替代传统随机梯度下降过程的一阶优化算法，能基于训练数据迭代地更新神经网络权重。

（2）选择 SparseCategoricalCrossentropy 作为损失函数，它是指用于计算标签值和预测值之间差异的函数，可以最小化每个训练样例的误差。

定义模型的优化器和损失函数，如代码 10-15 所示。其中，loss_function 函数用于实现优化器和损失函数。

代码 10-15 定义模型的优化器和损失函数

```
# 优化器
optimizer = tf.keras.optimizers.Adam()
# 损失函数
loss_object = tf.keras.losses.SparseCategoricalCrossentropy(from_logits=True,
reduction='none')

# 定义优化器和损失函数
def loss_function(real, pred):
      '''
      real: 真实值
      pred: 预测值
      '''
      mask = tf.math.logical_not(tf.math.equal(real, 0))
      loss_ = loss_object(real, pred)
      mask = tf.cast(mask, dtype=loss_.dtype)
      loss_ *= mask
      return tf.reduce_mean(loss_)
```

10.5.4 训练模型

训练模型包括以下步骤。

（1）将数据集输入编码器，编码器返回编码器输出和编码器隐藏状态。

（2）编码器输出、编码器隐藏状态和解码器输入（即开始令牌）被传递到解码器。

（3）解码器返回预测和解码器隐藏状态，然后将解码器隐藏状态传递回模型，并使用预测计算损耗。

（4）利用 Attention 机制决定解码器的下一个输入，Attention 机制是将目标单词作为下一个输入传递给解码器的技术。

（5）计算梯度并将其应用于优化器和反向传播。

训练构建好的模型，如代码 10-16 所示。其中，train 函数用于实现训练和验证模型，训练次数为 50 次。

代码 10-16　训练构建好的模型

```
import os
import time
# 检查点（基于对象的保存），准备保存训练模型
checkpoint_dir = '../tmp/training_checkpoints'
checkpoint_prefix = os.path.join(checkpoint_dir, 'ckpt')
# 保存模型
checkpoint = tf.train.Checkpoint(optimizer=optimizer, encoder=encoder,
decoder=decoder)
# 训练模型
def train(inp, targ, enc_hidden):
    '''
    inp: 批次
    targ: 标签
    enc_hidden: 隐藏样本
    '''
    loss = 0
    with tf.GradientTape() as tape:
        enc_output, enc_hidden = encoder(inp, enc_hidden)  # 构建编码器
        dec_hidden = enc_hidden
        dec_input = tf.expand_dims([targ_lang.word_index['<start>']] *
BATCH_SIZE, 1)
      # 将目标词作为下一个输入
      for t in range(1, targ.shape[1]):
        # 将编码器输出传送至解码器
        predictions, dec_hidden, dec_predictions = decoder(dec_input,
dec_hidden, enc_output)
        loss += loss_function(targ[:, t], predictions)
        dec_input = tf.expand_dims(targ[:, t], 1)
      loss = (loss / int(targ.shape[1]))
    batch_loss = loss.numpy() # 将损失转换为 numpy 数组
    variables = encoder.trainable_variables + decoder.trainable_variables
    gradients = tape.gradient(loss, variables)
    optimizer.apply_gradients(zip(gradients, variables))
    return batch_loss
# 开始训练
EPOCHS = 50
loss = []
for epoch in range(EPOCHS):
    start = time.time()
    enc_hidden = encoder.initialize_hidden_state()  # 初始化隐藏层
```

```
    total_loss = 0
    for (batch, (inp, targ)) in enumerate(dataset.take(steps_per_epoch)):
        batch_loss = train(inp, targ, enc_hidden)
        total_loss += batch_loss
        if batch % 100 == 0:
            print('Epoch {} Batch {} Loss {:.4f}'.format(epoch + 1, batch,
batch_loss))
            loss.append(round(batch_loss, 3))
    # 每两个周期（epoch）保存（检查点）一次模型
    if (epoch + 1) % 2 == 0:
        checkpoint.save(file_prefix=checkpoint_prefix)
# 损失趋势可视化
import matplotlib.pyplot as plt
plt.rcParams['font.sans-serif'] = ['SimHei']  # 设置字体为黑体
plt.rcParams['axes.unicode_minus'] = False  # 对字符进行显示设置
plt.plot(list(range(1, 51)), loss)  # 将损失值绘制成折线图
plt.title('损失趋势图', fontsize=16)  # 设置折线图标题为“损失趋势图”
plt.xlabel('迭代次数（次）')  # 将 x 轴标签设置为“迭代次数（次）”
plt.ylabel('损失值')  # 将 y 轴标签设置为“损失值”
plt.show()  # 将图形进行展示
```

代码 10-16 的运行结果如下，得到的损失趋势图如图 10-16 所示。

```
Epoch 1 Batch 0 Loss 4.1682
Epoch 2 Batch 0 Loss 2.5503
Epoch 3 Batch 0 Loss 2.2372
...
Epoch 48 Batch 0 Loss 0.0821
Epoch 49 Batch 0 Loss 0.0946
Epoch 50 Batch 0 Loss 0.0675
```

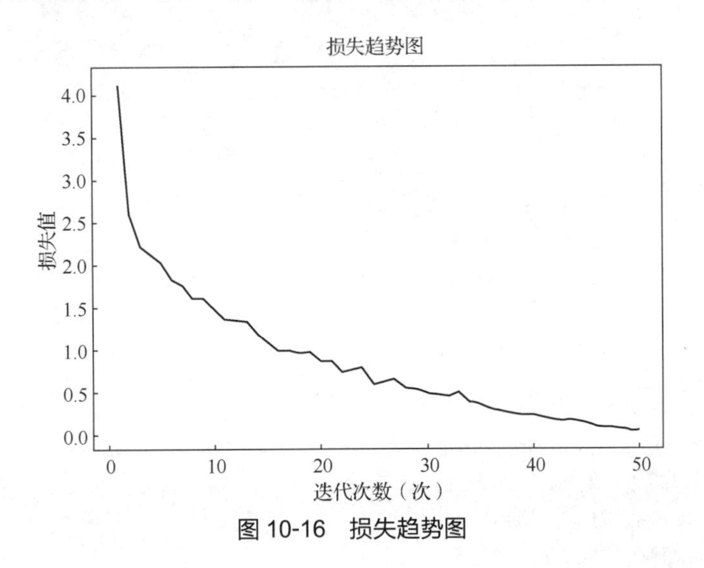

图 10-16　损失趋势图

由图 10-16 可以看出，模型在训练集上的损失值（loss）随着迭代次数（epoch）的增加而缓慢下降，并逐渐趋于稳定，误差值越来越小，模型预测的结果越来越精确。

10.5.5 翻译

翻译包括以下两项内容。

（1）与训练模型时类似，设置测试时的相关参数配置。

（2）输入 5 条句子，利用模型进行翻译，评价模型翻译的准确性。

使用训练好的模型对语句进行翻译，如代码 10-17 所示。其中 evaluate 函数用于实现模型测试，translate 函数用于实现语句的翻译。

代码 10-17　使用训练好的模型对语句进行翻译

```
import numpy as np
# 翻译
def evaluate(sentence):
    '''
    sentence：需要翻译的句子
    '''
    attention_plot = np.zeros((max_length_targ, max_length_inp))
    sentence = preprocess_sentence(sentence)
    inputs = [inp_lang.word_index[i] for i in sentence.split(' ')]
    inputs = tf.keras.preprocessing.sequence.pad_sequences(
        [inputs], maxlen=max_length_inp, padding='post')
    inputs = tf.convert_to_tensor(inputs)
    result = ''
    hidden = [tf.zeros((1, units))]
    enc_out, enc_hidden = encoder(inputs, hidden)
    dec_hidden = enc_hidden
    dec_input = tf.expand_dims([targ_lang.word_index['<start>']], 0)
    for t in range(max_length_targ):
        predictions, dec_hidden, attention_weights = decoder(dec_input,
dec_hidden, enc_out)
        predicted_id = tf.argmax(predictions[0]).numpy()
        result += targ_lang.index_word[predicted_id] + ' '
        if targ_lang.index_word[predicted_id] == '<end>':
            return result, sentence, attention_plot
        # 预测的 ID 被输送回模型
        dec_input = tf.expand_dims([predicted_id], 0)
    return result, sentence, attention_plot

# 执行翻译
def translate(sentence):
    '''
    sentence：要翻译的句子
    '''
    result, sentence, attention_plot = evaluate(sentence)
    print('输入：%s' % (sentence))
    print('翻译结果：{}'.format(result))
print(translate('我生病了。'))
print(translate('为什么不？'))
print(translate('让我一个人待会儿。'))
print(translate('打电话回家！'))
print(translate('我了解你。'))
```

调用 evaluate 函数，并执行 translate 函数对输入的句子进行翻译，最终得到翻译的结果如下。

```
输入：<start> 我生病了。 <end>
翻译结果：i'm sick . <end>
None
输入：<start> 为什么不？ <end>
翻译结果：why not ? <end>
None
输入：<start> 让我一个人待会儿。 <end>
翻译结果：leave me . <end>
None
输入：<start> 打电话回家！ <end>
翻译结果：call home ! <end>
None
输入：<start> 我了解你。 <end>
翻译结果：i get you . <end>
None
```

可能是由于模型在训练过程中存在一定的损失值（loss）或者迭代次数（epoch）较少，影响了翻译的准确性，因此可以适当调整网络层数、节点数和训练次数，并优化模型编译参数，以提升模型翻译的准确性。

小结

本章主要介绍了 NLP 中使用的深度学习技术，包括循环神经网络（RNN）、长短期记忆（LSTM）网络和 Seq2Seq 模型。首先介绍了 RNN 的基本概念，然后引入了单向 RNN 结构、LSTM 模型结构和 Seq2Seq 模型结构，随后介绍了常见的深度学习工具，最后将 LSTM 模型应用于文本分类和情感分析，将 Seq2Seq 模型应用于机器翻译。

实训

实训 1　实现基于 LSTM 模型的新闻分类

1. 训练要点

（1）熟悉利用 LSTM 模型进行文本分类的流程和方法。

（2）掌握利用 TensorFlow 构建 LSTM 模型进行文本分类的过程。

2. 需求说明

某网站的新闻语料库包含大量的新闻文本语料，需要依据该语料库构建 LSTM 模型实现文本分类。提供的新闻语料为 CSV 格式的数据，其中 text 是新闻文章的详细内容，即样本自变量；category 是新闻主题分类，即样本因变量，共 5 个分类。根据新闻语料库对数据进行相应的预处理，并利用深度学习构建和训练 LSTM 模型对相应的新闻文本内容进行分类。

3. 实现思路与步骤

（1）语料预处理。根据新闻语料库构建相应的字库，将数据序列化并填充为长度一致。

（2）构建 LSTM 模型。构建合适的 LTSM 模型框架。

（3）模型训练。调用构建好的模型，选择合适的参数（如优化器、损失函数、评价函数等）进行模型训练。

（4）模型评价。选择合适的评价指标对训练好的模型进行评价。

实训 2 实现基于 LSTM 模型的携程网评论情感分析

1. 训练要点

（1）熟悉基于 LSTM 模型对文本进行情感分析的方法。

（2）熟悉使用 TensorFlow 构建 LSTM 模型进行情感分析的过程。

2. 需求说明

为了对酒店的评论文本进行情感分析，需要使用 TensorFlow 构建基于 LSTM 模型的情感分析模型。提供的酒店评论数据语料是从携程网上自动采集，并经过整理而成的中文情感语料。评论数据分为 neg 和 pos 两种情感极性并自带标签。根据提供的酒店相关的评论数据进行相应的语料预处理，利用 TensorFlow 框架构建 LSTM 模型实现对评论数据的情感分析，并对训练好的模型进行评价。

3. 实现思路与步骤

（1）数据预处理。读取正负情感语料并分词，构建词语向量并填充为统一长度。

（2）构建 LSTM 模型。构建合适的 LTSM 模型框架。

（3）模型训练。调用构建好的模型，选择合适的参数（如优化器、损失函数、评价函数等）进行模型训练。

（4）模型评价。选择合适的评价指标对训练好的模型进行评价。

实训 3 实现基于 Seq2Seq 和 GPU 的机器翻译

1. 训练要点

（1）了解语料库的基本处理方法，学会一般 NLP 的方法。

（2）熟悉 RNN 及 LSTM 的各个结构。

（3）掌握基于 Seq2Seq 与 GPU 实现机器翻译的方法。

2. 需求说明

为了实现机器翻译，需要利用 TensorFlow 框架实现 Seq2Seq 神经网络中英文机器翻译模型。其中 en-zh-test.txt 是包含中英互译的文件，对该数据先进行语料库预处理，然后构建基于 Attention 机制的 Seq2Seq 模型，最后对模型进行训练并调用模型进行测试，从而实现机器翻译。

3. 实现思路与步骤

（1）语料库预处理。在 Python 中导入中英文句子互译的语料库文件，并进行分词、构建映射关系等操作。

（2）构建模型。定义编码、解码和 Attention 机制的 Seq2Seq 模型。

（3）定义优化器和损失函数。根据模型预测的结果衡量模型预测能力的好坏。

（4）训练模型。利用构建好的 Seq2Seq 模型对语料库进行训练。

（5）保存模型。checkpoint 是 TensorFlow 官方文档保存检查点，主要通过 tf.train.Saver() 构建实例化检查点，然后通过该检查点保存或导入模型。

（6）实现翻译。输入语句，利用模型实现语句翻译。

课后习题

1. 选择题

（1）RNN 适用于处理视频、语音、文本等与时序相关的问题，其常见的应用领域不包括（　　）。

A. 图像处理　　B. 视频剪辑　　C. 语音识别　　D. 文本相似度计算

（2）RNN 经典结构的输入和输出的序列长度为（　　）。

A. 多对一　　B. 一对多　　C. 等长的多对多　　D. 非等长的多对多

（3）下列关于双向 RNN 结构说法正确的是（　　）。

A. 只考虑预测词前面的词，并没有考虑该词后面的内容

B. 不仅从前往后保留该词前面的词的信息，而且还从后往前保留该词后面的词的信息

C. 不是由两个 RNN 上下叠加在一起组成

D. 输出与隐藏层的状态无关

（4）下列关于 LSTM 说法不正确的是（　　）。

A. 通过改进使 RNN 具备避免梯度消失的特性

B. LSTM 只能够刻画出输入数据中的短距离的相关信息，不能够捕捉到具有较长时间间隔的依赖关系

C. LSTM 神经网络模型使用门结构实现了对序列数据中的遗忘与记忆

D. 使用大量的文本序列数据对 LSTM 模型训练后，可以捕捉到文本间的依赖关系，训练好的模型就可以根据指定的文本生成后序的内容

（5）TensorFlow 的特点不包括（　　）。

A. 高速性　　B. 性能最优化　　C. 多语言支持　　D. 可移植性

2. 操作题

（1）调整文本分类中 LSTM 模型的参数，训练并测试模型。

（2）调整情感分析中 LSTM 模型的参数，训练并测试模型。

（3）增加机器翻译中 Seq2Seq 模型的训练次数，测试模型并分析其运行结果。

第11章 智能问答系统

智能问答系统通过一问一答的形式精确定位用户所需要的知识，并以交互的形式为用户提供个性化的信息服务。智能问答系统对积累的无序语料信息进行有序和科学的整理，并建立基于知识的分类模型。这些分类模型可以指导新增加的语料咨询和服务信息，节约人力资源，实现信息处理的自动化，提高用户的办事效率。本章首先介绍智能问答系统的基本概念，接着介绍智能问答系统的主要组成部分，最后利用 Seq2Seq 模型构建一个智能问答系统。

学习目标

（1）了解智能问答系统的基本概念。
（2）熟悉智能问答系统的主要组成部分。
（3）掌握智能问答系统的实现过程。

11.1 智能问答系统简介

随着时代的发展，人们越来越想要快速、准确地获取信息。单纯通过人工客服处理客户问题需要消耗很多人力和成本，于是自动化的问答系统被提出并逐渐发展起来。智能问答系统（Question Answering System，QA）是信息检索系统的一种高级形式，它能用准确、简洁的自然语言回答用户用自然语言提出的问题。

1950 年，英国数学家、逻辑学家艾伦 • 麦席森 • 图灵提出了著名的图灵测试。图灵测试是指在测试者与被测试者（一个人或一台机器）隔开的情况下，测试者通过键盘或者其他装置向被测试者随意提问，由被测试者回答，如果在多次测试后仍有超过 30%的测试者不能确定被测试者是人还是机器，那么这台机器就通过测试并被认为具有人类智能。1990 年，为了推动智能问答系统的发展，休 • 罗布纳设立罗布纳奖。2014 年，一个带有聊天机器人程序的人工智能软件尤金•古斯特曼成功地让人类相信它是一个 13 岁男孩。目前，智能问答系统是人工智能和 NLP 领域中一个倍受关注并具有广泛发展前景的方向。

11.2 智能问答系统的主要组成部分

智能问答系统的问答过程和人与人之间的对话过程（首先由一个人提问，然后另一个人在脑海中思考问题，最后组织语言回答问题）是一样的。智能问答系统流程由问题理解、知识检索、答案生成 3 个部分组成。其中，问题理解包括问题分类、关键词提取，知识检索包括结构化和非结构化信息检索、答案生成包括答案提取和答案验证。智能问答系统的两个主要难题就是对问题的理解和问题与答案之间的匹配程度。

11.2.1 问题理解

问题理解需要理解的是问题在问什么，以及该问题属于哪方面的问题，即问题分类和关键词提取。

1. 问题分类

通常，每一个提出的问题都包含问题主体。问题主体的类别可以总结为“5W1H”，即 Who（问人物）、When（问时间）、Where（问地点）、What（问事件）、Why（问原因）、How（问怎么做），但是单靠问题主体难以定位问题的分类点，所以为了更好地确定问题的类别，还需要将问题的分类标准再细分为若干种分类体系。

UIUC 问句分类体系是一个双层次结构体系，主要针对事实类问题，拥有 6 个大类和 50 个小类，包括实体（问答的是某种事物，如动植物、食物、体育等）、描述（事物的定义、描述、事件原因等）、人物（人名、称号等）、地点（国家、城市、山脉等）、数值（数字、日期、顺序等）、缩写（缩写或略写形式）。

也有单层次的分类体系，如德拉戈米尔 • R • 拉德夫设计了 17 个分类类别，包括人物、数字、描述、原因、地点、定义、缩写、长度、日期等。还可以根据问题所属的垂直领域进行分类，垂直领域下的相关问题交由相关领域特定的功能处理，如天气类、食物类、百科类等。

2. 关键词提取

为了获得问题的类别，需要在问句中提取出关键词，从而提取出问题的核心部分以便准确找到问题的类别。简单直观的提取关键词的方法为基于规则的匹配方法，用于识别可以归类的查询语句。基于规则的匹配方法虽然简单直接，但是不能灵活应对变化多样的自然语言。更好的方式是结合词性、句法等关键词提取技术，通过词性标注、命名实体识别等操作提取关键词。

11.2.2 知识检索

知识库的内容和规模能直接改变智能问答系统的结果，并影响问答能力和效率。一个好的智能问答系统，其背后的知识库通常是非常庞大且全面的。一般来说，知识库是通过人工的方式整理成的结构化数据，便于计算机进行处理。然而在大数据时代，结构化数据相对于非结构化数据要少得多，而且有的结构化数据还是通过人工的方式整理的。因此，如果能从非结构化数据中提取有效的答案，可以明显地提高智能问答系统回答问题的效率。

1. 结构化信息检索

智能问答系统的结构化信息检索实质是一个问题与多个答案之间的关系，侧重的是实体的各个属性之间、实体与各属性之间的关系。结构化信息主要有关系类知识和百科类知识。

关系类知识可以简化表示为两个事物和它们之间的关系，即有两个事物 A 和 B，它们之间存在某种关系 R，表示为 A—R—B，能够解决一些事实类的问答问题。例如，“珠穆朗玛峰的高度是多少？”中，“珠穆朗玛峰”是事物 A，“高度”是关系 R，事物 A 需要通过关系 R 去连接另一个事物 B，利用关系类知识可以得到事物 B 为“8848.86 米”。比较著名的关系类知识库有 DBPedia 和 YAGO，这些数据库通过从互联网上提取数据组织形成关系结构数据库。

百科类知识是由一个个条目信息组成的，每个条目中都有其简介、属性等相关信息。百科类条目信息的属性结构性强，内容清晰，但也存在其他非结构化信息。例如百度百科中“广东省”的条目信息中，包括结构化属性“行政类别”“面积”“人口”“方言”等信息，也包括非结构化信息“历史沿革”“地理环境”等。百科类条目信息除了常见的百度百科，还有互动百科等。

2. 非结构化信息检索

智能问答系统的非结构化信息是指没有组织成表格的属性、实体或隐藏在文本中的信息。可以通过非结构化信息检索的方法搜索和挖掘与问题相关的信息。非结构化信息的检索方式与搜索引擎技术相同，即以某个关键词为索引，查找与索引相关的信息，再进行答案生成。

如果一篇文档或者一段文本中包含与关键词相关的答案信息，则关键词与关键词之间的位置相对较近。因此可以以段落为单位，计算连续的少量段落内是否出现了所有的关键词。这种方法可以去除一些与关键词相关，但与问题答案不相关的文档或文本。在智能问答系统的实际应用中，通常借助商业化的搜索引擎完成这项工作，特别是现在的很多商业搜索引擎已经具备了一定的自然语言理解能力。例如，Siri 这个产品便采用了这样的策略，当输入的句子无法被其识别时，它便将整句话提交给搜索引擎，并将检索到的文档集合列出来，供用户自行选择。

11.2.3 答案生成

通过非结构化检索得到的信息的结构化特性不高，还需要进行筛选过滤，提取其中最精准的答案。

1. 答案提取

在问题理解环节中，会对问题进行一定程度的分类，如问题提问的是人物、数值、地点还是日期等。然后通过 NLP 技术，如词性标注、命名实体识别、关键词提取等方式，从文本中抽取更可能是答案的词或句子。此外，由于问题的关键词和答案词之间必然存在某种联系，因此还可以考虑问题和候选答案的相似度，如问题关键词和答案词之间语义联系的远近。答案与问题之间也可能存在句式的联系。例如，问题“广东省的面积是多少？”中，词语“多少”可以被替换为答案，即可以在答案文本中寻找类似“广东省的面积是×××”的句子。

2. 答案验证

随着候选答案范围的逐步缩小，可以借助其他工具验证答案的可信程度。例如采用其他的信息源（如知识库），在其中检索问题和答案的相关性。在互联网中检索答案，然后统计问题与答案同时出现的频率也是一种简单有效的验证方法。

11.3 任务：基于 Seq2Seq 模型的聊天机器人

本节将实现智能问答系统中的对话式问答系统，它是基于 Seq2Seq 模型的聊天机器人。Seq2Seq 模型在第 10 章已经介绍，该模型可用于机器翻译、文本摘要、会话建模等。该技术突破了传统的固定大小输入问题框架，将神经网络模型运用于翻译与智能问答这一类序列任务，在机器翻译和人机短问快答中得到了广泛的应用。

基于 Seq2Seq 模型的聊天机器人的实现流程如下。

（1）读取语料库。

（2）文本预处理。对原始语料文件进行预处理等。

（3）模型构建。搭建聊天机器人模型计算图、添加 Attention 机制。

（4）模型训练。设置训练步，训练模型，模型测试。

（5）模型评价。

11.3.1　读取语料库

使用的语料样本一共有 5 个 TXT 文件，存放在 dialog 文件中，且以 UTF-8 的编码方式保存。语料样本包括问题和回答两部分，其中奇数行为问题，偶数行为回答。每个文档都具有相同的数据格式，其中“one.txt”“two.txt”“three.txt”“four.txt”中的部分内容如表 11-1 所示。

表 11-1　部分语料样本内容

one.txt	two.txt	three.txt	four.txt
你好 您好 你吃了吗 吃过了 ……	你多大了 你猜猜 我看你没到 20 ……	你是谁 聊天机器人 你知道我是谁吗 你 还 没 告 诉 我 呢……	今天天气怎么样? 很好。 你感冒了? 有点难受。 ……

因为语料储存于 dialog 文件的多个语料文件中，所以在读取前需要先批量获取文件名称，再循环读取文件，如代码 11-1 所示。为了方便后续运行，将此段代码写入 data_utls.py 文件。

代码 11-1　读取语料库

```
import os
# 读取语料库文件
def read_corpus(corpus_path='../data/dialog/'):
    '''
    corpus_path: 读取文件的路径
    '''
    corpus_files = os.listdir(corpus_path)    # 列出文件路径下所有文件
    corpus = []
    for corpus_file in corpus_files:  # 循环读取各个文件内容
```

```
        with open(os.path.join(corpus_path, corpus_file), 'r', encoding=
'utf-8') as f:
            corpus.extend(f.readlines())
    corpus = [i.replace('\n', '') for i in corpus]
    return corpus  # 返回语料库的列表数据
print('语料库读取完成! '.center(30, '='))
corpus = read_corpus(corpus_path='../data/dialog/')
print('语料库展示: \n', corpus[:6])
```

运行代码 11-1 后，输出结果如下。

```
===========语料库读取完成! ===========
语料库展示:
['你好，在吗', '在的，请问有啥能帮你的吗', '这件衣服有货吗', '请稍等，我帮您查一下', '你们的衣服质量怎么样啊', '质量您绝对可以放心，如果有任何质量问题我们 7 天之内包退换']
```

11.3.2 文本预处理

在构建聊天机器人模型前，需要对原始的语料文件进行预处理，包括分词并构建词典，拆分问句、答句和保存文件，加载词典和数据，数据准备等。

1. 分词并构建词典

对获取的语料文件进行分词并构建词典。Python 中文分词库有很多，本案例采用的是使用范围最广的 jieba 分词。jieba 分词的使用示例如代码 11-2 所示。

代码 11-2 jieba 分词的使用示例

```
import jieba
print('jieba 分词结果: \n', jieba.lcut('今天我来到北京清华大学'))
```

运行代码 11-2 后，输出的结果如下。

```
jieba 分词结果:
 ['今天', '我', '来到', '北京', '清华大学']
```

对语料进行分词并构建词典，如代码 11-3 所示。为了方便后续运行，将此段代码写入 data_utls.py 文件。

代码 11-3 对语料进行分词并构建词典

```
import jieba
from tkinter import _flatten
# 分词
def word_cut(corpus, userdict='../data/ids/mydict.txt'):
    '''
    corpus: 语料
    userdict: 自定义词典
    '''
    jieba.load_userdict(userdict)  # 加载自定义词典
    corpus_cut = [jieba.lcut(i) for i in corpus]  # 分词

    print('分词完成'.center(30, '='))
    return corpus_cut

# 构建词典
```

```
def get_dict(corpus_cut):
    '''
    corpus_cut: 分词后的语料文件
    '''
    tmp = _flatten(corpus_cut)  # 将分词结果列表拉直
    all_dict = list(set(tmp))  # 去除重复词，保留所有出现的唯一的词
    id2words = {i: j for i, j in enumerate(all_dict)}
    words2id = dict(zip(id2words.values(), id2words.keys()))  # 构建词典
    print('词典构建完成'.center(30, '='))
    return all_dict, id2words, words2id
# 执行分词
corpus_cut = word_cut(corpus, userdict='../data/ids/mydict.txt')
print('分词结果展示：\n', corpus_cut[:2])
# 获取字典
all_dict, id2words, words2id = get_dict(corpus_cut)
print('词典展示： \n', all_dict[:6])
```

运行代码 11-3 后，输出的结果如下。

```
============分词完成============
分词结果展示：
[['你好', '，', '在', '吗'],['在', '的', '噢', '，', '请问', '有', '啥', '能',
'帮', '你', '的', '么']]
===========词典构建完成===========
词典展示：
['可美', '不', '请稍等', '退换货须知', '多', '得']
```

2. 拆分问句、答句和保存文件

构建好词典后需要将词典保存为本地文件。需要保存的文件一共有 3 个，一个是词典文件 all_dict.txt，另外两个文件为 source.txt 和 target.txt，分别代表对话中的问句和答句，文件都保存在 tmp 文件夹中，如代码 11-4 所示。为了方便后续运行，将此段代码写入 data_utls.py 文件。

代码 11-4 拆分问句、答句和保存文件

```
from tkinter import _flatten
# 文件保存
def save(all_dict, corpus_cut, file_path='../tmp'):
    '''
    all_dict: 获取的词典
    file_path: 文件保存路径
    corpus_cut: 分词后的语料文件
    '''
    if not os.path.exists(file_path):
        os.makedirs(file_path)  # 如果文件夹不存在则新建
source = corpus_cut[::2]  # 问句
target = corpus_cut[1::2]  # 答句
# 构建文件的对应字典
file = {'all_dict.txt': all_dict, 'source.txt': source, 'target.txt': target}
# 分别进行文件处理并保存
```

```
    for i in file.keys():
        if i in ['all_dict.txt']:
            with open(os.path.join(file_path, i), 'w', encoding='utf-8')
as f:
                f.writelines(['\n'.join(file[i])])
        else:
            with open(os.path.join(file_path, i), 'w', encoding='utf-8')
as f:
                f.writelines([' '.join(i) + '\n' for i in file[i]])
print('文件已保存'.center(30, '='))
# 执行保存
save(all_dict, corpus_cut, file_path='../tmp')
```

3. 加载词典和数据

使用 tf.lookup.StaticHashTable 函数将 all_dict.txt 初始化为一个不可变的通用哈希表。哈希表是一个散列表，它存储的内容是键值对（key-value）映射，在缺少键时通过设置 default_value 确定使用的值。加载完词典后，就加载预处理好的数据。将 source.txt 和 target.txt 文件加载并转化为 Python 的 Mapdataset 格式，如代码 11-5 所示。data_path 和 CONST 参数设置详见模型构建部分中的参数设置。为了方便后续运行，将此段代码写入 execute.py 文件。

代码 11-5　加载词典和数据

```
import tensorflow as tf
import datetime
# 加载词典
print(f'[{datetime.datetime.now()}] 加载词典...')
data_path = '../data/ids'
CONST = {'_BOS': 0, '_EOS': 1, '_PAD': 2, '_UNK': 3}
table = tf.lookup.StaticHashTable(  # 初始化后为不可变的通用哈希表
    initializer=tf.lookup.TextFileInitializer(
        os.path.join(data_path, 'all_dict.txt'),
        tf.string,
        tf.lookup.TextFileIndex.WHOLE_LINE,
        tf.int64,
        tf.lookup.TextFileIndex.LINE_NUMBER
    ),  # 要使用的表初始化程序。有关支持的键和值类型请参见哈希表内核
    default_value=CONST['_UNK'] - len(CONST)  # 表中缺少键时使用的值
)

# 加载数据
print(f'[{datetime.datetime.now()}] 加载预处理后的数据...')

# 构造序列化的键值对字典
def to_tmp(text):
    '''
    text: 文本
    '''
    tokenized = tf.strings.split(tf.reshape(text, [1]), sep=' ')
```

```
    tmp = table.lookup(tokenized.values) + len(CONST)
    return tmp

# 增加开始和结束标记
def add_start_end_tokens(tokens):
    '''
    tokens：列化的键值对字典
    '''
    tmp = tf.concat([[CONST['_BOS']], tf.cast(tokens, tf.int32),
[CONST['_EOS']]], axis=0)
    return tmp

# 获取数据
def get_dataset(src_path: str, table: tf.lookup.StaticHashTable) ->
tf.data.Dataset:
    '''
    src_path：文件路径
    table：初始化后不可变的通用哈希表。

    '''
    dataset = tf.data.TextLineDataset(src_path)
    dataset = dataset.map(to_tmp)
    dataset = dataset.map(add_start_end_tokens)
    return dataset
# 获取数据
src_train = get_dataset(os.path.join(data_path, 'source.txt'), table)
tgt_train = get_dataset(os.path.join(data_path, 'target.txt'), table)
```

4. 数据准备

为了防止模型过拟合，需要在构建模型前对数据进行一些处理。首先将之前得到的 src_train 和 tgt_train 数据用 zip 函数进行打包，得到 train_dataset 数据，然后通过 filter_instance_by_max_length 函数设置一个最大长度值控制过滤数据实例数。之后调用 shuffle 方法，该方法是 TensorFlow 中数据集类 Dataset 的一个数据处理方法，用于打乱数据集中数据的顺序，常用在模型训练中。shuffle_buffer_size 参数定义加载数据集时缓冲的实例数，MAX_LENGTH 参数定义句子的最大词长，batch_size 参数则定义一次前向/后向传播中提供的训练数据样本数，3 个参数的设置详见模型构建部分中的参数设置，整个数据准备的处理过程如代码 11-6 所示。为了方便后续运行，将此段代码写入 execute.py 文件。

代码 11-6 数据准备的处理过程

```
# 将数据和特征构造为 TF 数据集
train_dataset = tf.data.Dataset.zip((src_train, tgt_train))
MAX_LENGTH = 50  # 句子最大词长
shuffle_buffer_size = 4  # 清洗数据集时缓冲的实例数
batch_size = 15  # 每一批次样本数
# 过滤数据实例数
def filter_instance_by_max_length(src: tf.Tensor, tgt: tf.Tensor) -> tf.Tensor:
    '''
```

```
    src: 特征
    tgt: 标签
    '''
    return tf.logical_and(tf.size(src) <= MAX_LENGTH, tf.size(tgt) <=
MAX_LENGTH)

train_dataset = train_dataset.filter(filter_instance_by_max_length)  # 过滤
数据
train_dataset = train_dataset.cache()
train_dataset = train_dataset.shuffle(shuffle_buffer_size)  # 打乱数据
train_dataset = train_dataset.padded_batch(  # 将数据长度变为一致，长度不足用_PAD
补齐
    batch_size,
    padded_shapes=([MAX_LENGTH + 2], [MAX_LENGTH + 2]),
    padding_values=(CONST['_PAD'], CONST['_PAD']),
    drop_remainder=True,
)
# 提升产生下一个批次数据的效率
train_dataset = train_dataset.prefetch(tf.data.experimental.AUTOTUNE)
```

11.3.3 模型构建

使用Seq2Seq模型解决聊天机器人的搭建问题的主要步骤为构建Encoder-Decoder框架和引入Attention机制。

1. 参数设置

在构建模型之前，需先设置模型参数，如模型训练迭代的次数、加载数据集时缓冲的实例数和词嵌入维度，以及模型的输入、输出等占位符的定义。需要添加额外字符_UNK、_EOS、_BOS和_PAD，这些额外字符在训练模型的过程中能够起到辅助作用。额外字符的具体作用如下。

（1）_UNK：用于替代处理样本时出现的字典中没有的字符、低频词或一些未遇到过的词等。

（2）_EOS：end of sentence，解码器端的句子结束标识符。

（3）_BOS：begin of sentence，解码器端的句子起始标识符。

（4）_PAD：占位符，用于对齐、填充、占位，补全字符。

此外，模型的基本参数还包括每次训练数据样本数、隐藏层神经元个数等。这里将模型参数保存在checkpoint_path变量中的路径下，如代码11-7所示。为了方便后续运行，将此段代码写入execute.py文件。

代码 11-7 模型的参数设置

```
data_path = '../tmp'  # 文件路径
epoch = 501  # 迭代训练次数
batch_size = 15  # 每批次样本数
embedding_dim = 256  # 词嵌入维度
hidden_dim = 512  # 隐藏层神经元个数
shuffle_buffer_size = 4  # 清洗数据集时缓冲的实例数
```

```
device = -1  # 使用的设备 ID，-1 即不使用 GPU
checkpoint_path = '../tmp/model'  # 模型参数保存的路径
MAX_LENGTH = 50  # 句子的最大词长
CONST = {'_BOS': 0, '_EOS': 1, '_PAD': 2, '_UNK': 3}#输出句子的最大长度

# 模型参数保存的路径，如果不存在则新建
if not os.path.exists(checkpoint_path):
    os.makedirs(checkpoint_path)
```

2. GPU 设置

显卡的处理器称为图形处理器（Graphics Processing Unit，GPU），是显卡的“心脏”，其功能与 CPU 类似，只不过 GPU 是专为执行复杂的数学和几何计算而设计的，这些计算是渲染图形所必需的。某些机器学习和深度学习的程序常常需要进行大量的计算，这需要消耗计算机中的大量运算资源，导致计算机运行速度变慢。而如果将 Python 程序设置在 GPU 上运行，则可以提高运行速度。设置 device 参数值可以确定是否使用 GPU，默认值为 -1，即不使用 GPU。如果选择使用 GPU，需要先获得当前主机上 GPU 运算设备的列表，再限制 TensorFlow 仅使用指定的 GPU，如代码 11-8 所示。为了方便后续运行，将此段代码写入 execute.py 文件。

代码 11-8　GPU 设置

```
# 获得当前主机上 GPU 运算设备的列表
gpus = tf.config.experimental.list_physical_devices('GPU')
if 0 <= device and 0 < len(gpus):
    # 限制 TensorFlow 仅使用指定的 GPU
    tf.config.experimental.set_visible_devices(gpus[device], 'GPU')
    logical_gpus = tf.config.experimental.list_logical_devices('GPU')
```

3. Seq2Seq 模型

在原始的多对多结构中，要求输入序列与输出序列等长，而现实中遇到的大部分情况为输入序列与输出序列不等长。如在本案例中，聊天机器人的问题和回答往往没有长度相等的关系。为了有效解决输入序列与输出序列不等长的问题，需要使用 Seq2Seq 模型（Sequence to Sequence Model，也称 Encoder-Decoder 模型）搭建聊天机器人。

（1）定义 Encoder 端。聊天机器人实现过程中常用的是 LSTM 算法，而 GRU 模型比标准的 LSTM 模型简单，是非常流行的变体。GRU 还包含细胞状态（信息传输的路径）和隐藏状态等一些其他的改动。虽然 GRU 比 LSTM 少了一个状态输出，但效果几乎一样，因此在编码时使用 GRU 可以让代码更为简单一些。可以通过 tf.keras 接口设置 GRU 层，定义 Encoder 端如代码 11-9 所示。为了方便后续运行，将此段代码写入 Seq2Seq.py 文件。

代码 11-9　定义 Encoder 端

```
import tensorflow as tf
import typing

# 编码
class Encoder(tf.keras.Model):
    # 设置参数
    def __init__(self, vocab_size: int, embedding_dim: int, enc_units: int) ->
```

```
None:
        '''
        vocab_size: 词库大小
        embedding_dim: 词向量维度
        enc_units: LSTM 层的神经元数量
        '''
        super(Encoder, self).__init__()
        self.enc_units = enc_units
        # 词嵌入层
        self.embedding = tf.keras.layers.Embedding(vocab_size, embedding_dim)
        # LSTM 层，GRU 是简单的 LSTM 层
        self.gru = tf.keras.layers.GRU(self.enc_units, return_sequences=
True, return_state=True)
    # 定义神经网络的传输顺序
    def call(self, x: tf.Tensor, **kwargs) -> typing.Tuple[tf.Tensor,
tf.Tensor]:
        '''
        x: 输入的文本
        '''
        x = self.embedding(x)
        output, state = self.gru(x)
        return output, state  # 输出预测结果和当前状态
```

（2）定义 BahdanauAttention。Encoder-Decoder 有一个缺陷，就是当输入信息太长时，会丢失一些信息，而引入 Attention 机制就是为了解决这个问题。引入 Attention 机制后，Encoder 不再以整个输入序列编码为固定长度的中间向量，而是编码成一个向量的序列。这里使用的是 BahdanauAttention 机制定义 BahdanauAttention，如代码 11-10 所示。为了方便后续运行，将此段代码写入 Seq2Seq.py 文件。

代码 11-10　定义 BahdanauAttention

```
# Attention 机制
class BahdanauAttention(tf.keras.Model):
    # 设置参数
    def __init__(self, units: int) -> None:
        '''
        units: 神经元数据量
        '''
        super(BahdanauAttention, self).__init__()
        self.W1 = tf.keras.layers.Dense(units)  # 全连接层
        self.W2 = tf.keras.layers.Dense(units)  # 全连接层
        self.V = tf.keras.layers.Dense(1)  # 输出层
    # 设置 Attention 机制的计算方式
    def call(self, query: tf.Tensor, values: tf.Tensor, **kwargs) ->
typing.Tuple[tf.Tensor, tf.Tensor]:
        '''
        query: 上一层输出的特征值
        values: 上一层输出的计算结果
        '''
        # 维度增加 1 维
```

```
        hidden_with_time_axis = tf.expand_dims(query, 1)
        # 构造计算方法
        score = self.V(tf.nn.tanh(self.W1(values) + self.W2(hidden_
with_time_axis)))
        # 计算权重
        attention_weights = tf.nn.softmax(score, axis=1)
        # 计算输出
        context_vector = attention_weights * values
        context_vector = tf.reduce_sum(context_vector, axis=1)

        return context_vector, attention_weights  # 输出特征向量和权重
```

（3）定义 Decoder 端。Encoder-Decoder 模型中的 Decoder 又称作解码器，它的作用是求解数学问题，并将结果转化为现实世界的解决方案。定义 Decoder 端包括 Embedding 层、GRU 模型和网络层数的设置，还有使用引入的 Attention 机制等。定义 Decoder 端如代码 11-11 所示。为了方便后续运行，将此段代码写入 Seq2Seq.py 文件。

代码 11-11　定义 Decoder 端

```
# 解码
class Decoder(tf.keras.Model):
    # 设置参数
    def __init__(self, vocab_size: int, embedding_dim: int, dec_units: int):
        '''
        vocab_size：词库大小
        embedding_dim：词向量维度
        dec_units：LSTM 层的神经元数量
        '''
        super(Decoder, self).__init__()
        self.dec_units = dec_units
        # 词嵌入层
        self.embedding = tf.keras.layers.Embedding(vocab_size, embedding_dim)
        # 添加 LSTM 层
        self.gru = tf.keras.layers.GRU(self.dec_units, return_sequences=
True, return_state=True)
        # 全连接层
        self.fc = tf.keras.layers.Dense(vocab_size)
        # 添加 Attention 机制
        self.attention = BahdanauAttention(self.dec_units)

    # 设置神经网络传输顺序
    def call(self, x: tf.Tensor, hidden: tf.Tensor, enc_output: tf.Tensor) \
            -> typing.Tuple[tf.Tensor, tf.Tensor, tf.Tensor]:
        '''
        x：输入的文本
        hidden：上一层输出的特征值
        enc_output：上一层输出的计算结果
        '''
        # 计算 Attention 机制层的结果
        context_vector, attention_weights = self.attention(hidden, enc_
```

```
output)
        # 词嵌入层
        x = self.embedding(x)
        # 词嵌入结果和 Attention 机制层的结果合并
        x = tf.concat([tf.expand_dims(context_vector, 1), x], axis=-1)
        # 添加 Attention 机制
        output, state = self.gru(x)

        # 输出结果更新维度
        output = tf.reshape(output, (-1, output.shape[2]))
        # 输出层
        x = self.fc(output)

        return x, state, attention_weights  # 输出预测结果、当前状态和权重
```

（4）构建模型。调用定义好的 Encoder 和 Decoder 构建 Encoder-Decoder 模型，如代码 11-12 所示。为了方便后续运行，将此段代码写入 execute.py 文件。

代码 11-12　构建 Encoder-Decoder 模型

```
from Seq2Seq import Encoder, Decoder
# 构建模型
print(f'[{datetime.datetime.now()}] 创建一个 Seq2Seq 模型...')
encoder = Encoder(table.size().numpy() + len(CONST), embedding_dim, hidden_dim)
decoder = Decoder(table.size().numpy() + len(CONST), embedding_dim, hidden_dim)
```

4. 优化器和损失函数

采用优化器和损失函数等方法对聊天机器人模型进行优化。其中，优化器可解决神经网络中经常面对的非凸函数优化问题，损失函数用于度量神经网络输出的预测值与实际值之间的差距。

（1）优化器。在神经网络中经常会面对非凸函数的优化问题，往往使用一些网络的优化方法作为优化器。常见的优化器有梯度下降法（SGD）和自适应梯度法（AdaGrad）等。其中，AdaGrad 就是将每一维各自的历史梯度值的平方叠加起来，然后在更新的时候除以该历史梯度值。AdaGrad 可以对低频的参数做较大的更新，对高频的参数做较小的更新，因此，AdaGrad 对稀疏数据有较好的表现，它很好地提高了 SGD 的鲁棒性，如识别视频里面的猫、训练 GloVe word embeddings 等。AdaGrad 是机器学习和深度学习中用得最多的优化器。

在聊天机器人模型计算图的搭建过程中，采用 AdaGrad 进行模型优化，构建优化器如代码 11-13 所示。为了方便后续运行，将此段代码写入 execute.py 文件。

代码 11-13　构建优化器

```
# 构建优化器
print(f'[{datetime.datetime.now()}] 准备优化器...')
optimizer = tf.keras.optimizers.Adam()
```

（2）损失函数。在计算损失函数之前，需要先指定目标函数，可以使用 Keras 中的 SparseCategoricalCrossentropy 函数，即交叉熵损失函数来实现。因为 id 向量填充的时候填补了大量的占位符_PAD 以确保输入 id 向量的长度一致，而这部分内容在计算损失函数时

应不予考虑；所以在计算损失函数的时候需要添加权重以调整_PAD 的对应位置都为 0，不计算损失，而其余语料 id 向量正文部分的对应权重数值为 1。

计算模型的损失函数如代码 11-14 所示。其中，最后得到的 loss_function 就是模型的损失函数。为了方便后续运行，将此段代码写入 execute.py 文件。

代码 11-14 计算模型的损失函数

```
# 设置损失函数
print(f'[{datetime.datetime.now()}] 设置损失函数...')
# 损失值计算方式
loss_object = tf.keras.losses.SparseCategoricalCrossentropy(from_logits=True,
reduction='none')
# 损失函数
def loss_function(loss_object, real: tf.Tensor, pred: tf.Tensor) -> tf.Tensor:
    '''
    loss_object: 损失值计算方式
    real: 真实值
    pred: 预测值
    '''
    # 计算真实值和预测值之间的误差
    loss_ = loss_object(real, pred)
    # 返回输出并不相等的值，并用_PAD 填充
    mask = tf.math.logical_not(tf.math.equal(real, CONST['_PAD']))
    # 将数据格式转换为与损失值一致
    mask = tf.cast(mask, dtype=loss_.dtype)

    return tf.reduce_mean(loss_ * mask)  # 返回平均误差
```

（3）模型保存。因为当语料库数量增加时，模型训练速度将会变慢，而语料库的数量和质量是聊天机器人中较为重要的因素，会对最后模型训练的效果产生影响；所以为了让模型能够定期保存模型参数、数据等内容，需要实现下次训练时能够继续使用已训练完成的部分继续训练，可以添加 checkpoint 文件保存模型。

TensorFlow 的 Checkpoint 机制将可追踪变量以二进制的方式储存成一个.ckpt 文件，用于储存变量的名称和对应张量的值，在模型训练完成后能将训练好的参数（变量）保存起来。在需要使用模型的其他地方载入模型和参数即可。tf.train.Checkpoint 类是一个强大的变量保存与恢复类，可以使用其 save 和 restore 方法将 TensorFlow 中所有包含 Checkpointable State 的对象保存和恢复。使用 tf.train.Checkpoint 类保存模型参数，如代码 11-15 所示。为了方便后续运行，将此段代码写入 execute.py 文件。

代码 11-15 使用 tf.train.Checkpoint 类保存模型参数

```
# 设置模型保存
checkpoint = tf.train.Checkpoint(optimizer=optimizer, encoder=encoder,
decoder=decoder)
```

11.3.4 模型训练

本案例设置模型训练次数为 501 次，每次都输出模型损失率和结果。为了方便下一次模型调用，将训练后的模型保存在 checkpoint_path 中的路径下。

1. 设置训练步

模型训练时，需要设置 tf.GradientTape，即训练步，作用是在 eager 模式下计算梯度。tf.GradientTape 的出现是 TensorFlow 2.0 最大的变化之一。训练步以一种简洁优雅的方式，为 TensorFlow 的即时执行模式和图执行模式提供统一的自动求导 API。训练步中通过训练 Encoder-Decoder 模型得到 loss，再将其除以 tgt_length，得到 batch_loss。设置模型的训练步，如代码 11-16 所示。为了方便后续运行，将此段代码写入 execute.py 文件。

代码 11-16　设置模型的训练步

```
# 训练
def train_step(src: tf.Tensor, tgt: tf.Tensor):
    '''
    src: 输入的文本
    tgt: 标签
    '''
    # 获取标签的维度
    tgt_width, tgt_length = tgt.shape
    loss = 0
    # 创建梯度带，用于反向计算导数
    with tf.GradientTape() as tape:
        # 对输入的文本编码
        enc_output, enc_hidden = encoder(src)
        # 设置解码的神经元数目与编码的神经元数目相等
        dec_hidden = enc_hidden
        # 根据标签对数据解码
        for t in range(tgt_length - 1):
            # 更新维度，新增 1 维
            dec_input = tf.expand_dims(tgt[:, t], 1)
            # 解码
            predictions, dec_hidden, dec_out = decoder(dec_input, 
dec_hidden, enc_output)
            # 计算损失值
            loss += loss_function(loss_object, tgt[:, t + 1], predictions)
    # 计算一次训练的平均损失值
    batch_loss = loss / tgt_length
    # 更新预测值
    variables = encoder.trainable_variables + decoder.trainable_variables
    # 反向求导
    gradients = tape.gradient(loss, variables)
    # 利用优化器更新权重
    optimizer.apply_gradients(zip(gradients, variables))
    return batch_loss  # 返回每次迭代训练的损失值
```

2. 训练模型

对模型进行循环训练，epoch 为训练次数，本案例设置为 501 次。当 epoch 能被 100 整除时，则对模型进行保存，保存在 checkpoint_path 中的路径下。每次循环将每一步训练的次数和损失值输出，如代码 11-17 所示。为了方便后续运行，将此段代码写入 execute.py 文件。

代码 11-17 训练并保存模型

```
print(f'[{datetime.datetime.now()}] 开始训练模型...')
# 根据设定的训练次数去训练模型
for ep in range(epoch):
    # 设置损失值
    total_loss = 0
    # 将每批次的数据取出，放入模型中
    for batch, (src, tgt) in enumerate(train_dataset):
        # 训练并计算损失值
        batch_loss = train_step(src, tgt)
        total_loss += batch_loss
    if ep % 100 == 0:
        # 当 epoch 能被 100 整除时，保存模型
        checkpoint_prefix = os.path.join(checkpoint_path, 'ckpt')
        checkpoint.save(file_prefix=checkpoint_prefix)

    print(f'[{datetime.datetime.now()}] 迭代次数:{ep+1} 损失值:{total_loss:.4f}')
```

运行代码 11-17 后，部分输出结果如下。

```
[2020-11-17 09:23:08.268133] 创建一个 Seq2Seq 模型...
[2020-11-17 09:23:08.424386] 准备优化器...
[2020-11-17 09:23:08.424386] 设置损失函数...
[2020-11-17 09:23:08.424386] 加载词典...
[2020-11-17 09:23:08.424386] 加载预处理后的数据...
[2020-11-30 11:43:44.215093] 开始训练模型...
[2020-11-30 11:43:48.163637] 迭代次数: 1 损失值: 0.2087
[2020-11-30 11:43:51.406999] 迭代次数: 2 损失值: 0.1408
[2020-11-30 11:43:54.664301] 迭代次数: 3 损失值: 0.1462
...
[2020-11-30 12:09:48.119105] 迭代次数: 499 损失值: 0.0002
[2020-11-30 12:09:51.235771] 迭代次数: 500 损失值: 0.0002
[2020-11-30 12:09:55.247201] 迭代次数: 501 损失值: 0.0001
```

3. 模型测试

对训练后保存下来的聊天机器人模型进行测试，先读取相关的文件并加载计算图，再调用计算图进行模型测试。

（1）结果预测。模型训练结束后，可以通过输入对话进行测试，观察模型的效果。在对模型进行测试时，先调用之前训练好的模型，然后将需要预测的语句的前后分别加上_BOS 和_EOS，输入变量则需通过 TensorFlow 中的 keras.preprocessing.sequence.pad_sequences 函数进行预处理操作。对模型进行测试，如代码 11-18 所示，为了方便后续运行，将此段代码写入 execute.py 文件。

代码 11-18　对模型进行测试

```
# 模型测试
def predict(sentence='你好'):
    # 导入训练参数
    checkpoint.restore(tf.train.latest_checkpoint(checkpoint_path))
    # 给句子添加开始和结束标记
    sentence = '_BOS' + sentence + '_EOS'
    # 读取字段
    with open(os.path.join(data_path, 'all_dict.txt'), 'r', encoding='utf-8') as f:
        all_dict = f.read().split()
    # 构建词→id 的映射字典
    word2id = {j: i+len(CONST) for i, j in enumerate(all_dict)}
    word2id.update(CONST)
    # 构建 id→词的映射字典
    id2word = dict(zip(word2id.values(), word2id.keys()))
    # 分词时保留_EOS 和 _BOS
    from jieba import lcut, add_word
    for i in ['_EOS', '_BOS']:
        add_word(i)
    # 添加识别不到的词，用_UNK 表示
    inputs = [word2id.get(i, CONST['_UNK']) for i in lcut(sentence)]
    # 长度填充
    inputs = tf.keras.preprocessing.sequence.pad_sequences(
        [inputs], maxlen=MAX_LENGTH, padding='post', value=CONST['_PAD'])
    # 将数据转为 TensorFlow 的数据类型
    inputs = tf.convert_to_tensor(inputs)
    # 空字符串，用于保留预测结果
    result = ''

    # 编码
    enc_out, enc_hidden = encoder(inputs)
    dec_hidden = enc_hidden
    dec_input = tf.expand_dims([word2id['_BOS']], 0)

    for t in range(MAX_LENGTH):
        # 解码
        predictions, dec_hidden, attention_weights = decoder(dec_input,
dec_hidden, enc_out)
        # 预测出词语对应的 id
        predicted_id = tf.argmax(predictions[0]).numpy()
        # 通过字典的映射用 id 寻找词，遇到_EOS 停止输出
        if id2word.get(predicted_id, '_UNK') == '_EOS':
            break
        # 未预测出来的词用_UNK 替代
        result += id2word.get(predicted_id, '_UNK')
        dec_input = tf.expand_dims([predicted_id], 0)

    return result # 返回预测结果
```

```
print('预测示例: \n', predict(sentence='你好, 在吗'))
```

运行代码 11-18 后，输出结果如下。

```
预测示例:
 在的，请问有啥能帮你的吗
```

通过预测示例可以看出，当前训练的模型具备较高的准确率，基本能够识别对话内容并返回应答结果。

以上为智能问答系统的步骤拆分，在进行人机交互前，需要先调用 data_utls.py 文件进行数据预处理，再调用 Seq2Seq.py 文件生成模型，最后调用 execute.py 文件进行模型训练和预测。

（2）调用 Flask 前端进行测试。模型测试阶段调用 Flask 前端进行人机交互，chat 函数用于从输入中返回聊天的应答结果，reply 应答函数返回的是一个 jsonify 函数。jsonify 函数是用于处理序列化 JSON 数据的函数，作用是将数据组装成 JSON 格式返回。调用 Flask 前端，如代码 11-19 所示，为了方便后续运行，将此段代码写入 app.py 文件。

代码 11-19 调用 Flask 前端

```
import tensorflow as tf
import os
from Seq2Seq import Encoder, Decoder
from jieba import lcut, add_word
from flask import Flask, render_template, request, jsonify

# 设置参数
data_path = '../data/ids'  # 数据路径
embedding_dim = 256  # 词嵌入维度
hidden_dim = 512  # 隐藏层神经元个数
checkpoint_path = '../tmp/model'  # 模型参数保存的路径
MAX_LENGTH = 50  # 句子的最大词长
CONST = {'_BOS': 0, '_EOS': 1, '_PAD': 2, '_UNK': 3}

# 聊天预测
def chat(sentence='你好'):
    # 初始化所有词语的哈希表
    table = tf.lookup.StaticHashTable(  # 初始化后即不可变的通用哈希表
                initializer=tf.lookup.TextFileInitializer(
                        os.path.join(data_path, 'all_dict.txt'),
                        tf.string,
                        tf.lookup.TextFileIndex.WHOLE_LINE,
                        tf.int64,
                        tf.lookup.TextFileIndex.LINE_NUMBER
                ),  # 要使用的表初始化程序。有关支持的键和值类型请参见哈希表内核
                default_value=CONST['_UNK'] - len(CONST)  # 表中缺少键时使用的值
            )

    # 实例化编码器和解码器
    encoder = Encoder(table.size().numpy() + len(CONST), embedding_dim,
hidden_dim)
```

```
    decoder = Decoder(table.size().numpy() + len(CONST), embedding_dim,
hidden_dim)
    optimizer = tf.keras.optimizers.Adam()  # 优化器
    # 模型保存路径
    checkpoint = tf.train.Checkpoint(optimizer=optimizer, encoder=encoder,
decoder=decoder)
    # 导入训练参数
    checkpoint.restore(tf.train.latest_checkpoint(checkpoint_path))
    # 给句子添加开始和结束标记
    sentence = '_BOS' + sentence + '_EOS'
    # 读取字段
    with open(os.path.join(data_path, 'all_dict.txt'), 'r', encoding='utf-8')
as f:
        all_dict = f.read().split()
    # 构建词→id 的映射字典
    word2id = {j: i+len(CONST) for i, j in enumerate(all_dict)}
    word2id.update(CONST)
    # 构建 id→词的映射字典
    id2word = dict(zip(word2id.values(), word2id.keys()))
    # 分词时保留_EOS 和 _BOS
    for i in ['_EOS', '_BOS']:
        add_word(i)
    # 添加识别不到的词，用_UNK 表示
    inputs = [word2id.get(i, CONST['_UNK']) for i in lcut(sentence)]
    # 长度填充
    inputs = tf.keras.preprocessing.sequence.pad_sequences(
        [inputs], maxlen=MAX_LENGTH, padding='post', value=CONST['_PAD'])
    # 将数据转为 TensorFlow 的数据类型
    inputs = tf.convert_to_tensor(inputs)
    # 空字符串，用于保留预测结果
    result = ''

    # 编码
    enc_out, enc_hidden = encoder(inputs)
    dec_hidden = enc_hidden
    dec_input = tf.expand_dims([word2id['_BOS']], 0)

    for t in range(MAX_LENGTH):
        # 解码
        predictions, dec_hidden, attention_weights = decoder(dec_input,
dec_hidden, enc_out)
        # 预测出词语对应的 id
        predicted_id = tf.argmax(predictions[0]).numpy()
        # 通过字典的映射用 id 寻找词，遇到_EOS 停止输出
        if id2word.get(predicted_id, '_UNK') == '_EOS':
            break
        # 未预测出来的词用_UNK 替代
        result += id2word.get(predicted_id, '_UNK')
        dec_input = tf.expand_dims([predicted_id], 0)
```

```
    return result # 返回预测结果

# 实例化 APP
app = Flask(__name__, static_url_path='/static')
@app.route('/message', methods=['POST'])

# 定义应答函数，用于获取输入信息并返回相应的答案
def reply():
    # 从请求中获取参数信息
    req_msg = request.form['msg']
    # 对语句使用 jieba 分词进行分词
    # req_msg = " ".join(jieba.cut(req_msg))
    # 调用 chat 对生成回答信息
    res_msg = chat(req_msg)
    # 将_UNK 值的词用微笑符号代替
    res_msg = res_msg.replace('_UNK', '^_^')
    res_msg = res_msg.strip()
    # 如果接收的内容为空，则给出相应的回复
    if res_msg == ' ':
        res_msg = '我们来聊聊天吧'
    return jsonify({'text': res_msg})
@app.route("/")
# 在网页上展示对话
def index():
    return render_template('index.html')
# 启动 APP
if (__name__ == '__main__'):
    app.run(host='127.0.0.1', port=8808)
```

运行代码 11-19 后，需要在浏览器中打开网址“http://127.0.0.1:8808/”（仅在运行代码 11-19 后有效），之后会出现一个对话框，如图 11-1 所示，可以在此对话框中进行人机对话。需要注意的地方是，在打开网址调用 Flask 前端之前，需确保存储代码的路径下有 static 和 templates 这两个文件夹和文件夹里面的相关文件。

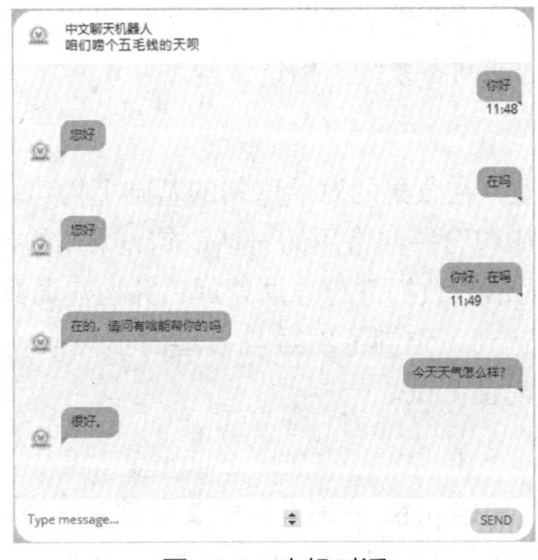

图 11-1　人机对话

11.3.5 模型评价

在模型训练过程中所使用的损失函数可以计算模型损失值，该值可用于衡量模型效果。损失值的计算可以通过 tf.keras.losses.SparseCategoricalCrossentropy 函数实现，使用的损失函数为序列分对数（logits）的加权交叉熵。

通过对代码 11-16 中的模型训练过程结果和损失值进行整理得到的训练过程的损失值如表 11-2 所示。可以看到随着训练次数的增加，损失值逐渐减小，同时 Inference 推理得到的回答也接近语料的回答，但回答后面仍包含了许多无意义字符。针对这类情况，用户可以通过增加训练次数和优化语料库内容等途径优化训练结果。虽然模型的损失值已下降到了 0.0001，可以认为模型效果较好，但是为了得到更好的模型效果，可以在后续的优化中使用更大的中文对话语料库，同时增加模型训练次数。

表 11-2 模型训练损失值

训练次数	0	100	200	300	400	500
损失值	0.8269	0.1501	0.0021	0.0005	0.0002	0.0001

注：模型训练次数由 0 开始计数，共训练 501 次。

小结

本章主要介绍了智能问答系统的基本概念和主要组成部分。首先讲述了智能问答系统的发展、分类和应用，接着介绍了问答系统的问题理解、知识检索和答案生成 3 个主要组成部分，以及问答系统的基本流程、原理和所需要使用的技术等，最后实现了基于 Seq2Seq 模型的聊天机器人，其中包括语料预处理、模型构建、模型训练与测试等步骤的实现和讲解。

实训 基于 Seq2Seq 模型的聊天机器人

1. 训练要点

（1）了解智能问答系统的基本概念。

（2）熟悉智能问答系统的主要组成部分。

（3）通过编程，熟悉智能问答系统的构造流程。

2. 需求说明

需要通过 Seq2Seq 模型，在收集的对话语句的基础上构建聊天机器人。提供的语料数据是一份 TXT 文件，文件中包含一些常用的对话语句，采用的是一问一答的形式，奇数句为问句，偶数句为答句。对语料数据进行分词处理，并构建词典，利用基于 Seq2Seq 模型的聊天机器人进行训练，达到一定训练次数且模型的损失值较小时停止训练，然后利用 Flask 前端对模型进行人机对话测试。

3. 实现思路与步骤

（1）读取语料库文件，利用 jieba 分词进行中文分词并构建词典。

（2）将语料库文件中的语句拆分为问答形式，加载词典、数据。

（3）设置模型参数，构建 Seq2Seq 模型。
（4）在模型中添加优化器和损失函数，训练模型并保存模型。
（5）调用 Flask 前端进行人机对话测试。

课后习题

1. 选择题

（1）问答系统流程由问题理解、（　　）、答案生成 3 个部分组成。
A. 词性标注　　B. 关键词提取
C. 问题分类　　D. 知识检索

（2）关键词提取最简单、最直观的方法是（　　）方法，用于识别定义类查询的句子。
A. 词性标注　　B. 命名实体识别
C. 基于规则的匹配方法　　D. 文本分类

（3）不属于基于 Seq2Seq 模型的聊天机器人的实现流程的是（　　）。
A. 读取语料库　　B. 绘画建模
C. 抽取数据中的问题与回答　　D. 添加 Attention 机制

（4）对原始的语料文件进行预处理时要进行（　　）。
A. 抽取数据中的问题与回答　　B. 构建词典
C. 模型训练　　D. 模型测试

（5）聊天机器人模型的优化方法是（　　）。
A. 损失函数　　B. 优化器　　C. 自适应梯度法　　D. 神经网络

2. 操作题

使用公开数据集，实现一个基于 Seq2Seq 模型的聊天机器人。

第12章 基于TipDM大数据挖掘建模平台实现垃圾短信分类

8.5节中完成垃圾短信分类任务，本章将使用另一种工具——TipDM大数据挖掘建模平台实现垃圾短信分类。相较于传统Python解析器，TipDM大数据挖掘建模平台具有流程化、去编程化等特点，能够满足不懂编程的用户使用数据分析技术的需求。

学习目标

（1）了解TipDM大数据挖掘建模平台的相关概念和特点。

（2）熟悉使用TipDM大数据挖掘建模平台实现垃圾短信分类的总体流程。

（3）熟悉使用TipDM大数据挖掘建模平台进行数据去重、数据脱敏、数据筛选等操作。

12.1 平台简介

TipDM大数据挖掘建模平台是由广东泰迪智能科技股份有限公司自主研发，面向大数据挖掘项目的工具。平台使用Java语言开发，采用B/S结构，用户不需要下载客户端，通过浏览器即可进行访问。平台提供了基于Python、R语言和Hadoop/Spark分布式引擎的大数据分析功能。平台支持工作流，用户可在没有Scala、Python、R语言等编程语言基础的情况下，通过拖曳的方式进行操作，以流程化的方式将数据输入与输出、统计分析、数据预处理、分析与建模等环节进行连接，从而达成大数据分析的目的。平台的界面如图12-1所示。

读者可通过访问平台查看具体的界面情况，访问平台的具体步骤如下。

（1）微信搜索并关注公众号“TipDataMining”。

（2）回复“建模平台”，获取平台访问方式。

本章将以垃圾短信分类案例为例，介绍使用平台实现案例的流程。在介绍之前，需要引入平台的几个概念。

（1）算法。对建模过程涉及的输入/输出、数据探索与预处理、建模、模型评估等算法分别进行封装，每一个封装好的算法模块称为算法。

图 12-1　平台的界面

（2）实训。为实现某一数据分析目标，将各算法通过流程化的方式进行连接，整个数据分析流程称为一个实训。

（3）模板。用户可以将配置好的实训通过模板的方式分享给其他用户，其他用户可以使用该模板创建一个无须配置算法便可运行的实训。

TipDM 大数据挖掘建模平台主要有以下几个特点。

（1）平台算法基于 Python、R 语言和 Hadoop/Spark 分布式引擎，用于数据分析。Python、R 语言和 Hadoop/Spark 是目前最为流行的用于数据分析的语言，高度契合行业需求。

（2）用户可在没有 Python、R 语言或者 Hadoop/Spark 编程基础的情况下，使用直观的拖曳式图形界面构建数据分析流程，无须编程。

（3）提供公开可用的数据分析示例实训，一键即可创建并快速运行实训。支持挖掘流程每个节点的结果的在线预览。

（4）Python 算法包可分为 10 类：统计分析、预处理、脚本、分类、聚类、回归、时间序列、关联规则、文本分析、绘图。Spark 算法包可分为 6 类：预处理、统计分析、分类、聚类、回归、协同过滤。R 语言算法包可分为 8 类：统计分析、预处理、脚本、分类、聚类、回归、时间序列、关联分析。

下面将对平台中的“实训库”“数据连接”“实训数据”“我的实训”“系统算法”“个人算法”6 个模块进行介绍。

12.1.1　实训库

登录平台后，用户即可看到“实训库”模块提供的示例实训（模板），如图 12-2 所示。

“实训库”模块主要用于标准大数据分析案例的快速创建和展示。通过“实训库”模块，用户可以创建一个无须导入数据和配置参数就能够快速运行的实训。同时，每一个模板的创建者都拥有模板的所有权，能够对模板进行管理。用户可以将自己搭建的数据分析实训生成为模板，并显示在“实训库”模块，供其他用户一键创建。

图 12-2　示例实训

12.1.2　数据连接

“数据连接”模块支持从 DB2、SQL Server、MySQL、Oracle、PostgreSQL 等常用关系数据库导入数据，如图 12-3 所示。

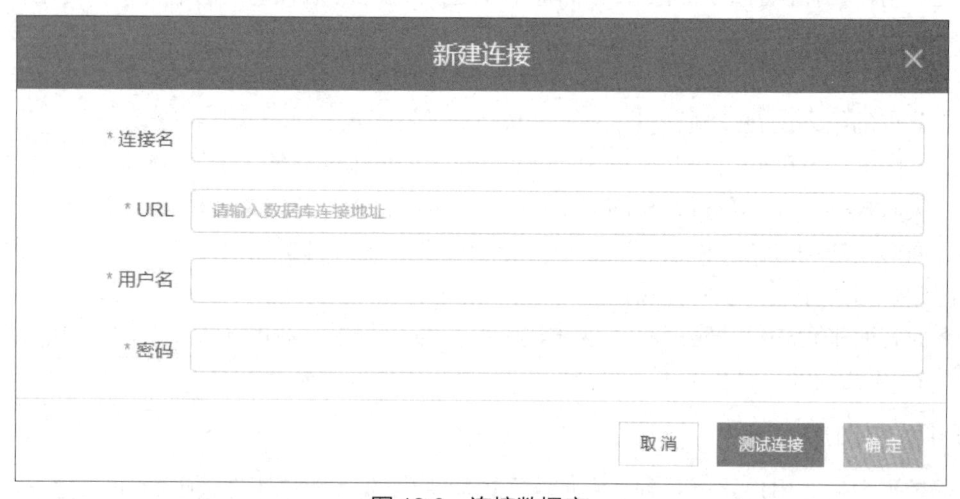

图 12-3　连接数据库

12.1.3　实训数据

“实训数据”模块主要用于数据分析实训的数据导入与管理，支持从本地导入任意类型数据，如图 12-4 所示。

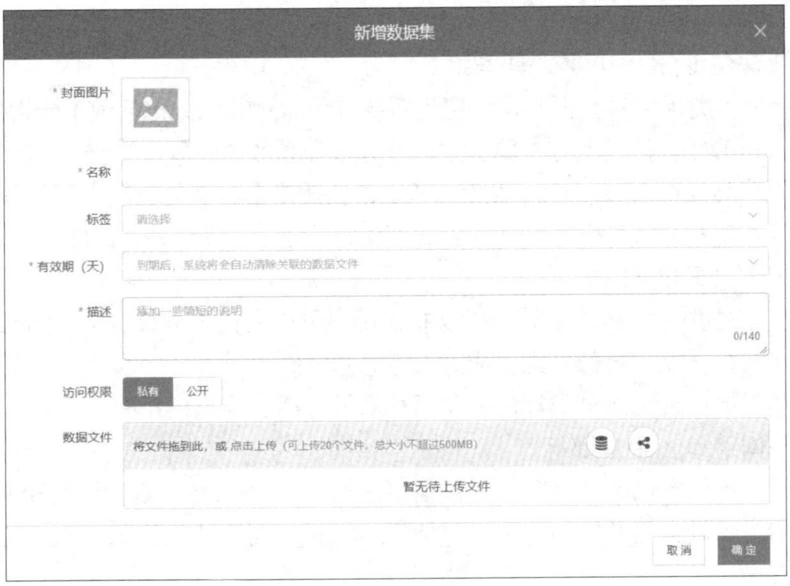

新增数据集
* 封面图片
* 名称
标签
请选择
* 有效期（天）
到期后，系统将会自动清除关联的数据文件
* 描述
添加一些简短的说明
0/140
访问权限
私有
公开
数据文件
将文件拖到此，或 点击上传（可上传20个文件，总大小不超过500MB）
暂无待上传文件
取消
确定

图 12-4　新增数据集

12.1.4　我的实训

“我的实训”模块主要用于数据分析流程化的创建与管理，其示例实训如图 12-5 所示。通过其中的“实训”模块，用户可以创建空白实训，进行数据分析实训的配置，将数据输入与输出、数据预处理、挖掘建模、模型评估等环节通过流程化的方式进行连接，从而达到数据分析的目的。对于完成的优秀实训，可以将其保存为模板，供其他使用者学习和借鉴。

大数据挖掘建模平台
120%
area_shp
01B3波段
区域裁剪
01B4波段
01B6波段
DEM
辐射定标
NDVI指标
LST指标
数据归一化
TVDI指标
RSREI
指标等级划分
实训信息
示例
2021-03-11 14:36:33

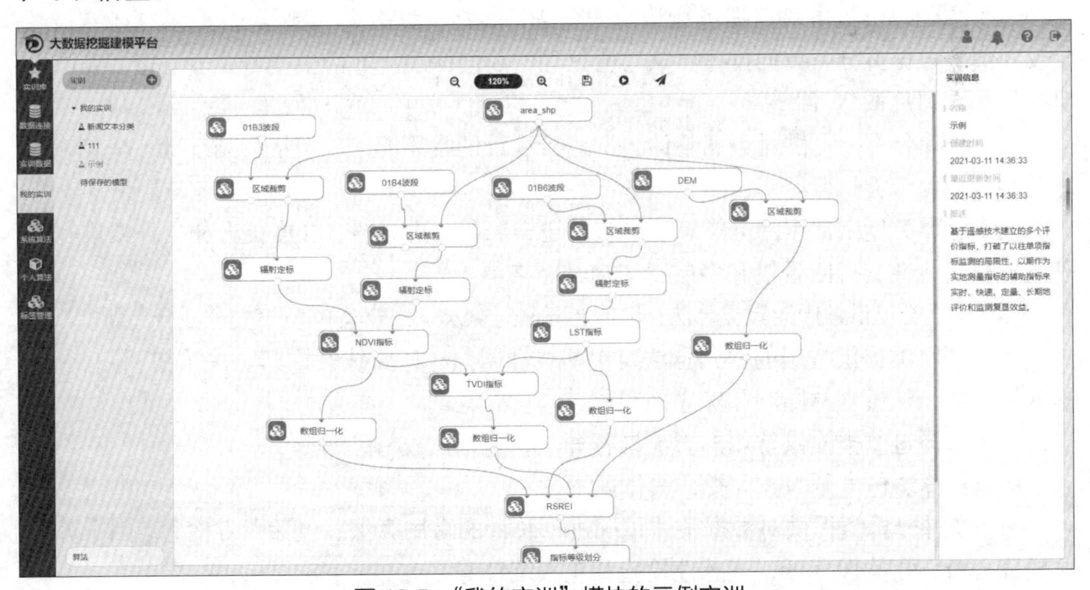

图 12-5　“我的实训”模块的示例实训

12.1.5　系统算法

“系统算法”模块主要用于大数据分析内置常用算法的管理，提供 Python、R 语言、Spark

这 3 种算法包。

Python 算法包可分为 10 类，具体如下。

（1）统计分析类提供对数据整体情况进行统计的常用算法，包括因子分析、全表统计、正态性检验、相关性分析、卡方检验、主成分分析和频数统计等。

（2）预处理类提供对数据进行清洗的算法，包括数据标准化、缺失值处理、表堆叠、数据筛选、行列转置、修改列名、衍生变量、数据拆分、主键合并、新增序列、数据排序、数据采样、记录去重和分组聚合等。

（3）脚本类提供一个 Python 代码编辑框。用户可以在代码编辑框中粘贴已经写好的程序代码并直接运行，无须再额外配置成算法等。

（4）分类类提供常用的分类算法，包括朴素贝叶斯、支持向量机、CART 分类树、逻辑回归、神经网络和 K 最近邻等。

（5）聚类类提供常用的聚类算法，包括层次聚类、DBSCAN 密度聚类和 K-means 等。

（6）回归类提供常用的回归算法，包括 CART 回归树、线性回归、支持向量回归和 K 最近邻回归等。

（7）时间序列类提供常用的时间序列算法，包括 ARIMA 等。

（8）关联规则类提供常用的关联规则算法，包括 Apriori 和 FP-Growth 等。

（9）文本分析类提供对文本数据进行清洗、特征提取与分析的常用算法，包括 TextCNN、Seq2Seq、jieba 分词、HanLP 分词与词性、TF-IDF、Doc2Vec、Word2Vec、LDA、TextRank、脱敏、去停用词、分句、正则匹配和 HanLP 实体提取等。

（10）绘图类提供常用的画图算法，包括柱形图、折线图、散点图、饼图和词云图等。

Spark 算法包可分为 6 类，具体如下。

（1）预处理类提供对数据进行清洗的算法，包括数据去重、数据过滤、数据映射、数据反映射、数据拆分、数据排序、缺失值处理、数据标准化、衍生变量、表连接、表堆叠、哑变量和数据离散化等。

（2）统计分析类提供对数据整体情况进行统计的常用算法，包括行列统计、全表统计、相关性分析和卡方检验等。

（3）分类类提供常用的分类算法，包括逻辑回归、决策树、梯度提升树、朴素贝叶斯、随机森林、线性支持向量机和多层感知神经网络等。

（4）聚类类提供常用的聚类算法，包括 K-means 聚类、二分 K 均值聚类和混合高斯模型等。

（5）回归类提供常用的回归算法，包括线性回归、广义线性回归、决策树回归、梯度提升树回归、随机森林回归和保序回归等。

（6）协同过滤类提供常用的智能推荐算法，包括 ALS 算法等。

R 语言算法包可分为 8 大类，具体如下。

（1）统计分析类提供对数据整体情况进行统计的常用算法，包括卡方检验、因子分析、主成分分析、相关性分析、正态性检验和全表统计等。

（2）预处理类提供对数据进行清洗的算法，包括缺失值处理、异常值处理、表连接、表堆叠、数据标准化、记录去重、数据离散化、排序、数据拆分、频数统计、新增序列、字符串拆分、字符串拼接、修改列名和衍生变量等。

（3）脚本类提供一个 R 语言代码编辑框。用户可以在代码编辑框中粘贴已经写好的程序代码并直接运行，无须再额外配置成算法。

（4）分类类提供常用的分类算法，包括朴素贝叶斯、CART 分类树、C4.5 分类树、BP 神经网络、KNN、SVM 和逻辑回归等。

（5）聚类类提供常用的聚类算法，包括 K-means、DBSCAN 和系统聚类等。

（6）回归类提供常用的回归算法，包括 CART 回归树、C4.5 回归树、线性回归、岭回归和 KNN 回归等。

（7）时间序列类提供常用的时间序列算法，包括 ARIMA、GM(1,1)和指数平滑等。

（8）关联分析类提供常用的关联规则算法，包括 Apriori 等。

平台提供的系统算法如图 12-6 所示。

图 12-6　平台提供的系统算法

12.1.6　个人算法

“个人算法”模块主要用于满足用户的个性化需求。在使用过程中，用户可根据自己的需求定制算法，方便使用。目前支持通过 Python 和 R 语言进行个人算法的定制，如图 12-7 所示。

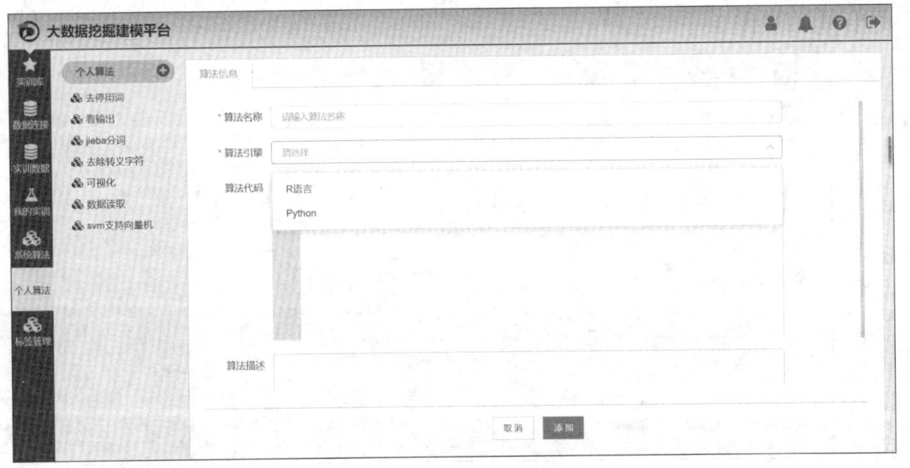

图 12-7　定制个人算法

12.2 实现垃圾短信分类

本节以垃圾短信分类案例为例，在 TipDM 大数据挖掘建模平台上配置对应工程，展示几个主要的配置过程。详细的配置过程可访问平台进行查看。

在 TipDM 大数据挖掘建模平台上配置垃圾短信分类案例的总体流程如图 12-8 所示，主要包括以下 4 个步骤。

（1）数据读取。在 TipDM 大数据挖掘建模平台导入并读取 80 万条短信数据。

（2）文本预处理。对原始数据进行预处理，并进行缺失值检测、去重、脱敏、分词、去停用词、词频统计等操作。

（3）模型构建与训练。采用自定义朴素贝叶斯函数，实现朴素贝叶斯分类，将最终结果与测试集进行比较，得到模型的分类情况和准确率。

（4）模型评价。使用处理好的测试集进行预测，对比真实值与预测值，获得准确率并进行结果分析。

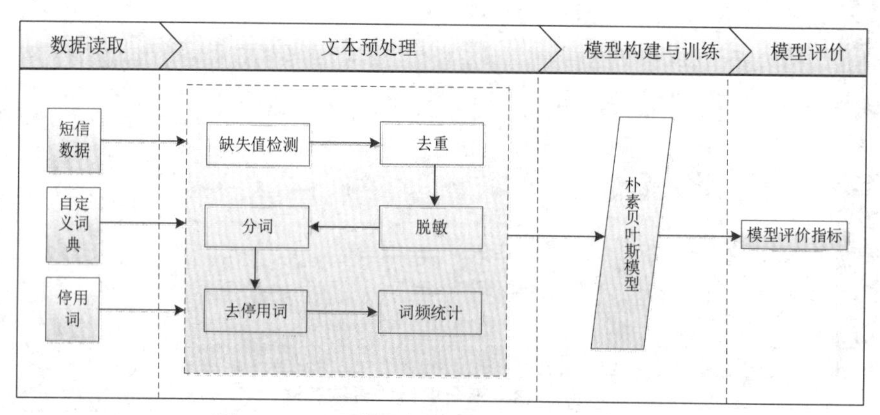

图 12-8　配置垃圾短信分类案例的总体流程

在平台上配置得到的最终流程如图 12-9 所示。

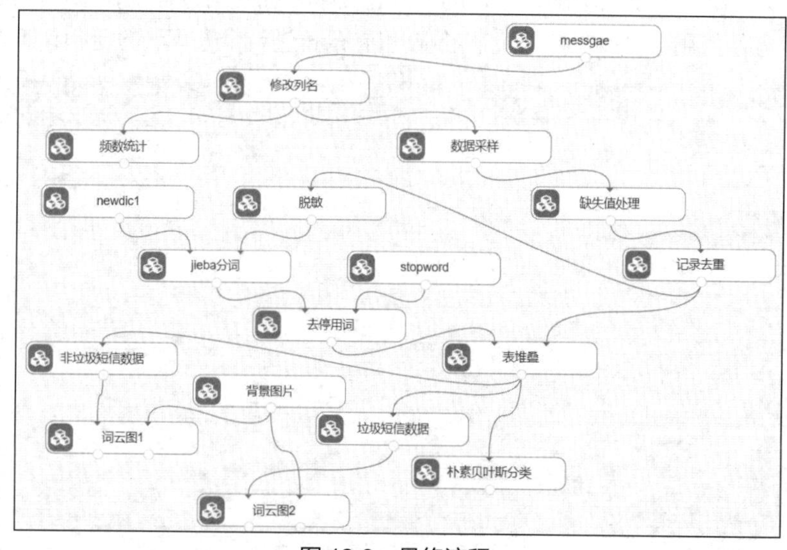

图 12-9　最终流程

12.2.1　数据源配置

案例的数据为一份短信数据（CSV 文件）、两个自建词库（TXT 文件）和一张背景图片（JPG 文件）。在 TipDM 大数据挖掘建模平台中导入这些文件的方式类似，这里以 CSV 文件为例，步骤如下。

（1）新增数据集。单击“实训数据”，在“我的数据集”选项卡下单击“新增数据集”，如图 12-10 所示。

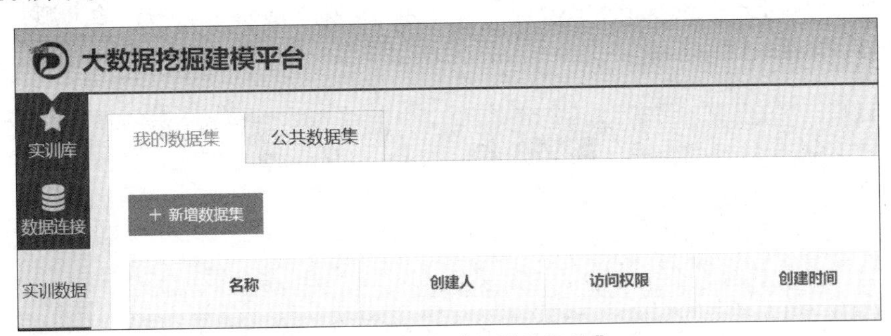

图 12-10　单击“新增数据集”

（2）配置新增数据集参数。随意选择一张封面图片，在“名称”中输入“自然语言处理”，“有效期（天）”项选择为“永久”，“描述”中输入“自然语言处理”，“访问权限”项选择为“私有”，单击“点击上传”选择“message80W.csv”文件，如图 12-11 所示。单击“确定”按钮，即可上传。

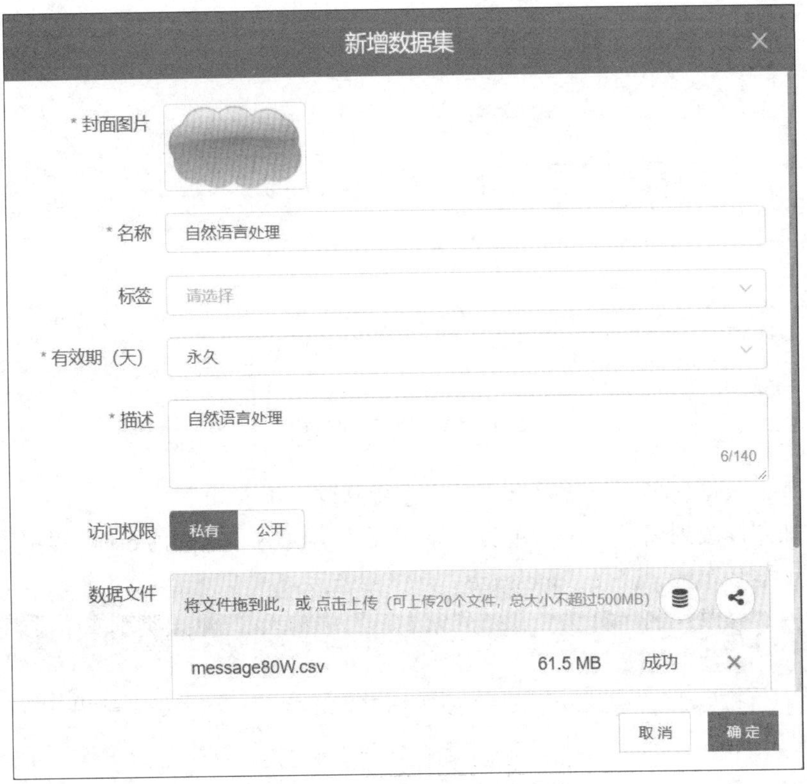

新增数据集
* 封面图片
* 名称　自然语言处理
标签　请选择
* 有效期（天）　永久
* 描述　自然语言处理　6/140
访问权限　私有　公开
数据文件　将文件拖到此，或 点击上传（可上传20个文件，总大小不超过500MB）
message80W.csv　61.5 MB　成功
取 消　确 定

图 12-11　配置新增数据集参数

数据上传完成后，新建一个名为“自然语言处理”的空白工程，配置“输入源”算法，步骤如下。

（1）添加“输入源”算法。在“实训”下方的“算法”栏中，找到“系统算法”模块下的“输入/输出”类。拖曳“输入/输出”类中的“输入源”算法至工程画布中。

（2）配置“输入源”算法。单击画布中的“输入源”算法，然后单击工程画布右侧“参数配置”栏中的“数据集”框，输入“自然语言处理”，或在弹出的下拉列表框中选择“自然语言处理”，并勾选“message80W.csv”项，如图 12-12 所示。右击“输入源”算法，选择“重命名”并输入“message”。

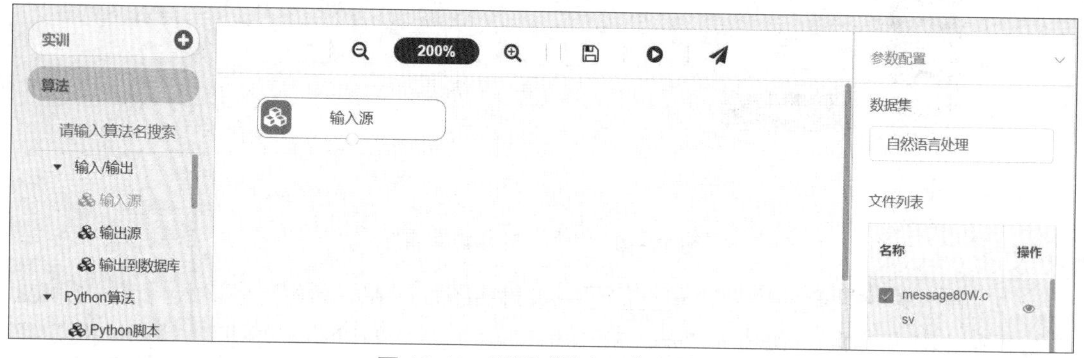

图 12-12　配置“输入源”算法

（3）预览短信数据。单击画布中的“message”算法，在工程画布右侧“参数配置”栏中，单击“文件列表”项下的图标查看数据集明细，如图 12-13 所示。

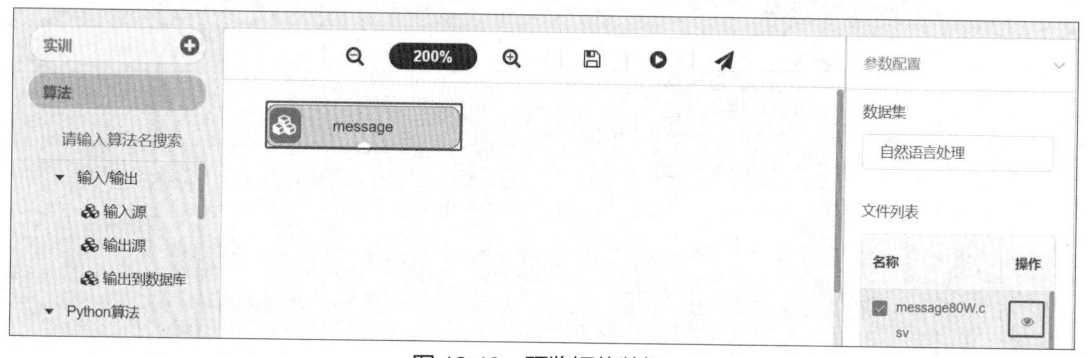

图 12-13　预览短信数据

可以发现，数据列名不符合要求，需要进行修改，步骤如下。

（1）添加“修改列名”算法。拖曳“系统算法”模块下的“预处理”类中的“修改列名”算法至工程画布中，并与“message”算法相连接。

（2）配置“修改列名”算法。在“列索引名”中输入“index,类别,短信”，如图 12-14 所示。

（3）运行“修改列名”算法。右击“修改列名”算法，选择“运行该节点”，如图 12-15 所示。

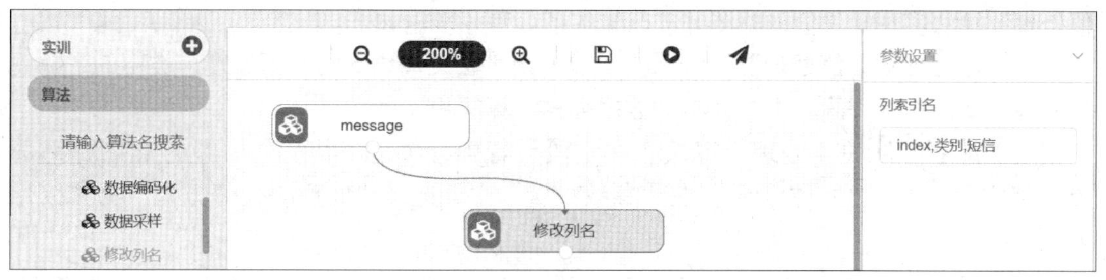

图 12-14　配置"修改列名"算法

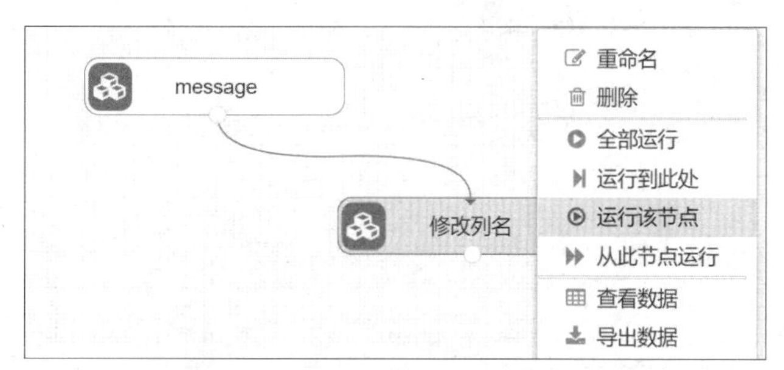

图 12-15　运行"修改列名"算法

12.2.2　文本预处理

本案例的文本预处理主要是对短信数据进行数据采样、缺失值处理、数据去重、文本数据脱敏、jieba 分词、去停用词、表堆叠、数据筛选、词频统计等操作。

1. 数据采样

由于原始数据量过大，为了方便后续建模与分类，采用简单随机抽样的方式抽取 1%的数据，步骤如下。

（1）添加"数据采样"算法。拖曳"系统算法"模块下的"预处理"类中的"数据采样"算法至工程画布中，并与"修改列名"算法相连接。

（2）配置"数据采样"算法。在"采样比例"中输入"0.01"，如图 12-16 所示。

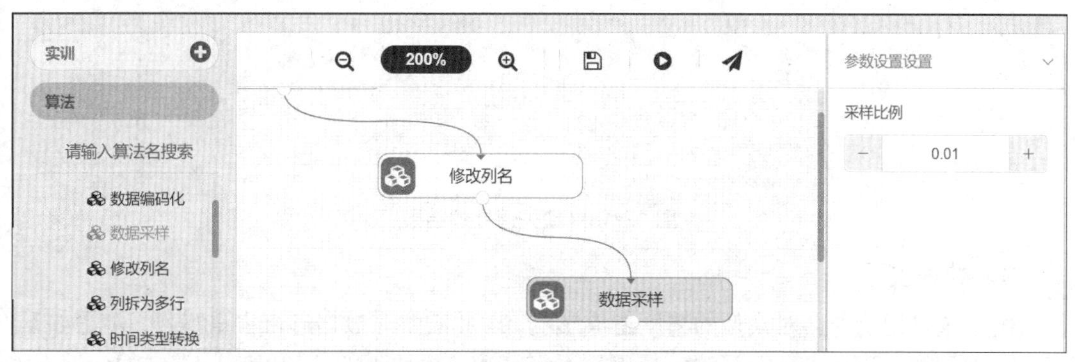

图 12-16　配置"数据采样"算法

（3）运行"数据采样"算法。

2. 缺失值处理

由于建模数据不允许存在缺失值，因此需要进行缺失值检测。在平台中可通过"缺失值处理”算法实现缺失值的检测并进行缺失值处理，步骤如下。

（1）添加“缺失值处理”算法。拖曳“系统算法”模块下的“预处理”类中的“缺失值处理”算法至工程画布中，并与“数据采样”算法相连接。

（2）配置“缺失值处理”算法。在字段设置中，单击“特征”项旁的图标，选择全部字段，如图 12-17 所示；在“参数设置”中，选择“处理缺失值方式”为“按行删除”。

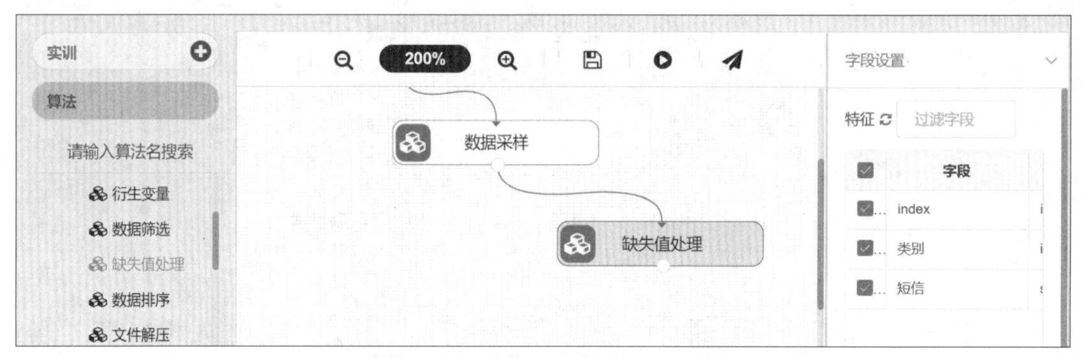

图 12-17　配置“缺失值处理”算法

（3）运行“缺失值处理”算法。运行成功后，右击“缺失值处理”算法，选择“查看日志”，缺失值处理结果如图 12-18 所示。

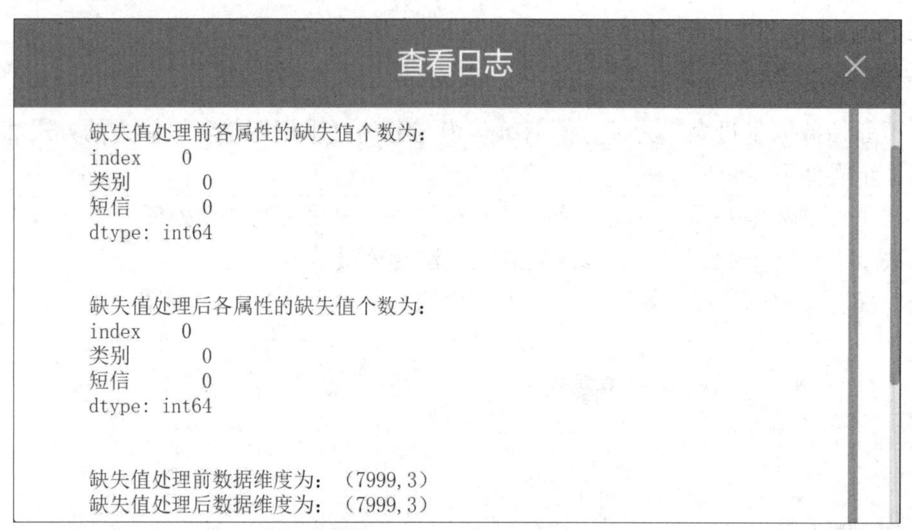

图 12-18　缺失值处理结果

3. 数据去重

由于重复记录数会对模型的精度造成影响，因此需要对数据进行去重操作，步骤如下。

（1）添加“记录去重”算法。拖曳“系统算法”模块下的“预处理”类中的“记录去重”算法至工程画布中，并与“缺失值处理”算法相连接，如图 12-19 所示。

（2）配置“记录去重”算法。在“字段设置”中，单击“特征”项旁的图标，选择全部字段。单击“根据哪些特征去重”项旁的图标，选择全部字段。在“参数设置”中，选择“去重方式”为“False”。

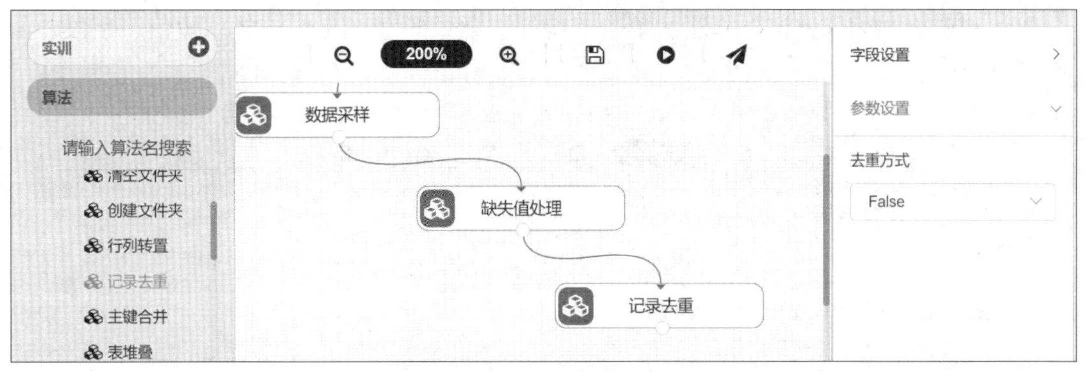

图 12-19 添加“记录去重”算法

（3）运行“记录去重”算法。运行成功后，右击“记录去重”算法，选择“查看日志”查看记录去重结果。

4. 文本数据脱敏

由于原始数据中的敏感信息已用统一字符替换，因此进行脱敏时只需去掉相应的字符即可，步骤如下。

（1）添加“脱敏”算法。拖曳“系统算法”模块下的“文本分析”类中的“文本预处理”子类中的“脱敏”算法至工程画布中，并与“记录去重”算法相连接。

（2）配置“脱敏”算法。单击“特征”项旁的 图标，选择“短信”字段，如图 12-20 所示。

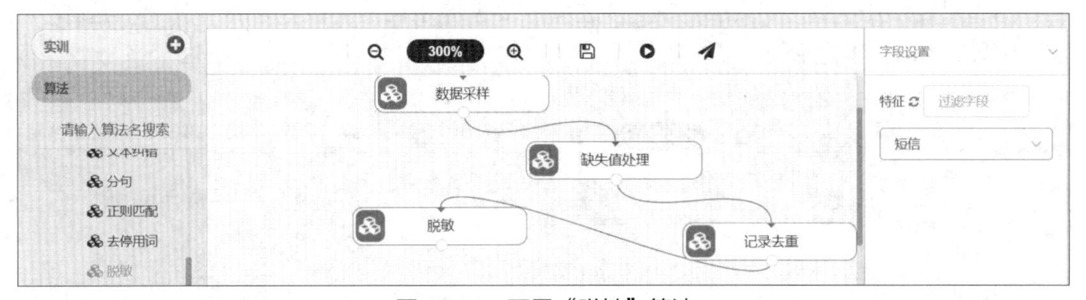

图 12-20 配置“脱敏”算法

（3）运行“脱敏”算法。

5. jieba 分词

采用 jieba 分词来切分短信内容，由于分词的过程中会将部分有用信息切分开，因此需要加载自定义词典 newdic1.txt 来避免过度分词，文件中包含短信内容的几个重要词汇。jieba 分词步骤如下。

（1）配置“输入源”算法。将“输入源”算法拖曳至工程画布中，并重命名为“newdic1”，导入自定义词典。

（2）添加“jieba 分词”算法。拖曳“系统算法”模块下的“文本分析”类中的“文本预处理”子类中的“jieba 分词”算法至工程画布中，并与“newdic1”算法和“脱敏”算法相连接。

（3）配置“jieba 分词”算法。单击“特征”项旁的 图标，选择“短信”字段，如图 12-21 所示。

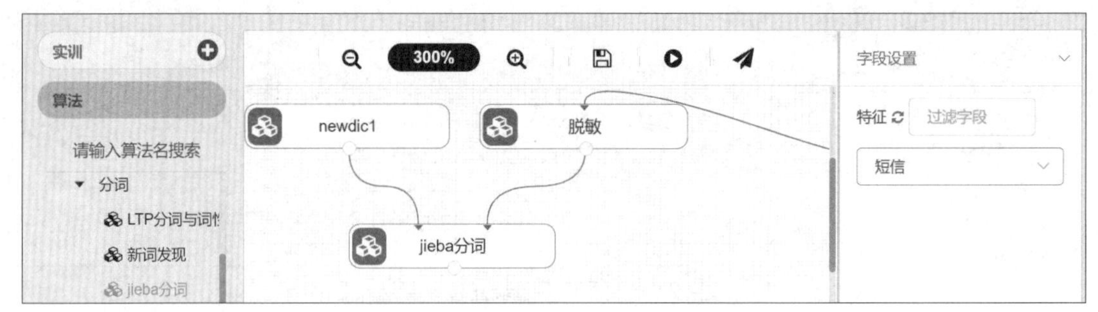

图 12-21　配置“jieba 分词”算法

（4）运行“jieba 分词”算法。

6. 去停用词

对分词后的结果去停用词，步骤如下。

（1）配置“输入源”算法。将“输入源”算法拖曳至工程画布中，并重命名为“stopword”，导入“停用词”数据。

（2）添加“去停用词”算法。拖曳“系统算法”模块下的“文本分析”类中的“文本预处理”子类的“去停用词”算法至工程画布中，并与“jieba 分词”算法和“stopword”算法相连接。

（3）配置“去停用词”算法。单击“选择需要去停用词的字段”旁的 图标，选择“短信”字段，如图 12-22 所示。

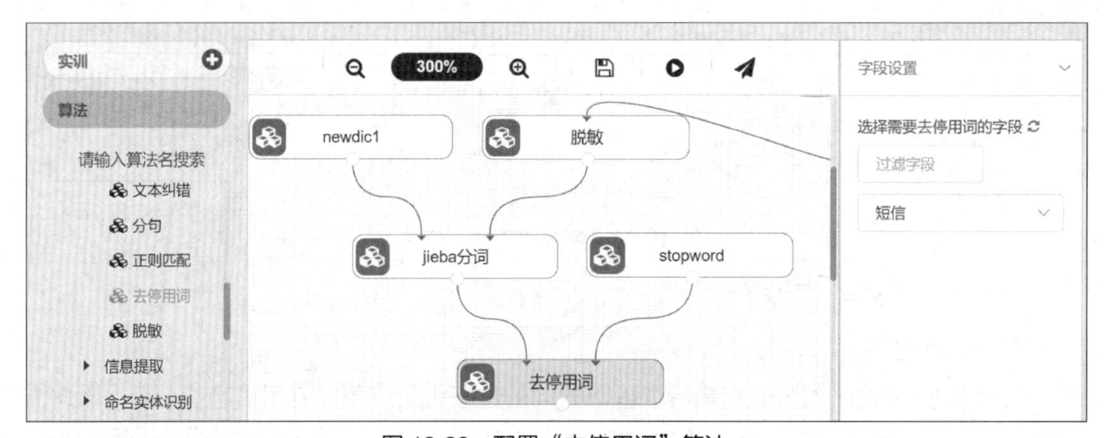

图 12-22　配置“去停用词”算法

（4）运行“去停用词”算法。

7. 表堆叠

预览数据可以发现，分词后的结果不存在类别标签数据，需要进行数据合并，步骤如下。

（1）添加“表堆叠”算法。拖曳“系统算法”模块下的“预处理”类中的“表堆叠”

算法至工程画布中，并与“去停用词”和“记录去重”算法相连接。

（2）配置“表堆叠”算法。单击“表 1 特征”项旁的 图标，选择“短信”字段。单击“表 2 特征”项旁的 图标，选择“类别”字段。在参数设置中，选择“合并方式”为“按列合并”，如图 12-23 所示。

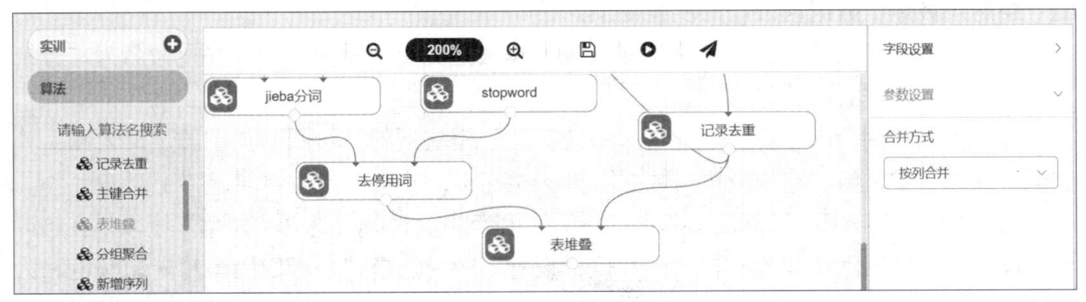

图 12-23　配置“表堆叠”算法

（3）运行“表堆叠”算法。

8. 数据筛选

对垃圾短信和非垃圾短信的特征进行分析，需要将数据根据类别进行筛选，步骤如下。

（1）添加“数据筛选”算法。拖曳“系统算法”模块下的“预处理”类中的“数据筛选”算法至工程画布中，与“表堆叠”算法相连接，并重命名为“非垃圾短信数据”。

（2）配置“非垃圾短信数据”算法。在“字段设置”中，单击“特征”项旁的 图标，选择全部字段。在“过滤条件 1”中，选择“过滤的列”为“类别”，设置“表达式”为“等于”，设置“过滤条件的比较值“为“0”，筛选非垃圾短信数据，如图 12-24 所示。

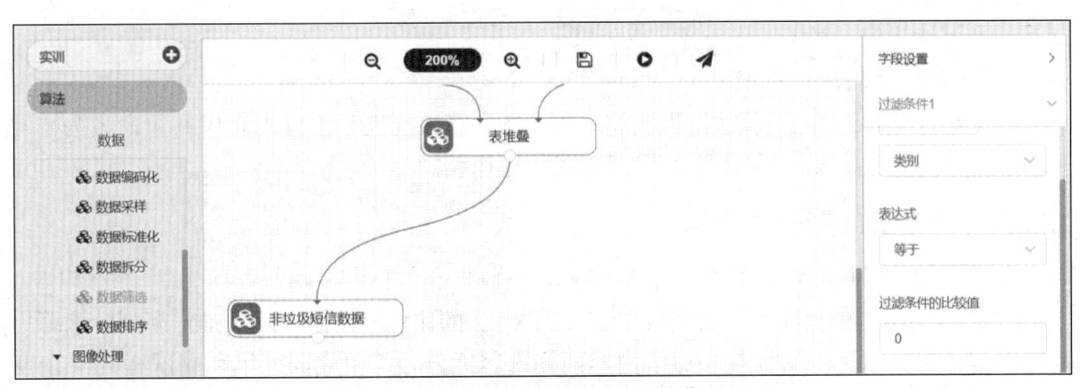

图 12-24　配置“非垃圾短信数据”算法

（3）添加“数据筛选”算法。再次将“数据筛选”算法拖曳至工程画布中，并重命名为“垃圾短信数据”。

（4）配置“垃圾短信数据”算法。将“过滤条件的比较值”设置为“1”，其余设置与步骤（2）相同。

（5）运行“垃圾短信数据”和“非垃圾短信数据”算法。

9. 词频统计

这里通过自定义函数来统计词频，将空格作为词与词之间的分隔符，整合得到一个词汇序列后进行切分，统计每个词出现的频次。垃圾短信和非垃圾短信均保留词频大于 5 的词。分别对垃圾短信数据与非垃圾短信数据绘制词云图，查看短信内容分布情况。

绘制垃圾短信数据词云图的步骤如下。

（1）配置“输入源”算法。将“输入源”算法拖曳至工程画布中，并重命名为“背景图片”，导入词云图背景图片数据。

（2）添加“词云图”算法。拖曳“系统算法”模块下的“绘图”类中的“词云图”算法至工程画布中，与“非垃圾短信数据”算法相连接，并重命名为“词云图 1”。

（3）配置“词云图 1”算法。单击“特征”项旁的图标，选择“短信”字段。在“词云图设置”中保留默认设置，在“图片模板设置”中，选择“是否使用图片中的颜色”为“是”，如图 12-25 所示。

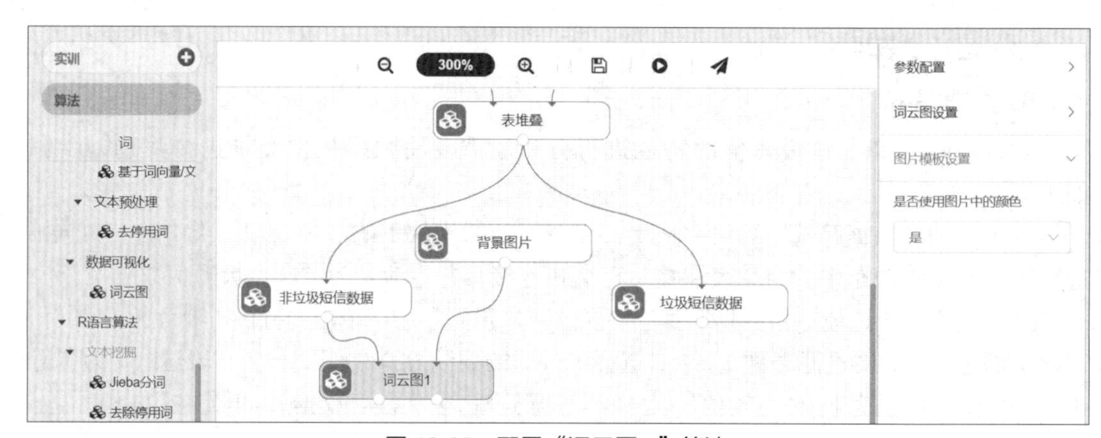

图 12-25　配置“词云图 1”算法

（4）运行“词云图 1”算法。

（5）配置“词云图 2”算法。再次将“词云图”算法拖曳至工程画布中并重命名为“词云图 2”，其余操作与绘制非垃圾短信词云图的操作相同。

12.2.3　朴素贝叶斯分类模型

自定义的朴素贝叶斯函数有 5 个步骤，其中包含 5 个自定义函数。

（1）loadDataSet 函数用于加载数据。按照 8：2 的比例采用简单随机抽样来划分训练集和测试集，将数据集中的标签和短信内容两列内容拆分开，生成训练集和测试集共 4 个变量。函数包括 3 个输入参数，前两个参数是数据截取范围，范围在 0 到 20000 之间，可以在采样后的数据中根据需要再截取一部分数据，也可以直接选取所有数据，最后一个参数则是待选取的数据集。

（2）createVocabList 函数用于生成词库。它以空格为分隔符将训练集的短信内容拆分开，从而得到词汇并生成一个词库。

（3）setWordsVec 函数用于生成词频向量矩阵。在词库的基础上统计训练集或测试集中每个词出现的频次，得到一个词频向量矩阵，矩阵中每个数字代表对应位置词语的出现频次。

（4）trainNB 和 classifyNB 函数根据朴素贝叶斯算法原理，计算每个样本的条件概率，定义判断所属分类的条件。

（5）最后调用上述 5 个函数构建朴素贝叶斯分类器 testingNB。

朴素贝叶斯分类可通过 TipDM 平台的文本分类组件实现，步骤如下。

（1）添加“朴素贝叶斯分类”算法。拖曳“系统算法”模块下的“文本分析”类中的“文本分类”子类中的“朴素贝叶斯分类”算法至工程画布中，并与“表堆叠”算法相连接。

（2）查看“朴素贝叶斯分类”算法的描述，如图 12-26 所示，提示需输入固定格式的数据，数据输入要求为两列，第一列为经过分词后的文本列，第二列为目标列。

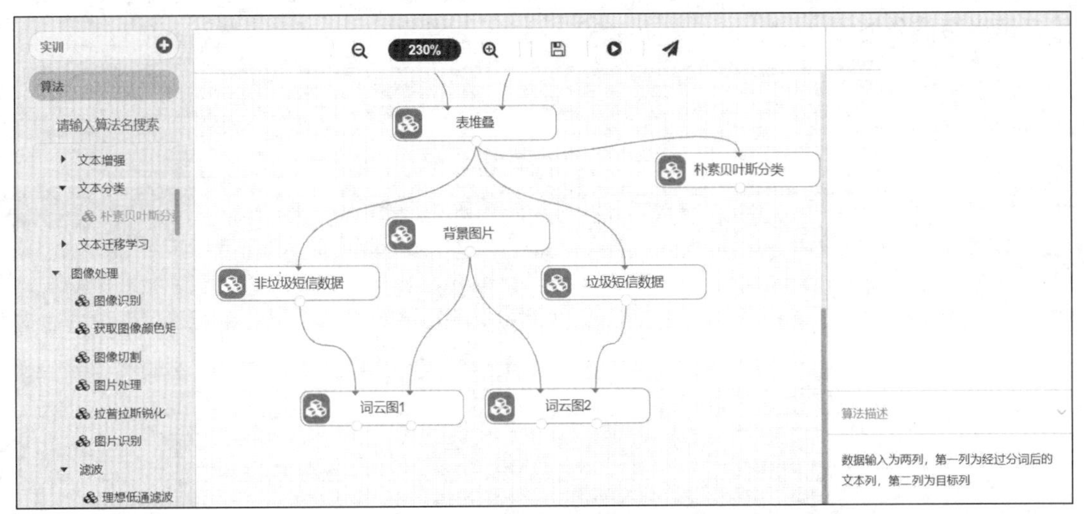

图 12-26　查看“朴素贝叶斯分类”算法的描述

（3）预览“表堆叠”算法输出的数据格式。预览后发现“表堆叠”算法输出的数据格式与“朴素贝叶斯分类”算法所要求的数据格式一致。

（4）运行“朴素贝叶斯分类”算法。运行成功后，右击“朴素贝叶斯分类”算法，选择“查看日志”。

小结

本章介绍了如何在 TipDM 大数据挖掘建模平台上配置垃圾短信分类案例的过程，从获取数据到数据预处理，再到数据建模，向读者展示了平台流程化的思维，使读者加深了对数据分析流程的理解。同时，平台去编程、拖曳式的操作方便了没有 Python、Spark 编程基础的用户轻松构建数据分析流程，从而完成数据分析任务。

实训　实现基于朴素贝叶斯的新闻分类

1. 训练要点

掌握使用 TipDM 大数据挖掘建模平台实现文本分类的方法。

2. 需求说明

参照第 8 章的实训 1,在 TipDM 大数据挖掘建模平台实现基于朴素贝叶斯的新闻分类。

3. 实现思路与步骤

（1）配置数据源，导入新闻文本数据。

（2）对导入的新闻文本数据进行预处理。

（3）使用自定义的朴素贝叶斯分类模型对新闻文本进行分类。

课后习题

操作题

参考正文中垃圾短信分类的流程，在 TipDM 大数据挖掘建模平台上使用其他分类算法实现垃圾短信分类。